Impressum

© 2021 Bioland Verlags GmbH
Kaiserstraße 18, 55116 Mainz
www.bioland-verlag.de

Gestaltung, Satz, Umschlag:
kopfhandherz Birgit Oesterle Grafikdesign & Illustration, Augsburg
www.kopf-hand-herz.de

Lektorat:
Redaktionsbüro Planer, Meckenheim
www.joergplaner.de

Druck, Bindung:
Die Werkstatt Medien-Produktion GmbH, Goettingen
www.werkstatt-produktion.de

ISBN 978-3-934239-50-0

Dieses Buch wurde auf FSC®-zertifiziertem Papier gedruckt mit Druck-
farben auf Pflanzenölbasis und komplett chemiefreier Druckplatten-
belichtung. Die Klebstoffe sind lösungsmittelfrei. Für Druck und Bindung
wurde zu 100 Prozent Öko-Strom verwendet und bei der Produktion auf
Müllvermeidung und Recycling geachtet. Gedruckt wurde klimaneutral
in Deutschland. Zur Kompensation wurde ein Aufforstungsprojekt in
Deutschland unterstützt.

Hier und jetzt

Wie Bioland die Landwirtschaft verändert

DER BIOLANDBAU
MUSS WANDELBAR BLEIBEN

Schon vor Jahrzehnten erkannten sie – ein „gegen die Natur" ist nur mit einem immer intensiveren Einsatz von Pestiziden zu schaffen, übernutzte Böden erodieren und verwandeln sich in Wüsten. Unsere Pionierinnen und Pioniere haben recht gehabt, wie sich heute immer deutlicher zeigt. Was in der Bauernheimat- und Hausmutterschule auf dem Möschberg unweit von Bern mit Hans und Maria Müller und Hans Peter Rusch Mitte des 20. Jahrhunderts stark umstritten begann, findet heute breite Akzeptanz. Der Biolandbau ist das nachhaltigste Agrarsystem. Dazu hat Bioland entscheidend beigetragen. Der Zusammenschluss einer Handvoll Einzelkämpferinnen und Einzelkämpfer hat sich in 50 Jahren zu einem starken Verband entwickelt und ist zu einer Wertegemeinschaft gewachsen. Diese zeichnet sich aus durch stetige Innovation und wird als „treibende Kraft für eine Landwirtschaft mit Zukunft" wahrgenommen.

Was wir heute als Erfolgsgeschichte bezeichnen, hat ihren Ursprung in einer Partnerschaft zwischen Bio-Bauern und ihrer Kundschaft. Großgeworden sind Verbände wie Bioland eigenständig. Kleine und größere Betriebe aus Verarbeitung und Handel stießen dazu. Heute sind es oft diese Partner, die den direkten Kontakt zu unserer Kundschaft pflegen. Sie mit Rechten und Pflichten in unsere Verbände zu integrieren, ist deshalb ein logischer Schritt. Unsere Selbstbestimmtheit geben wir deswegen in keiner Weise preis. Wir gehen die nächsten Etappen vielmehr gestärkt an, wenn alle Stufen der Wertschöpfungskette sich für den Absatz von Bio-Produkten engagieren und verantwortlich fühlen. Diese Stärke brauchen wir dringend, gilt es doch, immer mehr Kundinnen und Kunden in unsere Wertegemeinschaft zu integrieren. Nachhaltigkeit prägt die Zukunft unserer Gesellschaft. Erreicht wird diese nur mit gegenseitigem Verständnis und dem Wissen um die Zusammenhänge.

Bio-Betriebe leisten schon heute einen großen Beitrag zur Schonung unserer Ressourcen. Zufrieden nehmen wir zur Kenntnis, dass viele unserer Methoden, Mittel und Techniken in immer weiteren Teilen der Landwirtschaft angewendet werden. Dieser Trend wird, ja muss weitergehen, wollen wir Menschen unsere Lebensgrundlagen erhalten. Doch auch der Biolandbau muss wandelbar und anpassungsfähig bleiben, um systemübergreifend in die Umwelt-, Lebens- und Wirtschaftsbereiche wirken zu können. Hierzu finden wir starke Unterstützung in der ökologischen Forschung und Züchtung.

Überzeugen werden wir Gesellschaft und Politik in erster Linie mit Haltung, Freude und Zuversicht, denn diese wirken motivierend und ansteckend. Die Menschen sollen genießen – aber nicht auf Kosten anderer! So erreichen wir die breite Unterstützung, die wir auf dem Weg zu unserem visionären Ziel von 100 Prozent Bio brauchen. Ob dann alles als Bio bezeichnet wird, können wir den nachfolgenden Generationen überlassen. Bioland jedoch wird ein wichtiger Teil davon sein!

Wir ernten heute die Saat, die unsere Gründerinnen und Gründer ausgebracht haben, und bestellen die Felder neu für unsere Enkelkinder.

Urs Brändli, Präsident von Bio Suisse

Das Lebendige im Bioland

„Nie hätte ich damit gerechnet, dass eine so große Bewegung aus unseren bescheidenen Anfängen wachsen würde", sagte Bioland-Pionier Siegfried Kuhlendahl anlässlich seines 90. Geburtstags. „Wir hatten ja keine Blaupause, kein fertiges Konzept, auch keinen genauen Plan, was aus den Impulsen vom Möschberg werden sollte. Aber wir waren voll von Fragen und Zweifeln zur Entwicklung unserer Höfe. Wir waren infiziert von neuen Ideen der Prinzipien des Lebens und des Arbeitens mit der Natur."

Als die Bioland-Pioniere und -Pionierinnen vor mehr als 50 Jahren den Bioland-Verband gründeten, trieben sie vor allem diese Motive an: Sie wollten freie, selbstbestimmte und entscheidungsfähige Bäuerinnen und Bauern sein, unabhängig von Agrarkonzernen und Banken. Und vor allem wollten sie im Einklang mit der Natur wirtschaften.

Von den Menschen aus der Gründungsphase von Bioland sind nicht mehr viele unter uns. Siegfried Kuhlendahl aus dem Windrather Tal bei Wuppertal war einer der letzten. Er starb 92-jährig im Mai 2021. Bis ins hohe Alter hat er die Impulse von Hans und Maria Müller vom Möschberg in Einführungskurse und Tagungen getragen und jüngeren Generationen Ideen und Denkanstöße gegeben.

Freiheit in einer Welt von Abhängigkeiten

Der Boden stand von Anfang an im Mittelpunkt der meisten Diskussionen des Biolandbaus. Gibt es universelle Prinzipien für unser Wirtschaften? Und wie genau sehen diese aus? Wie können wir in der Landwirtschaft diesen Gesetzen des Lebens und der Natur am besten gerecht werden? Das fragten sich die Bioland-Bäuerinnen und -Bauern der ersten Stunde immer wieder. Aus diesem Streben entwickelten die Pionierinnen und Pioniere auf ihren Höfen schrittweise Alternativen zur damaligen Konvention: Sie erlernten eine neue Kompostwirtschaft und erweiterten ihre Fruchtfolgen. Später ging es um das Wohl ihrer Tiere. Mit ihrer Arbeit haben sie die Basis für eine ökologische Wirtschaftsweise gelegt, aus der sich die Bioland-Richtlinien formten. Heute sind die Richtlinien Grundlage für eine nicht abgeschlossene Systembeschreibung, wie Landwirtschaft im Einklang von Mensch und Natur funktionieren kann.

Lernen, verstehen und gestalten

In der Bauernheimatschule Möschberg in der Schweiz, dem Tagungshaus der ersten Stunde des Biolandbaus, fragten die wissbegierigen Bäuerinnen und Bauern den Biologen Hans Müller und die Boden- und Agrarforscherin Maria Müller-Bigler oft nach Anleitungen, wie sie ökologisch wirtschaften sollen. Dem Arzt und Mikrobiologen Hans Peter Rusch, Müllers Wegbegleiter, war es wichtig, seine Zuhörerinnen und Zuhörer für die Prinzipien und Regelkreise des Lebens zu sensibilisieren. „Biologisch denken lernen" war das Ziel, Rezepte sollte es möglichst wenige geben. Rusch wollte vielmehr die Wahrnehmung der Teilnehmer und Teilnehmerinnen schulen, was im

Boden als Teil des Kreislaufs des Lebens passiert. Aus diesem Wahrnehmen und Lernen konnte ein Verständnis wachsen, wie man seinen Hof, sein landwirtschaftliches System nach diesem biologischen Denken entwickelt.

In dieser Zeit, 1972, veröffentlichte der Club of Rome seinen Bericht zur Lage der Menschheit: „Die Grenzen des Wachstums". Mittels Szenarien zeigte ein Team aus 17 Wissenschaftlerinnen und Wissenschaftlern die Zusammenhänge unseres Wirtschaftens zwischen Bevölkerungsdichte, Nahrungsmittelressourcen, Energie, Material und Kapital, Umweltzerstörung und Landnutzung auf. Diese Grundlagen verbreiteten sich und es konnte immer mehr Wissen zu den mannigfaltigen Wechselwirkungen menschlichen Handelns in das neue organisch-biologische Landbausystem einfließen. Der gesellschaftliche Boden war vorhanden. So konnte aus den einzelnen Ideen und Erkenntnissen ein Anspruch erwachsen, die Gesellschaft als Ganzes zu verändern und zu gestalten. Dieser Anspruch prägt Bioland – damals wie heute.

Bioland als treibende Kraft

Heute sieht sich der Verband als die treibende Kraft für die Landwirtschaft der Zukunft. Denn seine Mitglieder, ob alt gedient oder neu hinzugekommen, verfolgen das Ziel, die Antworten auf die grundlegenden Systemfragen immer wieder zu überprüfen und ständig weiterzuentwickeln. Dabei berücksichtigen sie die neuesten wissenschaftlichen und praktischen Erkenntnisse. Nur so ist es möglich, sich einer Form der Land- und Lebensmittelwirtschaft zu nähern, die die Grenzen unseres Planeten, die Natur und mit ihr Mensch und Tier generationenübergreifend respektiert. Das ist unser gemeinsames Ziel.

Um das Lebendige soll es also im Bioland gehen, im „Land des Lebens"*. In diesem „Zukunftsbuch" sichern die Autorinnen und Autoren einen Teil der vielfältigen Lernerfahrungen aus mehr als 50 Jahren Biolandbau. Sie machen das reichhaltige Erfahrungswissen von Generationen und tausenden Bäuerinnen und Bauern für die Entwicklung der Land- und Lebensmittelwirtschaft der Zukunft nutzbar.

Wir hoffen im Sinne der Wertegemeinschaft, dass sich die Impulse aus 50 Jahren Bioland auch künftig stark und vielfältig entwickeln und verbreiten. Deshalb soll dieses Werk Inspiration, Rat- und Ideengeber sein, Archiv und Quell für Neues. Vor allem aber ist es eine Einladung an all diejenigen, die das Projekt Biolandbau tatkräftig oder ideell mitgestalten wollen.

Jan Plagge, Präsident von Bioland

Reyhaneh Eghbal und Niklas Wawrzyniak, Herausgeber

* Bio kommt aus dem Griechischen und bedeutet Leben.

Inhalt

Ein Verband mit Außenwirkung

Politische Meilensteine

→ *von Heinz-Josef Thuneke und Gerald Wehde*

ie Bioland-Bäuerinnen und -Bauern sowie ihre Partner aus Herstellung und Handel setzen sich seit 50 Jahren für ein wirtschaftliches und gesellschaftliches Umdenken ein, für eine Lebensweise im Einklang mit der Natur und für faire Handelsbedingungen. Aus der Erkenntnis, dass unsere natürlichen Ressourcen begrenzt sind (vgl. Club of Rome, „Die Grenzen des Wachstums", 1972), zeigen sie in der Praxis, dass Lebensmittel auch ohne den Einsatz von Agro-Chemie hergestellt werden können. Damit treffen sie auf das Interesse kritischer Konsumenten und Konsumentinnen, die zunehmend die Qualität der Lebensmittel infrage stellen. Viele dieser Akteurinnen und Akteure verstehen sich als Teil der Umweltbewegung und sehen in ihrer Arbeit auch politische Aspekte. Sie eint das Bestreben, mit einem bürgerschaftlichen Engagement dazu beizutragen, den nachkommenden Generationen eine intakte Umwelt zu hinterlassen.

Anti-Atomkraftbewegung beflügelt Ökolandbau

Startpunkt der Anti-Atomkraftbewegung ist 1973 der Widerstand gegen das geplante Atomkraftwerk in Wyhl am Kaiserstuhl. 1977 beginnt dann der lang andauernde Widerstand gegen das geplante nationale Endlager für hochradioaktiven Atommüll in Gorleben. Der Protest geht maßgeblich von der regionalen Bevölkerung und den Bäuerinnen und Bauern aus. Mit diesem Protest gelingt erstmals ein „Brückenschlag vom Land zur Stadt". Denn viele Unterstützer und Unterstützerinnen des regionalen Widerstands kommen aus deutschen Großstädten. Die Aktivistinnen und Aktivisten übernachten bei Landwirten und Landwirtinnen in der Region, kommen mit ihnen ins Gespräch und bringen einige zum Nachdenken, etwa über den Einsatz von Chemie in der Landwirtschaft. Mit der Folge, dass zunehmend mehr Landwirtschaftsbetriebe im Wendland auf Ökolandbau umstellen.

Am 26. April 1986 werden die Befürchtungen der Anti-Atomkraftbewegung dann katastrophale Realität: Einer der vier Blöcke des Atomkraftwerks Tschernobyl in der Ukraine explodiert. Diese Reaktorkatastrophe bringt dem Ökolandbau einen enormen Wachstumsschub. Denn die Bio-Branche agiert damals in der Frage der Belastung frischer Lebensmittel mit Radionukliden sehr transparent. Dies wirkt sich positiv auf das Vertrauen in Bio-Lebensmittel aus und führt zu einem Anstieg des Konsums und einer Verbreiterung der Käuferschicht.

Aus der Anti-Atomkraftbewegung entstehen Umweltgruppen wie der 1975 gegründete Bund für Umwelt und Naturschutz (BUND) und auch die Partei Die Grünen hat ihren Ursprung in der Umweltbewegung. Mit dabei sind Bioland-Bäuerinnen und -Bauern.

Potenziale des Ökolandbaus werden spät erkannt

Ab Mitte der 1980er-Jahre führt die angebotsorientierte Agrarpolitik zu inakzeptablen Lagerbeständen. In „Butterbergen" und „Milchseen" kommt der grundlegende Konstruktionsfehler der bisherigen Marktordnung zum Ausdruck. Deshalb wird in der Gemeinsamen Agrarpolitik ein erster Schritt zu einem dringend gebotenen Systemwechsel weg von der produktorientierten hin zu einer flächenbezogenen Agrarförderung eingeleitet. 1988 wird das erste Extensivierungsprogramm aufgelegt, mit dem mittels Erntemengenreduzierung der Abbau der Überschüsse erreicht werden soll. In diesem Kontext wird der Ökolandbau, der bisher von der Agrarpolitik weitgehend ignoriert wurde, als System erstmals politisch anerkannt und Betriebe, die umstellen wollen, werden finanziell gefördert. Dieser Meilenstein für die Entwicklung der Ökolandbaubewegung führt zum ersten (agrar-)politisch induzierten Wachstumsschub.

*Die Verordnung (EWG) Nr. 2092/91 – auch bekannt als „EG-Ökoverordnung" oder später „EU-Ökoverordnung" – wird im gesamten Buch vereinfacht als „Ökoverordnung" bezeichnet.

In den Anbauverbänden sorgt diese Entwicklung jedoch nicht nur für Euphorie. Nicht wenige Bio-Bauern und -Bäuerinnen sehen in dieser Entwicklung die Gefahr der Verwässerung, da sie vermuten, dass viele Neubetriebe nur wegen der Prämie umstellen. Die ökologischen Anbauverbände verständigen sich daher darauf, einen kleinen Teil dieser Prämie über einen Sonderbeitrag abzuschöpfen. Mit diesen Einnahmen sollen die Verbandsstrukturen, insbesondere die Beratung und Vermarktungsinitiativen, gestärkt werden.

Verbände tun sich in der AGÖL zusammen

Wegen der wachsenden Bedeutung des Ökolandbaus in der Öffentlichkeit und der Umsetzung bestimmter Förderprogramme durch die Bundesländer erweitern die Bioland-Landesverbände ab Ende der 1980er-Jahre ihre Arbeit auch um agrarpolitische Themen und profilieren sich in der Landesagrarpolitik zu wichtigen Interessenvertretern. Auf Bundesebene gründen die Verbände Bioland, Demeter, Naturland und Biokreis 1988 die Arbeitsgemeinschaft Ökologischer Landbau (AGÖL) als gemeinsames Sprachrohr. Dieser Schritt ist für die effektive Wahrnehmung der Interessen der Bio-Bauern und -Bäuerinnen auf Bundesebene und für die gemein-

same Richtlinienentwicklung wichtig. Denn mangels gesetzlicher Regelungen genießen der Biolandbau und Bio-Produkte bis dato keinerlei Schutz vor unlauterem Wettbewerb. Jede Erzeugerin und jeder Erzeuger kann seine Produkte als „ungespritzt", „natürlich gedüngt" oder „bio" ausloben. Deshalb soll ein privatrechtliches Normensystem für den Ökolandbau geschaffen werden. Hierzu gehören die Erarbeitung von Rahmenrichtlinien und die Einrichtung einer Prüfstelle, die in regelmäßigen Abständen die Umsetzungspraxis der Mitgliedsverbände evaluiert. Das sorgt für eine höhere Sicherheit der mit den Warenzeichen der Anbauverbände deklarierten Bio-Lebensmittel und wirkt sich bis auf die Bio-Märkte aus. Denn Verarbeiter und Händler von Bio-Produkten kaufen nun nur noch Rohwaren von verbandszertifizierten Bio-Bauern oder -Erzeugergemeinschaften. Auf europäischer Ebene erfolgt die agrarpolitische Einflussnahme über die bereits 1973 gegründete International Federation of Organic Movements (IFOAM).

Erste gesetzliche Normen für den Ökolandbau

Die EG-Kommission hat inzwischen die zunehmende Relevanz des Ökolandbaus erkannt und deshalb 1991 die „Verordnung über die Erzeugung und Vermarktung ökologischer Lebensmittel" (Verordnung (EWG) Nr. 2092/91)* und damit die erste gesetzliche Normierung des Ökolandbaus erlassen. Damit wird endlich die dringend gebotene Rechtssicherheit für den Bio-Markt, die für Erzeuger, Hersteller, Händler und

VERBAND IN BEWEGUNG – EINE AUSWAHL

1973 Entstehung der Anti-Atomkraftbewegung als sichtbarster Teil der Umweltbewegung

1986 Nuklearkatastrophe von Tschernobyl – das Umweltbewusstsein wächst rasant an

1988 Flächenbezogenes Extensivierungsprogramm – Politik erkennt den Ökolandbau an

Konsumentinnen und Konsumenten von Bio-Lebensmitteln gleichermaßen relevant ist, hergestellt. Als Blaupause dienen dabei die IFOAM-Basisrichtlinien und die AGÖL-Rahmenrichtlinien. Vor dem Hintergrund ihrer mehr als 20-jährigen Praxiserfahrung in der Umsetzung der privatrechtlichen Richtlinien ist der Einfluss der deutschen und europäischen Anbauverbände via AGÖL und EG-Gruppe der IFOAM auf den Entstehungsprozess der Ökoverordnung sehr hoch.

Frischer Wind durch grüne Agrarministerinnen

Im Mai 1995 übernimmt die grüne Abgeordnete Bärbel Höhn als erste Frau auf Landesebene ein Landwirtschaftsministerium. Dies bringt deutlich frischen Wind in die Agrarpolitik von Nordrhein-Westfalen und darüber hinaus. Höhn gründet die Fachschule für Ökologischen Landbau am Standort Kleve, bringt das „Projekt Leitbetriebe Ökologischer Landbau" auf den Weg und richtet Versuchsställe für ökologische Tierhaltungen bei der Landwirtschaftskammer ein. Durch sie wird dem zukunftgerichteten Agrarsystem Ökolandbau die ihm gebührende Aufmerksamkeit geschenkt.

Im Spätherbst 2000 führt die BSE-Krise zum Rücktritt des damaligen Bundesagrarministers Karl-Heinz Funke (SPD) und macht damit den Weg frei für die erste Frau an der Hausspitze des Bundeslandwirtschaftsministeriums, Renate Künast von den Grünen. Nun weht auch ein frischer Wind durch das Bundesministerium, dass seit Gründung der Bundesrepublik 1949 meistens von Ministern und Ministerinnen der CDU/CSU geführt wird. Renate Künast ruft die „Agrarwende" aus und formuliert das agrarpolitische Ziel „20 Prozent Ökolandbau bis zum Jahr 2010". In ihrer Amtszeit setzt sie wichtige Maßnahmen zur Förderung des Ökolandbaus um. Dazu zählen insbesondere das „Bio-Siegel", das „Ökolandbaugesetz" sowie das „Bundesprogramm Ökologischer Landbau" (siehe Interview „Politik mit Messer und Gabel").

BÖLW – Alles unter einem Dach

Nach Auflösung der AGÖL im Jahr 2002 gründen die Bio-Akteure und -Akteurinnen auf Initiative des Bioland-Verbandes einen neuen, branchenübergreifenden Spitzenverband, den Bund Ökologische Lebensmittelwirtschaft (BÖLW). Mitglieder sind Anbau-, Verarbeitungs- und Handelsverbände. Der BÖLW nimmt seitdem die politische Vertretung der Branche als deutscher Dachverband wahr und setzt sich für die Weiterentwicklung der Ökologischen Lebensmittelwirtschaft und förderliche Rahmenbedingungen ein. Er versteht sich als Netzwerk und offene Kommunikationsplattform für seine Mitglieder.

Widerstand gegen die Agro-Gentechnik

Mit Verabschiedung des hochumstrittenen Gentechnikgesetzes 2004 ist der Weg zur Freisetzung gentechnisch veränderter Organismen (GVO) formal frei. CDU/CSU und FDP haben sich zusammen mit der Agrarindustrie für eine Freisetzung

---

1991 Einführung der Verordnung (EWG) Nr. 2092/91 – der Ökolandbau wird gesetzlich normiert

1995 Erste grüne Landesagrarministerin – Bärbel Höhn setzt neue Akzente

2000 BSE-Krise erreicht Deutschland – Vertrauen in Lebensmittel wird erschüttert

Gentechnik
nein danke!

von GVO auf dem Acker stark gemacht. Der breite Widerstand gegen die Agro-Gentechnik wird von den Verbänden des Ökolandbaus, den Naturschutz- und Verbraucherverbänden sowie vielen weiteren Organisationen, Initiativen und den Grünen getragen. So kann eine großflächige Freisetzung verhindert werden.

16 Jahre Union verhindern wichtige Agrarreformen

Auf die grüne Agrarpolitik Künasts folgen 16 Jahre Unionspolitik, in denen der dringend gebotene Umbau der Landwirtschaft nicht vorangetrieben, sondern blockiert wird. Taktgeber sind wieder der Bauernverband und die Lobby der Agrarindustrie. In diesen Jahren ignoriert das Bundeslandwirtschaftsministerium verbindliche nationale und europäische Umweltziele, genauso wie zahlreiche, mahnende Gutachten des eigenen wissenschaftlichen Beirats. Zukunftsweisende Veränderungen in der Gemeinsamen Agrarpolitik scheitern auch am mangelnden Reformwillen Deutschlands.

Für den Ökolandbau bricht nach 2005 eine lange Durststrecke mit geringen Wachstumsraten an. Erst 2015 verbessern sich die Zahlen wieder, nicht dank, sondern trotz der Bundespolitik. Die Impulse kommen von der Verbraucherschaft, von Herstellern und Händlern und auch aus den Bundesländern. Bayern ist unter Landwirtschaftsminister Helmut Brunner hier Vorreiter mit dem „Aktionsprogramm Bio-Regio". Das erfolgreiche

bayerische Volksbegehren „Artenvielfalt und Naturschönheit in Bayern – Rettet die Bienen" stellt einen weiteren wichtigen politischen Meilenstein für den Ökolandbau dar, der in andere Bundesländer ausstrahlt.

Green Deal – Neuer Schwung für die Agrarwende?

Neue Impulse für den Umbau der Landwirtschaft kommen 2020 mit dem Politikansatz „Green Deal" der EU-Kommission. Er trifft in Deutschland jedoch auf Abwehr. Bundesagrarministerin Julia Klöckner setzt auf Digitalisierung, neue Gülletechnik und smarte Gentechnik zur Lösung aller Probleme. Sie diskriminiert die „Agrarwende" als Kehrtwende, zurück zu einer „Bullerbü"-Landwirtschaft. Wir wissen, dass dies nicht mit dem Begriff „Agrarwende" gemeint ist. Ziel ist vielmehr die Hinwendung zu einer zukunftsfähigen Form der Landwirtschaft, die den Anforderungen (nicht erst) der heutigen Zeit gerecht wird. Die für Artenvielfalt statt für Insektensterben sorgt, die dazu beiträgt, die Klimakrise abzumildern und sich daran orientiert, die Forderung der Gesellschaft nach einer guten Nutztierhaltung zu realisieren. Auch 21 Jahre später ist es mindestens fünf vor zwölf für die Agrar- und Ernährungswende.

2001
Erste grüne Bundesagrarministerin – Renate Künast will die Agrarwende

2004
Verabschiedung des Gentechnikgesetzes – großflächige Freisetzung wird verhindert

2019
Volksbegehren in Bayern – „Rettet die Biene"

Politik mit Messer und Gabel

Anfang 2001 weht im Bundeslandwirtschaftsministerium ein frischer Wind: Renate Künast wird die erste Frau als Hausspitze des Bundeslandwirtschaftsministeriums und erste Bundesministerin der Grünen Partei. In ihrer Amtszeit bringt sie wichtige Dinge auf den Weg wie das Bio-Siegel, das Ökolandbaugesetz oder das Bundesprogramm Ökologischer Landbau.

Frau Künast, Sie haben 2001 als Bundeslandwirtschaftsministerin den Begriff der Agrarwende aus der Taufe gehoben. Passt der Begriff heute noch?

Renate Künast: Ich würde das, was wir brauchen, heute nicht mehr nur als reine Agrarwende bezeichnen. Denn es geht nicht allein um diesen Bereich, der immer noch stark von den Interessen der Agrarlobby geprägt ist. Die Ernährungswende gehört dazu und ebenso die vielen anderen Aufgaben, die wir haben: Gesundheit, Klima, Artenvielfalt. Denn das alles sind unsere Lebensgrundlagen und für die Landwirtinnen und Landwirte sind es die Betriebsgrundlagen. Umso wichtiger ist es, dass sie mit einbezogen werden in die Klimaaufgaben – denn deren Lösungen arbeiten nicht gegen sie, sondern für sie.

*Hat der Systemwechsel in der Land- und Lebensmittelwirtschaft
bereits stattgefunden?*

Künast: Wann genau es einen wirklichen Systemwechsel gibt, bleibt
abzuwarten, wir arbeiten jedenfalls dafür. Momentan allerdings arbeiten
wir damit noch immer gegen das bestehende System. Immerhin gibt es
nun das Ergebnis der Zukunftskommission Landwirtschaft. Dort werden
die großen Probleme anerkannt und es wird auf Lösungen abgezielt. Zudem befinden wir uns inzwischen in einer Situation, in der sich immer
mehr Menschen für das Thema Ernährung interessieren, es als hoch-
politisches Thema begreifen. Und auch das gesamte Ernährungssystem
mit seinen hochverarbeiteten Produkten – die den Namen Lebensmittel
eigentlich nicht mehr wirklich verdienen – wird in Frage gestellt. Wir
können und müssen noch mehr Druck machen. Jede Schule, jede Stadt,
jede Kantine, die sagt, wir wollen einen bestimmten Anteil Bio-Produkte,
ist ein Puzzleteil für die Neuausrichtung.

*Was waren in den letzten 20 Jahren Schritte in die
richtige Richtung?*

Künast: Ein ganz großer und herausragender Punkt war die Einführung
des Bio-Siegels mit dem begleitenden Bio-Bundesprogramm, weil damit
bewiesen werden konnte, dass Bio ein funktionierender und wachsender Wirtschaftszweig ist. Auch die Novelle des Gentechnikgesetzes war
sicherlich wichtig. Und die Gründung des BÖLW hat dazu geführt, dass
die Bio-Branche ihre Kräfte bündeln konnte und als Größe wahrgenommen wurde.

Dennoch läuft man seit Jahren gegen die selben Wände: Lobby der
Agrarindustrie, Bauernverbände und konservative Politik. Brauchen
wir vielleicht einen ganz neuen Denkansatz, damit Landwirtschaft zur
Lösung der Umwelt- und Klimakrise beiträgt, statt sie zu verschärfen?
Wir müssen das, was als Kompromiss bei den Verhandlungen zur gemeinsamen europäischen Agrarpolitik herausgekommen ist, versuchen,
bestmöglich für den Bio-Ausbau zu nutzen, auch wenn wir damit selbst

noch nicht zufrieden sind. Gleichzeitig sollten wir flankieren und mit
Messer und Gabel Politik machen: Bio-Regional muss einen Vorrang
bekommen. Wenn nicht jetzt, wann dann? Es gibt bereits viele Initiativen, die für einen Umbau der Ernährungswirtschaft arbeiten, besonders
junge Menschen organisieren sich immer häufiger und fordern eine
fleischarme Ernährungsweise, die ihre Lebensgrundlagen bewahrt. Und
selbst berühmte Fernsehköche weisen inzwischen darauf hin. Wir brauchen starke Bündnisse mit dem Gesundheitsbereich, der Deutschen Gesellschaft für Ernährung und mit Ärztinnen und Ärzten, um weiter Druck
auf allen Ebenen zu machen. Es gibt ein Recht auf gesundes Essen.

*Also müssen die Impulse auch aus der Gesellschaft und
von den unteren politischen Ebenen kommen?*

Künast: Aus dem falschen System heraus wird keine Revolution entstehen. Kaiser und Könige haben sich auch nicht selbst abgeschafft,
sondern dafür sind Menschen auf die Straße gegangen. Und genau das
müssen wir auch. Um es greifbar zu machen: Jeder und jede Abgeordnete muss in seinem Wahlkreis die Ernährungsfrage gestellt bekommen.
Niemand soll sich abspeisen lassen mit Hinweisen auf Ernährungskom-
petenz, denn die gesamte Ernährungsumgebung muss neu ausgerichtet
werden. In der Lebensmittelindustrie ist das teilweise schon angekommen, immer häufiger gibt es hier Marktentscheidungen, denen andere
nachziehen. Vor allem die Ernährungsräte haben viele Städte und Ge-
meinden auf einen neuen Weg gebracht. Die Herausforderung wird sein
– auch in der kommenden Legislaturperiode – diese vielen Initiativen
und Bewegungen zu bündeln, um eine gemeinsame Schlagkraft zu entwickeln. Es braucht ein Framing, eine gemeinsame Geschichte, die wir
immer wieder erzählen und die die wahren Kosten und Auswirkungen
unserer aktuellen Land- und Ernährungswirtschaft klar benennt.

Eine wichtige Rolle in der Agrarpolitik spielt das Thema Förderung. Wie muss eine Fördersystematik aussehen, die ökologisch sinnvolle Maßnahmen honoriert?

Künast: Das System muss unbedingt die Wirkung der Maßnahmen bewerten. Wenn ein Landwirt oder eine Landwirtin in einem Jahr einen Stoppelacker über den Winter liegen lässt und im nächsten Jahr wieder Glyphosat auf die Fläche spritzt, dann bringt das wenig. In der Förderung ist das anders zu bewerten als wenn Landwirtinnen und Landwirte seit vielen Jahren ökologischen Landbau betreiben. Das muss entsprechend höher honoriert werden, die europäische Agrarpolitik muss ihre Finanzmittel zu einer Gemeinwohlprämie umbauen. So kann man sicherstellen, dass Maßnahmen langfristig und damit ökologisch wirksam sind und nicht allein dazu dienen, Mittel abzuschöpfen. Der umweltfreundliche Biolandbau würde davon zu Recht profitieren.

Stetig viel Neues

Streifzug durch 50 Jahre Verbandsentwicklung

→ *von Ulrike Hoffmeister*

Aller Anfang ist schwer. Für Bioland gibt es da keine Ausnahme. Es sind die 1950er-Jahre. Die Zeichen stehen auf Wachstum. Die landwirtschaftliche Produktion zieht an und die Industrialisierung der Landwirtschaft nimmt Fahrt auf. Traditionelle landwirtschaftliche Bewirtschaftungsformen wirken hoffnungslos unterlegen und rückständig und immer mehr landwirtschaftliche Betriebe folgen der Düngelehre der agrochemischen Industrie. Doch wie jede Entwicklung stärkt auch diese ihre Gegenbewegung. Landwirtinnen und Landwirte, Gärtner und Gärtnerinnen und ein Pfarrer, alle seit Jahren im ökologischen Landbau engagiert, schließen sich zusammen. 1971 gründen sie den Verein „bio-gemüse". Einige Jahre später wird der Verein in „Bioland" umbenannt. Heute ist Bioland mit rund 10.000 Mitgliedern der größte deutsche Öko-Anbauverband. Bioland ist eine Erfolgsgeschichte mit vielen mutigen Menschen, einem klaren Blick, weitsichtigen Entscheidungen und einem gemeinsamen Nenner: Die Grundlage von allem ist der fruchtbare Boden.

„Die ersten zehn bis 15 Jahre", sagt Bioland-Präsident Jan Plagge, „haben die Gründerinnen und Gründer gebraucht, um sich von der biologisch-dynamischen Landwirtschaft zu emanzipieren und einen eigenen Weg zu entwickeln." Viele Bioland-Mitglieder der ersten Stunde arbeiten damals nach der Lehre von Rudolf Steiner. Sie sind jedoch – so steht es in der Bioland-Chronik – „nicht sehr zufrieden mit den Ergebnissen" und suchen nach Alternativen.

Die Vision von der Unabhängigkeit

Auf der Suche nach Antworten auf ihre vielen Fragen finden die Bioland-Gründungsmitglieder wichtige Impulse beim Schweizer Ehepaar Maria und Dr. Hans Müller, die die Bauernheimatbewegung unterstützten, sowie dem deutschen Arzt und Mikrobiologen Dr. Hans Peter Rusch. Ruschs und Müllers Vision ist eine Landwirtschaft, die unabhängig von der chemischen Industrie funktioniert. Sie sehen das Ideal in starken Höfen mit betriebseigenen geschlossenen Nährstoffkreisläufen und fruchtbaren Böden, die gesunde Lebensmittel hervorbringen. Hans Müller und Hans Peter Rusch sind Wissenschaftler. Sie analysieren, forschen und experimentieren und haben klare Vorstellungen von einer zukunftsfähigen Agrarwirtschaft.

Rusch betrachtet die Landwirtschaft aus der Perspektive der Mikroorganismen und konzentriert sich auf das Bodenleben. Darin sieht er ein lebendes System und glaubt, dass es stabil ist, wenn die Organismen im Boden in Balance zueinander stehen und der natürliche Kreislauf des Bodenlebens nicht gestört wird. Ein gesunder, fruchtbarer Boden bringt gesunde Nahrungsmittel hervor, glaubt er. Müllers und Rusch entwickeln die Lehre vom organisch-biologischen Landbau und gründen sie als eigene Form der ökologischen Landwirtschaft, eine Alternative zum biologisch-dynamischen Landbau Rudolf Steiners.

Rusch sucht auch nach Methoden, um „gesunden Boden", Bodengüte und Fruchtbarkeit messen zu können. Er entwickelt den Rusch-Test, der zunächst für Bioland-Mitglieder verbind-

PODCAST

bioland.de/
zukunftsbuch1

Immer an das Morgen denken
Ein Streifzug durch 50 Jahre Verbandsentwicklung mit Bioland-Präsident Jan Plagge

MEILENSTEINE IN DER VERBANDS-ENTWICKLUNG – EINE AUSWAHL

1971 Gründung des „bio-gemüse e.V." in Honau bei Reutlingen

1974 „Dr. Müller bio gemüse" wird als Warenzeichen der „Fördergemeinschaft organisch-biologischer Landbau e.V." eingetragen

1976 Erste Bundesversammlung

1977 Gründung der Vermarktungsorganisation Bioland GmbH

BODEN IN DER FORSCHUNG

Gwendolyn Manek leitet die Abteilung Forschung & Entwicklung bei Bioland, die seit 2014 besteht. „Der Boden", sagt sie, „ist der Ausgangspunkt von allem. Er ist das tragende Element." Aber er ist immer noch kein offenes Buch, komplex sind die Reaktionen und Bodenarten. Der Ökolandbau ist mit Blick auf Nährstoffe und Erträge mit den Jahren und durch Spezialisierung an Grenzen gestoßen (siehe auch Kapitel „Entwicklungswerkstatt für die Bio-Branche"). Auf langjährig ökologisch bewirtschafteten Ackerböden kann sich ein Mangel von Stickstoff, Phosphor und Kalium einstellen, im langjährigen Bio-Gemüsebau ein Überschuss von Phosphor. Die Entwicklung angepasster Nährstoffstrategien ist eine wichtige Aufgabe des Verbands, der sich hierzu im Praxisforschungsprojekt „NutriNet" engagiert (mehr dazu im Podcast, siehe Kapitel „Forschung in und mit der Praxis"). Forschungsprojekte kommen heute an Klimaschutz und Nachhaltigkeit nicht mehr vorbei. „Ein zentrales Thema der nächsten Jahre wird Wasser sein", sagt Gwendolyn Manek.

lich wird. Doch er ist aufwendig und teuer und die Ergebnisse in ihrer Aussagekraft nicht immer eindeutig. In den 1990er-Jahren verliert der Rusch-Test daher an Bedeutung. Doch mit Hilfe moderner molekularbiologischer Analytik könnte die Grundidee des Rusch-Tests wiederaufleben. Daran will Bioland zusammen mit den Nachfahren von Hans Peter Rusch arbeiten.

Viel Gegenwind – viel Unterstützung

In den 1980er-Jahren stehen die Zeichen auf Sturm. Von allen Seiten spürt der Verband viel Widerstand. „Am Anfang war Krieg", beschreibt Peter Grosch seine Jahre als hauptamtlicher Bioland-Geschäftsführer von 1979 bis 1988. „Es waren einfach alle gegen uns: die Wissenschaft, die Industrie, die Politik." Grosch erlebt viele Auseinandersetzungen und persönliche Angriffe. Keiner seiner Vorgänger und wenige seiner Nachfolger sind so lange im Amt wie er (mehr erzählt Peter Grosch im Podcast, siehe Kapitel „Strukturelles und Strukturen"). Doch Widerstand festigt die eigene Überzeugung und stärkt die eigenen Reihen. „In diesen ersten Jahren ist viel von der Bioland-Identität entstanden, die den Verband bis heute trägt", sagt Jan Plagge. Die Pionierinnen und Pioniere stehen für ihre Überzeugung ein und bringen Unterstützer und Unterstützerinnen zusammen. Gemeinsam und mit großzügigen Spenden und Darlehen geht es voran. Unternehmen helfen dem jungen Verband nicht nur finanziell, sondern auch mit ihrem Know-how. Einer der frühen Förderer ist Christof Leuze, der zuerst in der Textil-

1978	1979	1981	1982	1986
„Bioland" wird als Warenzeichen eingetragen	Umbenennung in „Fördergemeinschaft für organisch-biologischen Landbau e.V."	Erste Bundesdelegiertenversammlung	Gründung des Landesverbands Nordrhein-Westfalen	Gründung der Landesverbände Baden-Württemberg, Bayern, Hessen, Rheinland-Pfalz/Saarland

branche tätig ist und sein Unternehmen dann zum Elektronikkonzern umbaut. Er ist Wegbereiter der Marke „Bioland".
Nach der Bioland-Gründung investiert die Familie Rusch in den 1970er- und 1980er-Jahren viele Ressourcen in die Entwicklung eines weiteren Tests, um nachzuweisen, dass Bio-Lebensmittel hochwertiger und gesünder sind als konventionelle Erzeugnisse. Doch der Versuch, dieses komplexe Thema durch einen einzelnen Test abzubilden, misslingt. Es entsteht jedoch ein anderer Ansatz: In den Fokus rückt die Prozessqualität in der Erzeugung und Herstellung. Die Vorgaben für Erzeugung und Herstellung und ihre Kontrolle werden zu den Bioland-Richtlinien und dem späteren Bioland-Kontrollverfahren ausgestaltet (siehe auch Kapitel „Kontrollierte Qualität").

Diskussionen über den richtigen Vermarktungsweg

Während Rusch an seinen Tests arbeitet, verstrickt sich Bioland in eine weitreichende Grundsatzdiskussion: Soll Bio wachsen oder eine Nische bleiben? Für Landwirtinnen und Landwirte zählen ein gesicherter Absatz und auskömmliche Erzeugerpreise. In den 1970er-Jahren gibt es nur wenige Bio-Läden – zu wenig, um die Bio-Branche wachsen zu lassen? Geschäftsführer Peter Grosch erinnert sich: „Es bestand keine Einigkeit darüber, ob Bioland-Produkte nur ab Hof vermarktet werden sollten oder auch über die Supermärkte." Die Diskussion in dieser Zeit rankt um die Fragen: Soll Bioland sich dem Markt öffnen?

Sollen die Bioland-Produkte „vollwertig" sein und – wenn ja – darf es dann Bioland-Weißmehl und Bioland-Zucker geben? Einig sind sich die Bioland-Mitglieder darüber, dass Bioland bekannt werden soll. Und das bedeutet, sich dem Kaufverhalten der Konsumentinnen und Konsumenten anzupassen und von ihnen verstanden zu werden. Aus diesen Plänen heraus entsteht die Marke Bioland. „Bio und Land, das Land des Lebens", sagt Jan Plagge, „eine klare und einfache Botschaft, eine starke Marke und in Bauernhand." Eine Grafikerin aus dem Umfeld des Landtechnikunternehmers Ernst Weichel – auch ein früher Förderer aus der Wirtschaft – entwirft das Logo, und Christof Leuze beauftragt seine Patentanwälte, die Marke einzutragen (siehe auch Kapitel „Von großen und kleinen Warenströmen").

Bioland will auch Verbraucherinnen und Verbraucher umstellen

Die Vermarktung bleibt ein großes Thema. Nach weiteren intensiven Diskussionen im Verband folgen die ersten Gespräche mit dem Lebensmitteleinzelhandel. Es ist die Edeka Südwest, mit der Bioland 2012 einen ersten Vertrag schließt. Damals wird eine weitreichende Vertriebsstrategie diskutiert und beschlossen: Bioland will nicht nur Erzeugerinnen und Erzeuger, Herstellerinnen und Hersteller auf Bio umstellen, sondern auch Verbraucherinnen und Verbraucher. So beschließt der Verband, die Kriterien und Spielregeln für Verträge mit dem Lebensmitteleinzelhandel aufzustellen. 2016 nimmt Lidl Kon-

1987 Gründung der Landesverbände Schleswig-Holstein/Hamburg, Niedersachsen

1987 Namensänderung in „Bioland Verband für organisch-biologischen Landbau e. V."

1988 Gründung der „Arbeitsgemeinschaft Ökologischer Landbau" (AGÖL)

1988 Landesverband Schleswig-Holstein/Hamburg wird um Mecklenburg-Vorpommern erweitert

takt zu Bioland auf, 2018 einigen sich Lidl und Bioland darauf, eine Partnerschaft zu wagen. Dies schlägt jedoch hohe Wellen in der Branche. Der Vertrag mit Lidl sei aber richtig und sehr wichtig gewesen, sagt Jan Plagge. „Lidl war quasi die Schlüsselfrage: Wie schaffen wir es, Verbraucherinnen und Verbraucher auf Bio umzustellen und gleichzeitig souverän gegenüber unseren eigenen Richtlinien und Standards zu bleiben?" Es geht aber noch um mehr. „Es geht darum, dass die Bio-Bewegung glaubwürdig bleibt in ihrem Anspruch, dass Bio eine Antwort auf die notwendige Veränderung der gesamten Land- und Ernährungswirtschaft ist." Wenn Bioland dieser Wandel wirklich wichtig sei, könne Bio keine kleine exklusive Nische sein wollen, sondern müsse bereit sein, alle Strukturen, die sich verändern wollen, auch umzustellen. Die Politik von Bioland ist es, aktiv voranzugehen, eben auch Absatzmärkte zu erschließen und zu bearbeiten, den Markt vorzubereiten. „Wir wollen doch in 20 oder 30 Jahren eine vollständig ökologische Landwirtschaft erreichen", ist Jan Plagge überzeugt. Bioland werde es dann trotzdem noch geben, weil es sich stetig weiterentwickele. Es werde neue Themen geben, es werde Besonderes und Zusätzliches herausgearbeitet worden sein. „Bis dahin bleibt sehr viel Arbeit zu erledigen."

1991 Gründung von Bioland Südtirol

1992 Gründung des Landesverbands Brandenburg

1998 Gründung der Bioland Verlags GmbH

1998 Landesverband Hessen wird mit Sachsen-Anhalt und Thüringen zum Landesverband Mitte

Die Mauer fällt – der Osten kommt

Ende 1989 fällt die Mauer zwischen Ost- und Westdeutschland, die Wiedervereinigung ist greifbar. Noch in den letzten DDR-Jahren entsteht in Sachsen der Öko-Verband Gäa aus der kirchlichen Umweltbewegung heraus. Bereits in den 1990er-Jahren finden erste Gespräche zwischen Gäa und Bioland über eine Zusammenarbeit statt. Doch Bioland-Mitglieder haben Vorbehalte und die Annäherung verläuft sich. „In der Nachwendezeit hatten wir auch einfach Angst vor den großen Betrieben im Osten. Betriebe mit 2.000 und 3.000 Hektar kannten wir im Westen einfach nicht", erinnert sich der Bioland-Landesgeschäftsführer von Bayern Josef Wetzstein.

Auch befürchten Bio-Landwirte und -Landwirtinnen, dass der Druck auf den Markt mit der Umstellung von Betrieben in den neuen Bundesländern stark zunimmt. Bioland-Landwirt David Westphal und Klaus Schneider-Reiss planen daher, eine Bio-Erzeugergemeinschaft in Schleswig-Holstein zu gründen, um den Absatz ihrer Produkte zu sichern. So wird die „Vermarktungsgesellschaft Bioland Schleswig-Holstein" die zweite Bio-Erzeugergemeinschaft in Deutschland.

Bei Exkursionen und in vielen Gesprächen wächst dann das Vertrauen aber. 2016 gehen Gäa und Bioland schließlich eine Partnerschaft ein. Seitdem gelten für beide Verbände gleiche Zertifizierungsverfahren, ein einheitliches Beitragssystem und gleiche Richtlinien (siehe auch „Das Wurzelwerk von Bioland").

DER WEITE OSTEN

Heike Kruspe ist seit 1995 für Bioland in den ostdeutschen Bundesländern verantwortlich aktiv. Die Struktur der Mitgliedsbetriebe ist in den neuen Bundesländern vielfältiger als in den alten. Unter den Bioland-Mitgliedern sind neben Familienbetrieben sehr große Unternehmensgesellschaften. „Es gab im Westen oft die Vorstellung, dass die großen Betriebe wirtschaftlich erfolgreicher sein würden als kleine Betriebe", sagt Heike Kruspe, „doch das hat sich als Fehleinschätzung herausgestellt" (siehe auch Kapitel „Das Wurzelwerk von Bioland"). Die Großen müssen mit anderen, eigenen Herausforderungen umgehen. Sie sind zum Beispiel auf Fremdarbeitskräfte angewiesen oder bewirtschaften Pachtflächen, die einer Vielzahl von Eigentümern gehören.

Für die Entwicklung des Ökolandbaus im Osten komme es künftig darauf an, regionale Wertschöpfungsketten aufzubauen. Vor Ort fehlen verarbeitende Betriebe wie Schlachtereien oder Getreidemühlen. „Viele Rohstoffe werden exportiert, um dann als Importprodukt zurückzukehren", bemängelt die Landesgeschäftsführerin. Doch sie ist optimistisch: „Bioland hat eine starke Entwicklung im Osten hinter sich, das wird sich auch so fortführen, Bioland ist sehr lebendig."

2001 Bioland wird Mitglied in der „Internationalen Vereinigung der ökologischen Landbaubewegungen" (IFOAM)

2002 Bioland gründet den „Bund Ökologische Lebensmittelwirtschaft" (BÖLW) mit

2004 Gründung der Bioland Beratung GmbH

2011 Die neuen Bundesländer schließen sich zum Landesverband Ost zusammen, Landesverband Hessen ist wieder eigenständig

Schutz der Biodiversität rückt nach vorne

Als Eva Meyerhoff, Bioland-Bäuerin in Niedersachsen, im Jahr 2000 ein Thema für ihre Diplomarbeit sucht, kommt sie auf den Naturschutz im Ökolandbau. Für ihre Abschlussarbeit startet sie eine Umfrage unter Öko-Landwirten und -Landwirtinnen. Resonanz und Ergebnis überraschen sie: „81 Prozent der Befragten haben geantwortet, dass sie Interesse an einer Naturschutzberatung hätten", erinnert sie sich, „aber nur, wenn die Beratung kostenlos sei." Dieses Ergebnis trägt sie ins niedersächsische Landwirtschaftsministerium und hat Erfolg: Es kommt eine Förderung für Naturschutzberatung für Bio-Betriebe zustande und Eva Meyerhoff wird bundesweit die erste Naturschutzberaterin für ökologisch wirtschaftende Höfe am Kompetenzzentrum Ökolandbau Niedersachsen. Von hier aus entwickelt sich in den folgenden Jahren die Naturschutzberatung. Bioland beteiligt sich an den Projekten „Kulturlandplan" und „Fokus Naturtag". Heute hat der Verband in Nordrhein-Westfalen, Bayern und Baden-Württemberg eigene Arbeitsstellen für Naturschutzberatungen eingerichtet. Seit 2021 wird die „Bioland-Richtlinie zur Förderung der Biodiversität" von allen Bioland-Mitgliedern umgesetzt. „Nun ist auch die Politik gefragt, Leistungen im Bereich Biodiversität besser zu honorieren", fordert Jan Plagge. Auch Marktpartner sowie Verbraucherinnen und Verbraucher müssten Verantwortung für den Erhalt der Artenvielfalt tragen.

BIODIVERSITÄTS-RICHTLINIEN

Katharina Schertler ist Teamleiterin der Naturschutzberatung und seit 2008 bei Bioland. Bis 2021 war Naturschutz ein freiwilliges Beratungsangebot für Bioland-Mitglieder. „Es war eher ein Expertenthema", sagt die Beraterin. Erst die Veröffentlichung der „Krefelder Studie" im Jahr 2017, die sich mit dem Rückgang der Insektenartenvielfalt befasst, hat eine breite gesellschaftliche Aufmerksamkeit bewirkt. „Das hat die Frage aufgeworfen, ob wir eine zukunftsfähige Landwirtschaft nur mit freiwilliger Beratung und Bildung schaffen", sagt Katharina Schertler.

2017 beschließt die Bundesdelegiertenversammlung, Biodiversitäts-Richtlinien zu erarbeiten. Seit 2021 werden sie angewendet. Dabei kann jeder Betrieb aus einem Katalog geeignete Maßnahmen selbst auswählen. Eine einfach umzusetzende und wirkungsvolle Maßnahme ist zum Beispiel, Reststreifen von Kleegras und Grünland stehenzulassen. „Unsere Umfragen zeigen, dass die Mehrheit der Betriebe mit der Richtlinie und der Perspektive zufrieden ist", berichtet die Naturschutzberaterin. Mehr erzählt Katharina Schertler im Podcast, siehe Kapitel „Blick in die Zukunft".

2013 Die Nachwuchsorganisation „Junges Bioland e.V." gründet sich

2015 Mitgründung der „Ökologischen Tierzucht gGmbH" (ÖTZ)

2017 Gründung der „Bioland Stiftung"

2020 Gründung des „Bioland Verarbeitung & Handel e.V."

Gasthaus des Wandels

In den fünf Jahren von 2016 bis 2020 schließen sich mehr als 4.000 Betriebe Bioland an. Bioland wächst stark. Jan Plagge will aber nicht von „Wachstum" sprechen. „Klar werden wir mehr, das ist ja auch richtig und wichtig – aber uns geht es doch gerade nicht um Wachstum in einer begrenzten Welt. Es geht um den Umbau. Fast jeder Bioland-Betrieb war schon vorher da. Es werden Felder, Weiden, Ställe und am Ende Regale und Einkaufskörbe umgestellt – ein qualitativer Umbau, kein Wachstum." Und dennoch müssen die Strukturen angepasst werden. So viele Betriebe in kurzer Zeit in die Verbandsarbeit zu integrieren, in der Umstellung zu begleiten, in der Vermarktung zu unterstützen und auch die Kontrolle abzusichern – das erzeugt Wachstumsschmerzen, auch neue Unsicherheiten. Kann es Bioland schaffen, allen die es wirklich wollen, eine gute Grundlage für ihre betriebliche Entwicklung anzubieten?

Eine Diskussion beginnt in diesen Jahren, was Bioland in Zukunft sein will. „Ein offenes Gasthaus des Wandels", sagt Jan Plagge, „in dem die Betriebe über Hersteller, Händler und Kundinnen und Kunden genau diese Herausforderungen gemeinsam angehen." Nicht ein Gasthaus natürlich, sondern viele hundert in allen Bioland-Regionen beteiligen sich aktiv. Gemeinsam mit vielen neuen Beraterinnen und Beratern und weiteren Mitarbeitenden verbreitet sich auch die ehrenamtliche Basis. Die Bioland-Delegiertenversammlung wächst auf 250 Delegierte an. In allen Prozessen will Bioland an seiner demokratischen Ausrichtung festhalten, gerade wenn immer mehr Menschen mitmachen und mitwirken wollen.

Rund 2.000 Mitgliedsbetriebe und 45 Regionalgruppen zählt heute allein Bayern. Neben der Landesgeschäftsstelle in Augsburg gibt es zwei Regionalbüros, eins im Allgäu und eins in Franken. In der Landesgeschäftsführung denkt man schon über das nächste nach. Denn die Beratung braucht die Nähe

zu den Menschen. „Menschen verbinden muss direkt vor Ort passieren", sagt Josef Wetzstein, der den Landesverband seit 1991 führt. Und die Gruppen dürfen nicht zu groß werden (siehe auch Kapitel „Mit Rat und Tat"), damit man sich kennt und austauschen kann. In Bayern wächst Bioland jährlich um 200 Betriebe, die Entwicklung der Gruppen muss hier Schritt halten. Wetzstein schätzt das feine Netz des Verbandes mit seinen Gruppen, Regionen, Vereinen und Vermarktungsgesellschaften. Das erlaube ein angepasstes Wachstum und eine differenzierte Aufgabenteilung. Für ihn ist es die zentrale Aufgabe eines Verbandes, sich ständig aber mit Augenmaß weiterzuentwickeln. „Damit der Umbau gelingt und Bioland Treiber dieser Entwicklung bleibt, müssen diese Strukturen sich permanent weiterentwickeln", ist Jan Plagge überzeugt (siehe auch Kapitel „Strukturelles und Strukturen").

Begegnungen auf den unterschiedlichsten Ebenen sind eine Quelle der Inspiration für die Entwicklung. Dafür die passenden Räume zu schaffen, ist eine wichtige Aufgabe in der Verbandsarbeit.

→ von Christine Brandmeir, Harald Gabriel, Christine Helfer,
Heike Kruspe, Manfred Nafziger, Jutta Schneider-Rapp,
Heinz-Josef Thuneke und Josef Wetzstein

Das Wurzelwerk von Bioland

Historisch gewachsen und weit verzweigt

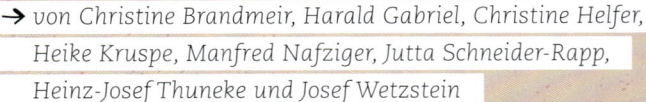

Der Wunsch, Mitglied bei Bioland zu werden, ist heute unterschiedlicher denn je. Hauptsächlich geht es um drei Motive. Zum einen sind da die Überzeugungsbäuerinnen und -bauern zu nennen, die nach Alternativen zur industrialisierten Landwirtschaft suchen. Sie wollen Mitglied werden, weil sie die politische Vertretung ihrer Interessen für notwendig halten. Besonderen Handlungsbedarf sehen sie beim Klimaschutz.

Das zweite wesentliche Motiv beizutreten, ist der Wunsch einer Gemeinschaft anzugehören. Bei Bioland profitieren die Betriebe von der Verbandsberatung und dem Austausch in den Regional- und Fachgruppen. Der dritte und heute vielleicht stärkste Beitrittsgrund liegt für viele aber in der gemeinsamen Vermarktung der erzeugten Bio-Lebensmittel. Bioland bietet dafür Strukturen in Form von Erzeugergemeinschaften sowie ein verbandseigenes Markenzeichen. Hinzu kommt, dass Verarbeitungsbetriebe und Handelspartner Verbandsware bevorzugen: Die Öko-Anbauverbände bieten sichere Herkünfte aus der Region und ermöglichen langfristige Partnerschaften zum beidseitigen Vorteil. Die hohe Nachfrage von Handel und Verbraucherinnen und Verbrauchern nach Verbandsware bietet heute einen starken ökonomischen Anreiz für Betriebe, überhaupt auf Ökolandbau umzustellen.

So unterschiedlich wie heute waren die Motive für einen Bioland-Beitritt zu Beginn der Bewegung noch nicht. Aber auch die Bioland-Gemeinschaft gründet sich auf verschiedenen Wurzeln. Treibende Kräfte sind zunächst Bäuerinnen und Bauern, die nach Alternativen suchen sowie Menschen aus der Umweltbewegung. Als mutige Pionierinnen und Pioniere haben sie die Bioland-Bewegung auf den Weg gebracht. Über 50 Jahre hat sich daraus ein Öko-Verband mit 8.500 Mitgliedsbetrieben und 1.300 Partnern aus Verarbeitung, Gastronomie und Handel einschließlich nachgelagertes Gewerbe entwickelt.

Bäuerliche Wurzeln – Neuland betreten

Um die bäuerlichen Wurzeln der Bioland-Bewegung aufzuspüren, blicken wir zurück auf das Ende der 1970er-Jahre: Die Landwirtschaft befindet sich in einem Prozess der Intensivierung. Die Betriebsstrukturen werden immer größer und der Einsatz von Pestiziden und mineralischen Düngern nimmt drastisch zu. EU-weite Überschüsse in der Milchwirtschaft türmen sich zu „Butterbergen" auf oder fließen in „Milchseen". Die Tierhaltung – besonders im Geflügelbereich – wird immer industrieller und kommt ohne Futtermittelimporte kaum noch aus.

Diesen Weg möchten nicht alle Landwirtinnen und Landwirte mitgehen, aber es fehlt ihnen an Alternativen. Biologischer Landbau ist in den damaligen staatlichen Ausbildungseinrichtungen noch tabu und Vorbilder fehlen, besonders in der Mitte und im Norden Deutschlands. Nur in Baden-Württemberg und Bayern arbeiten bereits einige wenige Betriebe organisch-biologisch – vor allem im Gemüsebau. Das heißt: sie legen besonderen Wert auf die Pflege des Bodens und die Erhaltung seiner langfristigen Fruchtbarkeit. Die organisch-biologische Landbaumethode beruht auf der genauen Beachtung biologischer

Wirkungszusammenhänge zwischen Boden – Pflanze – Tier und Mensch. Ein weiterer zentraler Grundgedanke: Landwirtschaftliche Produkte werden innerhalb eines möglichst geschlossenen Betriebskreislaufes erzeugt (siehe auch Kapitel „Regelwerk und Richtlinien" sowie „Kontrollierte Qualität"). Bereits in den 1950er-Jahren knüpfen aufgeschlossene Bäuerinnen und Bauern aus Süddeutschland den Kontakt zu den Schweizer Pionierinnen und Pionieren des organisch-biologischen Landbaus. 1971 gründen zwölf Männer und Frauen den „bio-gemüse e.V.", den Vorläufer von Bioland. Die Vereinsgründung bringt einen Schub von neuen Mitgliedern. Allein im Südbadischen verdoppelt sich daraufhin bis 1975 die Bio-Anbaufläche. Aber nicht nur die Wirtschaftsweise, sondern auch die Kommunikation ändert sich: „Für alle Neuen war es dabei der Knaller, dass man ohne Scheu von anderen Bauern erfahren hat, wenn mal etwas gehörig in die Binsen ging – mit dem kollegialen Hinweis, nicht dieselben Fehler zu wiederholen", berichtet Wilhelm Rinklin, Sohn des gleichnamigen Bioland-Pioniers.

1979 beschließt der Vorstand des bio-gemüse e.V. sich künftig „Fördergemeinschaft für organisch-biologischen Landbau e.V." zu nennen und verabschiedet die ersten Erzeugerrichtlinien. Erst ab 1987 heißt der Verein „Bioland Verband für organisch biologischen Land- und Gartenbau". Zu diesem Zeitpunkt gibt es bereits die ersten Landesverbände.

bäuerlich

> „Die konventionellen Kollegen haben uns nicht angefeindet. Die waren eher misstrauisch, meinten nur „das haben wir doch früher gemacht" oder „das kauft doch keiner". Die Anfeindungen kamen eher von der chemischen Industrie, von Bauernvertretern und Umweltaktivisten, die alles besser wussten.

Manfred Nafziger,
ehemaliger Geschäftsführer
Bioland Rheinland-Pfalz/Saarland

Aufbruch in den Norden

Anfang der 1980er-Jahre bekommt Peter Grosch, fünfter Geschäftsführer von Bioland, vom Bundesverband die Aufgabe, die Idee vom organisch-biologischen Landbau über die Mainlinie nach Norden zu tragen. Diese Mission führt ihn bis nach Nordrhein-Westfalen. Hier gründet sich im Dezember 1982 der erste Landesverband der Fördergemeinschaft für organisch-biologischen Landbau. Mit dabei ist der damalige Bundesvorsitzende Alfred Colsmann.

In Rheinland-Pfalz, dem Land des Chemiekonzerns BASF, suchen zunächst Aussteigerinnen und Aussteiger nach alternativen Formen der Landwirtschaft. Sie bauen vor allem Gemüse und Getreide zur Selbstversorgung an und verkaufen ihre Überschüsse auf den lokalen Märkten.
Nach und nach erweitert sich der Kreis interessierter Bäuerinnen und Bauern. Sie treffen sich an Stammtischen und kommen mit Peter Grosch ins Gespräch. 1986 gründet sich der Landesverband Rheinland-Pfalz-Saarland mit 45 Betrieben. Dort legt man von Anfang an viel Wert auf Selbstbestimmung: „Es gab Bauernvertreter oder Umweltaktivisten, die immer alles besser wussten. Wir Bioland-Bauern wollten uns nichts vorschreiben lassen. Wir waren die jungen Wilden und wollten unseren eigenen Weg gehen", erinnert sich Bioland-Pionier Manfred Nafziger vom Wahlbacherhof im pfälzischen Contwig.

Trotz des ökologischen Ideals der Kreislaufwirtschaft spielt die Tierhaltung bei den Bioland-Betrieben zunächst keine Rolle. „Wir haben uns erst 1983 eine Kuh angeschafft statt einem Fernseher und Milch, Quark und Butter gemacht", erläutert Nafziger, der ab 1986 den Bioland-Verband Rheinland-Pfalz/Saarland führt.
Ob im Norden oder Süden: Die meisten Pioniere und Pionierinnen starten mit Ackerbau und Gemüse. Der Weinbau kommt erst später dazu.

Dr. Hans Müller (Herr mit Hut)
mittendrin im Einführungskurs
auf dem Möschberg

Die geistigen Wurzeln – Keimzelle Möschberg

Das Bildungshaus auf dem Schweizer Möschberg ist der Kristallisationspunkt des organisch-biologischen Landbaus. Maria und Dr. Hans Müller eröffnen es 1932 als Ort für Austausch und Bildung für Interessierte aus dem ganzen deutschsprachigen Raum. Neben den Einführungskursen zum organisch-biologischen Landbau gibt es auf dem Möschberg eine Hausmutterschule und Frauentage für Bäuerinnen.

Dass die Ideen vom Möschberg zunächst in Südbaden Wurzeln schlagen, ist kein Wunder. Zum einen liegt der Möschberg nur zwei Autostunden von Eichstetten im Kaiserstuhl entfernt. Zum anderen war der Boden für den Ökolandbau hier schon bereitet: Der Eichstetter Landwirt Karl Hiss lernt bereits in englischer

Kriegsgefangenschaft die landwirtschaftlichen Ansätze von Sir Albert Howard kennen. Zusammen mit Eve Balfour gelten sie als die Begründer des Ökolandbaus in Großbritannien. Karl Hiss bringt die Ideen nach dem Krieg mit zurück in die Heimat. Voller Überzeugung begeistert er seine Kollegen im Dorf und vermittelt Kontakte zu den Beratern von Demeter, dem ersten und damals einzigen Öko-Anbauverband. Demeter-Landwirtinnen und Landwirte arbeiten biologisch-dynamisch. Ihre Wirtschaftsweise geht auf den Landwirtschaftlichen Kurs des Anthroposophen Rudolf Steiner im Jahr 1924 zurück. Sie betrachten ihren Hof als einen lebendigen, einzigartigen Organismus. „Dieses Ideal geht über das Bild des geschlossenen Hofkreislaufs hinaus. Biodynamikerinnen und Biodynamiker haben dabei nicht allein materielle Substanzen im Blick, sondern auch gestaltende Kräfte des Kosmos und rhythmische Lebensprozesse", heißt es noch heute bei Demeter.

Anfang der 1950er-Jahre stellen in der Gemeinde Eichstetten am Kaiserstuhl sechs Höfe zeitgleich auf bio-dynamische Bewirtschaftung um. Allerdings können sich drei Betriebe nicht mit der Anthroposophie anfreunden. Diese Bäuerinnen und Bauern wollen ihre Zugehörigkeit zur evangelischen Landeskirche und ihre Überzeugungen nicht mit der Art und Weise der Landbewirtschaftung abgeben. Als sie von Dr. Hans Müller und seinen Schweizer Bauern hören, wollen sie mehr wissen. Die Evangelische Landeskirche unterstützt ihre Bemühungen, organisatorisch, finanziell und personell. Manfred Wenz, Bauer aus Ottenheim und Mitglied der Landessynode setzt sich dafür ein, dass die Kirche den Pfarrvikar Michael Zenck freistellt. Er hilft mit, zwischen 1968 und 1973 Busfahrten in die Schweiz zu organisieren. So entstehen Kontakte zu Schweizer Bauernfamilien, die bereits nach der organisch-biologischen Methode wirtschaften. Unter Michael Zencks Redaktion entsteht ein erster Infobrief für interessierte Bauern und Bäuerinnen in Deutschland. Michael Zenck und Manfred Wenz sind dann auch Gründungsmitglieder des bio-gemüse e. V.

Handeln statt Reden

„Jetzt ist genug seit langem geredet worden – jetzt ist es Zeit zum Handeln", fordert Martin Scharpf laut Gründungsprotokoll des bio-gemüse e. V. vom 25. April 1971. Der Gärtner aus Schwäbisch Hall übernimmt 1971 den Vorsitz des Vereins und führt diesen bis 1978. Gemeinsam mit seinem Bruder Hans-Christoph nimmt er am Einführungskurs auf dem Möschberg teil. Erste Kontakte zum Möschberg knüpfen die Schwäbisch Haller zuvor 1955 über die örtliche Bauernschule, die Fritz Strempfer leitet. Heute ist diese auf Schloss Kirchberg/Jagst angesiedelt. Fritz Strempfer organisiert über die Jahre Fahrten in die Schweiz und begeistert damit immer mehr Bauern und Bäuerinnen aus der Region für den organisch-biologischen Land- und Gartenbau.

Derart inspiriert treibt Martin Scharpf die Vereinsgründung in Deutschland entscheidend voran. Dr. Hans Müller reagiert zunächst ablehnend auf die Pläne, da er lieber seine eigenen Strukturen ausweiten will: Neben der Bildungsstätte Möschberg hat er bis dato die Zeitschriften „Der Schweizer Jungbauer" und „Kultur und Politik" gegründet sowie Vermarktungsstrukturen über die AVG Galmiz – heute Terraviva ag/sa – geschaffen. Durch seine Kontakte zu den Unternehmern Gottlieb Dutt-

weiler (Migros), Dr. Hugo Brandenberger (Biotta) und Claus Hipp kann er den Landwirtinnen und Landwirten außerdem Absatzmöglichkeiten bieten, die auch den Bio-Mehraufwand vergüten. Dennoch bevorzugen die deutschen Bäuerinnen und Bauern eigene Strukturen. Sie können Dr. Hans Müller schließlich trotz seiner Bedenken für die erste Mitgliederversammlung in Eichstetten sowie weitere Veranstaltungen als Redner gewinnen.

Von Anfang an mit dabei ist auch Alfred Colsman. Ursprünglich aus Nordrhein-Westfalen stammend, erwirbt er in den 1950er-Jahren mit seiner Frau Waltraud einen Hof in Hergertswiesen bei Augsburg. Aufgrund der eigenen anthroposophischen Hintergründe bewirtschaftet das Ehepaar diesen zunächst biologisch-dynamisch. „Erfolg mit unserem Hof hatten wir erst, als wir auf organisch-biologischen Landbau nach Ideen von Hans und Maria Müller und Hans Peter Rusch umstellten", erinnert sich Waltraud Colsman. Ihr Draht zu Dr. Müller entsteht über Albert Teschemacher aus Schleswig-Holstein. Der interessiert sich genau wie die Familie Colsman für die biologische Vollwerternährung und lädt sie zu einem Vortrag von Dr. Müller in Nordrhein-Westfalen ein. Danach nehmen auch Alfred und Waltraud Colsman an den Einführungskursen und Frauentagen auf dem Möschberg teil. Alfred Colsman übernimmt nach Günther Schneider 1980 den Vorsitz des Vereins und führt diesen bis 1987.

Diplom-Landwirt Alfred Colsman und seine Frau Waltraud wirtschaften in Bayerisch Schwaben ab 1956 biologisch – ganz früh und gegen den Trend der Industrialisierung der Landwirtschaft.

Die Geschäfte des Vereins erledigt in den Anfangsjahren der Pfarrvikar Michael Zenck. Mit den Mitteln von Christof Leuze, einem Unternehmer aus Owen/Teck, und Ernst Weichel können sie ab 1973 eine Geschäftsstelle in den Räumen der Maschinenfabrik von Ernst Weichel in Heiningen einrichten. Weichel, der Erfinder des Ladewagens, kann dank lang erstrittener Patentrechte, den Verein finanziell unterstützen. Ab Oktober 1973 übernimmt Helmut Rauh bis März 1975 die Geschäftsführung. Danach folgten Wilhelm Rinklin jr. und Albert Teschemacher jr. Im Januar 1979 wird Peter Grosch Geschäftsführer.

Harte Anfangsjahre

Die ersten drei Mitgliederversammlungen finden in Eichstetten statt und sind für die Bioland-Pionierinnen und -Pioniere aus ganz Deutschland wichtige Momente des Austauschs und der gegenseitigen Unterstützung. „Wir waren Exoten, wir sind gemieden worden im Kollegenkreis, weil wir etwas Utopisches wollten. Das war keine schöne Zeit", beschreibt Siegfried Kuhlendahl, Bio-Pionier aus Nordrhein-Westfalen und Cousin von

Waltraud Colsman die harten Anfangsjahre. In der aufstrebenden „modernen" Landwirtschaft, die den Kampf gegen die Natur ausgerufen hat, ist der Kontakt mit Gleichgesinnten, die fest entschlossen waren mit der Natur zu wirtschaften, ein großer Rückhalt.

Die spirituellen Wurzeln spenden den Pionierinnen und Pionieren ebenfalls Kraft: Dr. Müller inspiriert die Bauern und Bäuerinnen, auch die geistigen Grundlagen des Bauerntums zu pflegen. Bäuerinnen und Bauern seien die ersten Diener in der Schöpfungsordnung. Sie erhalten diese oder lassen sie verkommen. Sie sollten keine Minderwertigkeitskomplexe haben, aber auch nicht selbstgerecht auftreten. Dr. Müller warnt davor, zu viel von den landwirtschaftlichen Kolleginnen und Kollegen zu erwarten und betont, dass die Wirksamkeit des organisch-biologischen Landbaus mit der Zeit für sich selbst sprechen würde. „Wir wussten, dass wir eine Sonderaufgabe hatten, guter Zusammenhalt war uns wichtig", so Siegfried Kuhlendahl. Unterstützt werden die Pionierinnen und Pioniere durch die Zeitschrift „Kultur und Politik" aus der Schweiz, die auch heute noch viermal im Jahr über das Bioforum Schweiz – der Nachfolgeorganisation der Bauernheimatbewegung – erscheint.

Heute ist der Möschberg ein Seminarhotel. Nach dem Tod von Hans und Maria Müller renoviert das Bioforum Schweiz das Haus in den 1990er-Jahren und eröffnet es 1996 wieder. Die Alternative Bank Schweiz kauft es 1999 und verpachtet es an Hotelbetreiber. Seit 2018 sind Thomas Steiner und Claudia Fopp Eigentümer und Gastgeber auf dem Möschberg. Hier finden viele Veranstaltungen der Erwachsenenbildung und Familienfeste statt. Alle Gäste genießen das Essen aus der Bio-Küche. Das Bioforum nutzt das Seminarhotel weiter für Sitzungen und Tagungen.

Die ökologischen Wurzeln – Bioland und Aktive gehen voran

```
=b i o - gemüse e.V.=                        28.4. 1971
  Geschäftsstelle
7841  LAUFEN / Bd.
Schloßgasse 1 Tel.07634-8452

Protokoll vom 25.4. 71

Nach dem Vortrag von Dr.HP. Rusch in Waldenbuch, trafen sich die Vertreter
des organ.-biol. Landbau's aus dem südd.Raum in Honau/Württ. im Pilgerhaus,
zum Mittagessen und nachfolgender erster Arbeitssitzung.
Anwesend waren:
  Alfred Colsmann       8901  Hergertswiesen, n.Post Buraeburg/Augsburg
  Michael Zenck         7841  Laufen/Bd.          Schloßgasse 1
  Stefan Müller         7958  Stetten/Meersburg (vertreten durch d.Vater)
  Alexander Helferich   8471  Irmelshausen
  Günter Sippel         8500  Nürnberg            Parlerstr. 106
  Wilh. Rinklin         7831  Eichstetten         Hauptstr. 94
  Albert Wiedemann      7831  Eichstetten         Marienstr. 2
  Manfred Wenz          7631  Ottenheim           Rockelstr. 6
  Ernst Restle          7769  Mainwangen
  Frau Anna Brugger     7758  Meersburg           v.Laßbergstr. 9
  Frau Enika Fahr       7791  Oberschwandorf      Im Gässle 118
  Martin Scharpf        7172  SHA-Hessental

         ( - und einige Ehefrauen, die sich nicht eingetragen haben)

Nach der Begrüßung durch Herrn Zenck (um 14.oo h) stellten die Anwesenden
sich und ihren Betrieb kurz vor.

) Darauf gab Herr M. Scharpf eine Einführung zur Sache und meinte: jetzt ist
genug seit langem davon geredet worden - jetzt ist es Zeit zum Handeln!
Gemeinsame Vorstellung sei dabei eine Form eines Zusammenschlusses, und da
es für eine Genossenschaftsform noch zu früh ist, sei der e.V. gangbar.
Nach kurzer Debatte wurde als vorläufiger Name =b i o - gemüse e.V.=
gutgeheißen. Man lehnt sich dabei an das schweizer Vorbild der
"bio - gemüse AVG" an, ob dies auch nach Schriftung und Recht möglich
ist, muß noch geklärt werden.

) Der nächste, wichtige Punkt, war der nach einem Warenzeichen , der die
organ.-biol. Erzeugnisse als einen Markenartikel ausweist, und der die
Vermarktung aller angeschlossenen vereinheitlichen soll.
Herr Scharpf zeigte einen graphischen Entwurf mit 4 Kreisen
an den Ecken eines Rhombus, durch Linien verbunden, mit dem
Wort B i o darüber, ähnlich dem Bild der Krümelstruktur. Die
Kreiskönnten auch bedeuten: Boden - Pflanze - Tier - Mensch. Das Zeichen
wurde akzeptiert, über Namen und Schriftzug muß noch weitergearbeitet werden.
Vor dem Wort: bio-Gemüse sollte noch ein Phantasiewort stehen,
z.B. =DIN bio-gemüse= (DIN, um eine neue Norm zu setzen).
Wem etwas Gutes dazu einfällt, der möge gleich schreiben.
+ Weiter ist die Frage der Gemeinnützigkeit zu prüfen, oder wie man sie erlangt.
```

„Keine naturwidrige Handlung bleibt ohne Folgen. Kein natürliches Prinzip kann man unbestraft verletzen, keine natürliche Ordnung beseitigen ohne Gefahr für sich selbst. Die Einordnung des Menschen in die Ordnungen der Schöpfung ist eine unabdingbare Voraussetzung für sein Leben."

Mit diesem Leitgedanken von Dr. Hans Peter Rusch beginnen aus gutem Grund bis heute die Bioland-Richtlinien. Denn die Einbindung von uns Menschen und unserer Wirtschaft in ökologische Kreisläufe ist eine der zentralen Zukunftsaufgaben. Bis in die 1970er-Jahre bleibt diese Einsicht wie auch die Verbreitung des Biolandbaus eher auf ein überschaubares Wirkungsfeld beschränkt. Doch die Schattenseiten des Wirtschaftswunders, die ökologischen Folgeschäden und die „Grenzen des Wachstums" zeigen sich schon vor über 50 Jahren immer deutlicher. Mit Ölkrise, Anti-Atomkraftprotesten und vermehrten kritischen Stimmen aus der Wissenschaft wie dem Club of Rome rücken Umweltthemen zunehmend in den Fokus. Als Gegenpol zur fortschrittsgläubigen Wohlstandsgesellschaft entsteht eine Umweltbewegung und für den Biolandbau ein neuer gesellschaftlicher Nährboden.

Verantwortung für die Zukunft – hier und jetzt handeln

Waren die Gründerinnen und Gründer von Bioland vorwiegend konservativ christliche Bäuerinnen und Bauern, engagiert sich ab Ende der 1970er-Jahre verstärkt ein buntes, städtisch geprägtes Klientel für Umweltthemen und damit auch für den Ökolandbau.

ökologisch

Die Anti-Atombewegung bringt viele Menschen zum Umdenken und bildet eine weitere wichtige Wurzel von Bioland. Die gelbe Anti-Atom-Sonne – Erkennungszeichen für Umweltbewegte – fehlt in kaum einem Hof- oder Bio-Laden. Bioland-Betriebe beteiligen sich von Brokdorf bis Wyhl aktiv an Protesten. Im Wendland entsteht die Vision einer freien Republik und neben einer Widerstandskultur auch ein buntes und bis heute wirksames Netz von Aktiven, Projekten und Betrieben. Während der Transporte von hochradioaktivem Atommüll in das zentrale Endlager in Gorleben in Ostniedersachsen steht nicht nur das Wendland Kopf, sondern auch Bioland im Norden. Sogar Vorstands- und Gruppentreffen können nicht stattfinden. Denn es gibt Wichtigeres. Ein Widerstand, der viele Bioländerinnen und Bioländer zusammenschweißt und der – wie sich mehr als 40 Jahre später zeigt – Erfolg hat.

Anders leben – anders wirtschaften

Doch es geht nicht nur um Protest, sondern verstärkt auch um die Systemfrage. Es gilt, Alternativen zu entwickeln zum technischen Fortschrittswahn, zum grenzenlosen Wirtschaftswachstum und zum übermäßigen Konsum in einer gesättigten Wohlstandgesellschaft.

Es geht anders – ökologischer, sozialer, selbstbestimmter. Das ist das Selbstverständnis der sich neu erfindenden Alternativszene und der Gründungsimpuls für viele Projekte, vom Bäckereikollektiv bis zur Keksfabrik, vom Sonnenkollektor bis zum selbstgebastelten Windrad. In dieses Wurzelwerk des Aufbruchs in eine andere Zukunft ist Bioland eng verwoben. Bioland-Höfe bilden darin eine wichtige Keimzelle für alternatives Wirtschaften. Bio-Läden und Hofläden sind Info- und Kontaktbörsen für alles, was die alternative Welt zu bieten hat.

Mit dem wachsenden Umweltinteresse beginnt eine avantgardistische „Zurück raus aufs Land-Bewegung". Auf Bio-Höfen gibt es lange Wartelisten für Lehrstellen. „Uns haben manche Eltern aus der Stadt sogar Geld angeboten, wenn wir ihre Kinder auf dem Hof ausbilden", berichtet Heiner Helberg vom niedersächsischen Biolandhof Eilte.

Die Zahl der Bioland-Höfe wächst. Hofgemeinschaften entstehen und neue soziale Modelle werden ausprobiert.

Offen für gesellschaftliche Anforderungen

Die Bioland-Regionalgruppen werden bunter. An langhaarige und diskussionsfreudige Menschen müssen sich manche gestandenen Bauern erst gewöhnen. Doch die langen Umweltdebatten, die Ideen von vegetarischer Ernährung und Makrobiotik sowie die erstarkte Frauenpower bringen auch viele neue Impulse. Anders als in der konventionellen Landwirtschaft schauen Bioland-Betriebe über den ländlichen Tellerrand hinaus und kooperieren gezielt mit Verbraucherinnen und Verbrauchern und städtischen Initiativen. Für die Mission der „anderen" Landwirtschaft braucht es eine aktive Kommunikation mit den Kundinnen und Kunden: Es gibt Hofführungen und Feldrundfahrten. Erzeuger-Verbrauchergemeinschaften organisieren sich.

Auch die globale Verantwortung und die ungerechten Handelspraktiken rücken ab den 1970er-Jahren verstärkt in den Fokus. Eine-Welt-Läden entstehen und fair gehandelte Produkte kommen in den Handel. Engagierte christliche Gruppen kritisieren die stark ansteigenden Sojaimporte. Nach dem Motto – „global denken, lokal handeln" kommen auch aus entwicklungspolitischen Motiven neue Betriebe zu Bioland, um eine verantwortbare und zukunftsfähige Landwirtschaft zu entwickeln.

Aufbruch in eine andere Landwirtschaft
und Gemeinschaft: die Kommune
rund um Heiner Helberg (vierter von links)

DER ÖKOLANDBAU IST EINE GELEBTE UMWELTBEWEGUNG

Der Biohof Eilte ist eine Keimzelle von Bioland Niedersachsen. Alles begann, als Heiner Helberg 1980 von seinem Vater den elterlichen Milchviehbetrieb übernahm. Geprägt haben ihn die Menschen und das gute Miteinander in der Anti-Atom-Bewegung.

„Ich bin als Hoferbe geboren und erzogen worden, hatte aber Probleme mit dem autoritären Führungsstil meines Vaters. Der kannte als ehemaliger Soldat im Zweiten Weltkrieg nur Befehl und Gehorsam. Ende der 1970er-Jahre wurde in der Nähe – in Lichtenmoor – eine Wiederaufbereitungsanlage mit Endlager für Atommüll geplant. Ich war damals noch der Überzeugung, dass ohne Atomkraftwerke bei uns die Lichter ausgehen. Doch als guter Demokrat wollte ich auch die Gegenseite hören. Deren Argumente und gute Diskussionskultur haben mich überzeugt.

Damit wir erst gar keine Atomkraft brauchen, wollte ich auch auf unserem Betrieb weniger Energie verbrauchen. Den höchsten Energieverbrauch hat eindeutig die Erzeugung von Stickstoffdüngern nach dem Haber-Bosch-Verfahren. In der Anti-Atom-Bewegung haben wir überlegt, ob Ökolandbau nicht eine Lösung sein könnte. Doch damals gab es in Niedersachsen nur einige Demeter-Betriebe, die sich in der bäuerlichen Gesellschaft Nordwestdeutschlands organisiert hatten. Diese konservativ geprägten Anthroposophen passten eher nicht zu uns. Doch einige ihrer Methoden haben mich überzeugt.

Wir haben dann unsere Wirtschaftsweise „biologisch undogmatisch" genannt und praktiziert. Gleichzeitig haben wir mit Freunden aus der Anti-Atom-Bewegung die Landkommune „Villa Kunterbunt" gegründet. Dort haben wir alle Konventionen abgelehnt und eine ganz neue Form des Zusammenlebens entwickelt. Es gab die Gleichberechtigung und das Konsensprinzip. Die Frauen fuhren Trecker und ich hatte auch Küchendienst, das kannte ich vorher gar nicht. 1983 sind wir dann Bioland beigetreten. Die basisdemokratischen Prinzipien gelten auch jetzt noch bei Bioland.

Heute bin ich Altenteiler. Unser Hof ist eine GbR mit drei Betriebsleiterinnen und drei Betriebszweigen. Aber wir haben immer noch gute Kontakte zur Anti-Atom-Bewegung im Wendland und gehen auf Demonstrationen. Für mich gehören Biolandbau und Umweltbewegung zusammen."

> **Wir wussten, dass wir eine Sonderaufgabe hatten, guter Zusammenhalt war uns wichtig.**
>
> *Siegfried Kuhlendahl, Bioland-Pionier*

Bioland wurzelt im Osten

Den Fall der Mauer 1989 und die Wiedervereinigung haben in Westdeutschland, und sicher auch im Rest der Welt, damals kaum jemand erwartet. Erstmals führt in Deutschland eine Revolution zum Erfolg und damit zur Überwindung eines unerwünschten politischen Systems. Für diesen, von großen Teilen der Bürgerinnen und Bürger der DDR erkämpften Erfolg müssen wir ihnen sehr dankbar sein. Doch die Menschen in Westdeutschland würdigen diese Leistung bis heute kaum.
Der Ökolandbau blüht in der DDR zunächst im Verborgenen: Offiziell gibt es keinen Ökolandbau und auch keine Öko-Lebensmittel. Tatsächlich existieren jedoch einige Öko-Betriebe, wie zum Beispiel der Hof Marienhöhe in Brandenburg. Dieser älteste Demeter-Hof Deutschlands wirtschaftet seit 1928 ökologisch. Außerdem gibt es schon zu DDR-Zeiten eine Umweltbewegung, meist unter dem Deckmantel der evangelischen Kirche, die sich mit dem Ökolandbau beschäftigt und darüber informiert. Diese Aktiven gründen im Jahr 1989 den Bio-Verband Gäa.

Zu dieser Zeit startet auch Bioland im Osten. Der damalige Bioland-Bundesvorsitzende Hinrich Hansen reist bereits kurz nach dem Mauerfall in die DDR und sucht Kontakt zu Landwirtschaftlichen Produktionsgenossenschaften (LPG). Von Bäuerinnen und Bauern geführte Familienbetriebe gibt es zu diesem Zeitpunkt schon längst nicht mehr. Die hat die DDR bereits in den frühen 1950er-Jahren „zwangskollektiviert". Die bis dato freien Landwirte und Landwirtinnen mussten ihre kompletten Höfe in die regionalen LPGs einbringen. Nach und nach bildeten sich riesige Agrarkomplexe – meist spezialisiert arbeitend als „LPG Pflanze" (Ackerbaubetriebe) und „LPG Tier" (Nutztierhaltung). Des Weiteren gab es noch „Volkseigene Betriebe". Das waren von der damaligen Sowjetunion kurz nach dem Ende des zweiten Weltkrieges enteignete Güter.

Keine Familienbetriebe im Osten

Die Kollektivierung der landwirtschaftlichen Betriebe ist für die weitere agrarstrukturelle Entwicklung Ostdeutschlands entscheidend. Denn die ehemals freien Bäuerinnen und Bauern werden dadurch zwangsweise zu „Proletariern". Sie sind als Lohnarbeiterinnen und Lohnarbeiter nun in „ihren" LPGs etwa als Traktorist oder Melkerin tätig. Dieser Prozess lässt sich in den 1990er-Jahren faktisch nicht mehr umkehren. Denn die allermeisten betroffenen Menschen, wie auch deren Nachkommen, haben entweder kein Interesse, ihr Land wieder selbst zu bewirtschaften, oder sie scheuen das damit verbundene finanzielle Risiko.

Schnell beginnen jedoch Landwirte und Landwirtinnen aus Westdeutschland und sogar aus den Niederlanden und anderen westeuropäischen Ländern Flächen zu pachten und neue Betriebe in Ostdeutschland aufzubauen. Als häufigste Betriebsform machen aber die bisherigen LPGs weiter, meistens in der Rechtsform der eingetragenen Genossenschaft. Sie pachten die Flächen ihrer ehemaligen Mitglieder, die nun zum Großteil arbeitslos sind. Denn die Marktwirtschaft offenbart sehr schnell, dass in der DDR auch in der Landwirtschaft viel zu viele Arbeitskräfte beschäftigt waren.

Die Gründungsver-
sammlung des Landes-
verbandes Ost 2011
auf Schloss Calberwisch
in Sachsen-Anhalt

Sorge und Unsicherheit auf beiden Seiten

Viele westdeutsche Bäuerinnen und Bauern haben Angst vor den ostdeutschen Großbetrieben. Sie sorgen sich um die Marktentwicklung und befürchten, dass insbesondere Bio-Getreide nach der Umstellungszeit den westdeutschen Markt fluten würde. Umgekehrt fürchten die ostdeutschen Betriebe um ihre Zukunft auf den freien Agrarmärkten.

Den von Willy Brand mit den Worten „Nun wächst zusammen, was zusammengehört" eingeforderten Vereinigungsprozess setzen die Bioland-Regionalgruppen mit Exkursionen in die neuen Bundesländer praktisch um. So entstehen erste Kontakte auf Mitgliederebene, die die teilnehmenden Menschen als sehr wertvoll für das gegenseitige Verständnis bewerten. Daraus entwickelt sich eine Vernetzung, die noch heute trägt.

Rückblickend hätte dieser Austausch zwischen Ost und West auf „Bauernebene" viel intensiver gestaltet werden müssen, um Ängste abzubauen und die jeweilige Situation des anderen besser begreifen zu können.

Bioland baut Ostverbände auf

Der Bioland-Bundesverband und die Landesverbände einigen sich relativ schnell darauf, in Ostdeutschland aktiv zu werden und potenzielle Umstellerinnen und Umsteller zu betreuen. Ziel ist es, dort rasch Verbandsstrukturen wie in Westdeutschland aufzubauen. Zunächst sollen die regionalen Mitglieder sich mit Unterstützung der westdeutschen Landesverbände möglichst schnell zu Regionalgruppen zusammenschließen. Sobald es genug Mitglieder gibt, sollen die Regionalgruppen dann Landesverbände gründen. Die Betreuung orientiert sich dabei an dem in Westdeutschland vereinbarten Patenschaftsmodell: die alten Bundesländer sind Paten für die fünf „neuen" Bundesländer.

Besonders gut gedeiht die Aufbauarbeit des Landesverbands NRW in Brandenburg. Die Geschäftsführung und Fachberatung fahren regelmäßig für mehrere Tage nach Brandenburg. So gründet sich bereits im Juni 1991 in Frankfurt/Oder die Bioland-Regionalgruppe Brandenburg. Sie wählt Jochen Hanschel vom Bioland-Hof Landgut Gronenfelde, dem ersten Bioland-Betrieb in Ostdeutschland, zum Gruppenvertreter. Genau ein Jahr später, am 15. Juni 1992, gründet sich dann in Neulübbenau/Spreewald der Bioland-Landesverband Brandenburg als erster Bioland-Landesverband in Ostdeutschland.

Da auch Betriebe aus Berlin dazukommen, wird 1997 aus dem Landesverband Brandenburg der Landesverband Berlin-Brandenburg. Bioland schafft zu dieser Zeit, was der Politik bis heute nicht gelungen ist, nämlich Berlin und Brandenburg zu vereinen. Überhaupt ist Vernetzung und stärkere Bündelung der Kräfte im Osten angesagt. Nach vielen Gesprächen und Diskussionen mit den Mitgliedern, den Landesverbänden und internen Gremien gründet sich 2011 auf dem Schloss Calberwisch in Sachsen-Anhalt der Bioland-Landesverband Ost. Der vereint alle östlichen Bundesländer und hat heute 400 Mitgliedsbetriebe, die 81.000 Hektar Land bewirtschaften.

AUFBRUCH IN DEN „BLÜHENDEN" OSTEN

Der ehemalige Geschäftsführer von Bioland Nordrhein-Westfalen Heinz-Josef Thuneke war nach der Wende oft und gern im Osten. Spannende Zeiten für einen Bio-Bauern und Diplom-Soziologen.

„Im Spätsommer 1990 machte ich mich mit meinem Pkw auf die Reise in die DDR nach Frankfurt/Oder. Mein Ziel war das Landgut Gronenfelde. Als ich mich Marienborn näherte, dem früher schwer bewachten Grenzübergang, war ich gespannt, wie diese nun offene Grenze aussieht. Es war ein sehr gutes Gefühl, die bisher faktisch unüberwindbare „Zonengrenze" ohne jeden Halt und Passkontrolle passieren zu können. In Frankfurt sah ich mich im Stadtzentrum ein wenig um. Nach ein paar Schritten traute ich meinen Ohren nicht: Auf einem großen Platz sprach Bundeskanzler Kohl auf einer Veranstaltung zur Bundestagswahl, der ersten freien Wahl in Gesamtdeutschland seit 1933. Er versprach, dass in den nächsten fünf Jahren im Osten „blühende Landschaften" entstehen würden. Das empfand ich als arrogant und als sehr gewagt. Danach fuhr ich zum Landgut Gronenfelde, wo ich sehr herzlich empfangen wurde. Erstaunlich, was ich beim Rundgang des Integrationsbetriebes zu Gesicht bekam. Besonders beeindruckt hat mich die „Wohnscheune". Dort wohnte ein Teil der betreuten Menschen. Paare in festen Beziehungen lebten sogar in einer kleinen Wohnung zusammen. Ein derart fortschrittliches Konzept hatte ich nicht erwartet. Mein Gefühl sagte mir, dass dieser Betrieb auch in der Marktwirtschaft erfolgreich sein kann. Ich sollte mich nicht täuschen."

Ableger auf der Südseite der Alpen – Südtirol bereichert Bioland

PODCAST

bioland.de/
zukunftsbuch2

Pioniergeist

Wie sich die Südtiroler auf den Weg in Richtung Bio machten, erzählt der Bioland-Pionier Rudolf Niedermayr.

„Bei Gegenwind setzen wir unsere Scheuklappen auf und lassen uns sonst nicht weiter beirren", lautet die Durchhalteparole von Rudi Niedermayer. Der Landwirt aus Eppan gehört zu den ersten 16 Obst- und Weinbauern, die Anfang der 1990er-Jahre in Südtirol begannen, nach Bioland-Richtlinien zu wirtschaften.

Die Idee und die Suche dazu, Landwirtschaft anders zu denken, weg von den konventionellen Methoden hin zu mehr Natur und Bio, ist schon lange vorher gekeimt. „Bereits Mitte der 1980er-Jahre waren wir, vorwiegend Obstbauern aus allen Teilen Südtirols, unzufrieden mit dem herkömmlichen Anbau. Wir wollten neue Wege gehen, eine zukunftsfähige, praktikable Landwirtschaft betreiben, die gleichzeitig mit der Natur arbeitet", erinnert sich Rudi Niedermeyer, im Gespräch auf der Hausbank vor dem Familienhof Gandberg.

Im „Verein für Ökologie" diskutieren Landwirte gemeinsam mit Wissenschaftlern und Agrartechnikern Zukunftskonzepte. „Uns war wichtig, dass wir auf gutem Boden standen. Wir wollten nicht irgendwelchen Hirngespinsten nachhängen; dass wir ‚Spinner' seien, kriegten wir ja oft genug zu hören damals", so Niedermayr.

1987 gründet sich der „Bund Alternativer Anbauer" als Gruppe zur Förderung der Bodenfruchtbarkeit und es gibt Kontakte zu Bio-Verbänden in Deutschland und Österreich sowie zu Bioland-Obstbauern am Bodensee. Am 8. Mai 1991 bietet Hinrich Hansen, der damalige Bundesvorsitzende, bei einer Informationsveranstaltung in Terlan gemeinsam mit Walter Heinzmann vom bayerischen Landesvorstand und Robert Hartmann, Bioland-Obstbauer aus Baden-Württemberg, die Bildung einer eigenen Südtiroler Bioland Gruppe unter Verwaltung des Landesverbandes Bayern an. 23 meist junge Bäuerinnen und Bauern wollen damals Mitglied bei Bioland werden. 1992 gründen sie Bioland Südtirol als eigenen Verein, der sich später – ergänzt durch die Gruppe Viehwirtschaft – zu einem sehr dynamischen Landesverband entwickelt.

Auch den Bio-Anbau von Wein treiben sie voran. Im abwechslungsreichen südtiroler Klima setzen sie schon früh auf pilzwiderstandsfähige Rebsorten (PiWi). „Wenn man schon Bio macht, so heißt das doch nicht, ein Mittel mit dem anderen zu ersetzen, sondern die Möglichkeiten zu nutzen, die uns die Natur aufzeigt, und das haben wir am Hof, aber auch im Bioland-Verband versucht zu machen." Diesen Leitsatz befolgen heute in Südtirol immer mehr Betriebe. Aus zehn Mitgliedern sind in 30 Jahren 1.000 geworden.

Maria und Rudolf Niedermayr auf ihrer Hausbank am Hof Gandberg in Eppan

In Zukunft noch mehr Bioland – Ökolandbau als Trendsetter

Man hat viel erreicht. Aus dem bunten alternativen Netzwerk und den Ideen der siebziger und achtziger Jahre ist eine starke Öko-Branche gewachsen. Der Ökolandbau hat sich entgegen der Förderpolitik der EU, die bis heute auf Wachstumslandwirtschaft setzt, und entgegen gängiger Wirtschaftslogik zum Erfolgsmodell und zum Zukunftsmarkt mit Milliardenumsätzen entwickelt.

Als erster Wirtschaftszweig hat der Ökolandbau es geschafft, sich mit Blick auf ökologische Anforderungen bewusst selbst in der Produktion zu beschränken. Dafür wurden klare Richtlinien entwickelt, die inzwischen in der Ökoverordnung Gesetzesstatus bekommen haben.

Das Wirtschaften mit ökologischer und sozialer Verantwortung wird mit zunehmender Klimakrise und wachsenden sozialen Spannungen immer mehr zur zentralen Zukunftsaufgabe. Nicht nur für die Landwirtschaft, sondern für die Gesamtwirtschaft braucht es eine Selbstbeschränkung: den Ausstieg aus der Wachstumsfalle und den Einstieg in eine Kultur des „genug". Weniger kann mehr und beständiger sein.

Dass eine ressourcenschonende Wirtschaftsweise funktioniert, beweisen Tausende von Bioland-Betrieben. Das Bioland-Dach ist so groß, dass alle – vom kleinen Gemüse- bis zum großen Ackerbaubetrieb – ihren Platz darunter finden. Die Betriebe waren schon immer groß und klein, marktnah und marktfern, vielseitig und spezialisiert und haben doch ein gemeinsames Fundament: die Fruchtbarkeit der Böden selbst zu erzeugen und die Schöpfung in ihrer Vielfalt zu bewahren.

Diese Gemeinsamkeiten verbinden und stärken die Menschen bei Bioland für die Zukunft. Sie dürfen bei allem Wachstum auf dem Weg in die Zukunft nicht auf der Strecke bleiben.

Wachstumsmotor Osten

Bis 2030 sollen laut Bundesregierung 20 Prozent der landwirtschaftlichen Fläche ökologisch bewirtschaftet werden. Dazu könnte besonders der Osten flächenmäßig viel beitragen. Allerdings müssen dazu Infrastruktur und regionale Wertschöpfungsketten aufgebaut werden.

> „
>
> **Sich unterschiedliche Betriebskonstellationen und -größen anzuschauen, ist nach wie vor wichtig, um Verständnis für den jeweils anderen zu entwickeln, wertschätzend miteinander umzugehen und auch die jeweiligen Schwierigkeiten sowie Vor- und Nachteile zu verstehen.**
>
> *Heike Kruspe, Geschäftsführerin Bioland Ost*

Nach wie vor sind die Bio-Betriebe im Osten Deutschlands vielfach nur Rohstoffproduzenten. Ihre Rohstoffe werden in anderen Regionen verarbeitet und kommen als Endprodukte auf die entsprechenden Märkte zurück. Dabei hat die Branche mit Berlin einen riesigen Bio-Markt vor der Haustür. Doch momentan fehlen in den östlichen Bundesländern mittelständische Betriebe und Verarbeiter. Besonders Schlachtereien sind Mangelware. Hier gilt es mit der Branche, dem Handel und der Politik Kapazitäten aufzubauen, die sich auch über Bundesländergrenzen hinweg sinnvoll nutzen und fördern lassen. Neben klaren und planbaren Rahmenbedingungen müssen die Regierungen die Betreuung, Beratung und Forschung verstärkt fördern.

Organisch wachsen

Für den Bioland-Verband birgt ein schnelles Wachstum eine Herausforderung. Wie kann es gelingen, Qualitätsführer zu sein und gleichzeitig auch der größte Verband zu bleiben. „Nehme ich alle interessierten Umsteller auf, bin ich zwar der Größte, kann aber vielleicht den Standard nicht halten", gibt Manfred Nafziger zu bedenken. Viele Landwirtinnen und Landwirte seien derzeit nicht die treibenden Kräfte, sondern vom Handel zur Umstellung Getriebene. Bioland konnte und kann bei interessierten Betrieben mit vielen Verarbeitern und der Vermarktung punkten.

Wichtige Impulse für die Zukunft könnten von den Verbraucherinnen und Verbrauchern kommen. Das rasante Wachstum der Betriebe mit Solidarischer Landwirtschaft zeigt, dass viele Konsumentinnen und Konsumenten wissen möchten, wo ihre Lebensmittel herkommen. Andere möchten sichergestellt wissen, dass die Nutztiere ordentlich leben. Bio ist für die letztgenannte Gruppe kein Muss, aber bei Tierwohl und Transparenz sind Bioland-Betriebe naturgemäß stark.

Fazit: Um die Zukunftsaufgaben zu bewältigen, lohnt sich für alte und neue Mitglieder ein Blick auf die mächtigen Wurzeln und die ideelle Saat. Albert Schweitzer hat den Satz geprägt: „Ich bin Leben, das leben will, inmitten von Leben, das leben will." Jeder und jede von uns ist Gast hier auf der Erde und sollte sich auch entsprechend verhalten, in Harmonie und in Einklang mit der Natur leben.

Aber aus den Wurzeln kann auch etwas Neues sprießen. Dafür hat das Wurzelwerk von Bioland noch sehr viel Potenzial. Vertrauen wir auf unsere Wurzeln für weitere Schritte auf dem Weg zu einer Wirtschaft für Mensch und Natur.

Pflanzen, Tiere und der Verband sollen gesund und organisch wachsen.

→ von Christine Brandmeir

Maria Müller – Pionierin des Biolandbaus

Die weiblichen Wurzeln reichen weit zurück

Anfang des 20. Jahrhunderts entstehen als Gegenbewegung zur Industrialisierung neue gesellschaftliche Strömungen. Frauen machen sich auf den Weg, um im landwirtschaftlichen Bereich neue Ideen umzusetzen. Das ehemalige Dienstmädchen Mina Hofstetter kauft mit ihrem Mann 1915 einen landwirtschaftlichen Betrieb in der Nähe von Zürich, den sie selbstständig führt. Nach einer schweren Krankheit wird sie Vegetarierin, studiert die Theorien von Rudolf Steiner und bewirtschaftet ihren Hof ohne Vieh. Sie experimentiert mit Steinmehl und dem Einsatz von Heilkräutern, um die Bodenfruchtbarkeit zu fördern. Mina Hofstetter hält im In- und Ausland zahlreiche Vorträge und veranstaltet auf ihrem Hof Kurse über Ernährung, Gartenbau, Sonnenbaden und die Freiwirtschaftslehre. 1936 gründet sie eine Lehrstätte für biologischen Landbau, aus der der Schweizer Bio-Verband Bioterra hervorgeht. Sie forscht, provoziert, publiziert und engagiert sich politisch wie feministisch.

Eine Reaktion auf die harten Realitäten: In vielen Bauernfamilien herrschen zu Beginn des 20. Jahrhunderts wirtschaftliche Not, gesundheitliche Probleme, Alkoholismus und häusliche Gewalt. Als Gegenbewegung gründet Dr. Hans Müller 1923 den „Schweizerischen Verein abstinenter Bauern", der später zur Jungbauernbewegung bzw. Bauernheimatbewegung wurde. Vor allem in der deutschsprachigen Schweiz entstehen Dutzende von lokalen Gruppen, die gemeinsam ihre eigene Bildung in die Hand nehmen. Eine Versandbibliothek mit 3.000 Büchern hilft dabei. Die Bauernheimatbewegung ist Grundlage für Dr. Hans Müllers politisches Engagement. Er war Mitglied der Bauern-, Gewerbe- und Bürgerpartei (BGB) und von 1928 bis 1947 Schweizer Nationalrat.

Frauen legen die Saat

Vergangenheit ist Interpretation dessen, was war. Im Jahr 2021, in dem Bioland seine 50-jährige Geschichte feiert, ist es gut, die Geschichte der Wurzeln des Bioland-Verbandes neu und präziser interpretieren zu können. Dabei helfen Diana Bach und Werner Scheidegger mit ihrem 2020 erschienenen Buch „Die weiblichen Wurzeln des Bio-Landbaus". Von Berichten von Zeitzeugen gestützt betonen die Autorin und der Autor, dass vor allem Frauen, Bäuerinnen und Mütter den organisch-biologischen Landbau auf den Weg brachten, inspiriert von Maria Müller. Laut ihrem Sohn Beat Müller sei allein seine Mutter für die Entwicklung der Methode des organisch-biologischen Landbaus verantwortlich. Erst nach seiner aktiven Politikerzeit setzt sich auch ihr Mann Dr. Hans Müller dafür ein, die Methode zu verbreiten und gilt daher fälschlicherweise in der Literatur als Urheber.

Maria Müller hat den organisch-biologischen Landbau zwar nicht erfunden, aber die wissenschaftliche Literatur zum Thema umfassend studiert, von anderen Pionieren und Pionierinnen gelernt und in ihrem Garten und dem Garten der Hausmutterschule auf dem Möschberg erprobt, erforscht und weiterentwickelt. In der Broschüre „Praktische Anleitungen zum organisch-biologischen Gartenbau", die 15-mal aufgelegt wurde, fasst sie ihre Erkenntnisse zusammen und betont, dass es sich um eine verhältnismäßig junge Wissenschaft handle, die sich an der Praxis messen müsse. Woher hatte sie diesen Antrieb und auch die Ressourcen für die Entwicklung einer Methode, die heute treibende Kraft für eine Landwirtschaft der Zukunft ist?

Dr. Hans und
Maria Müller

Maria Müller, geborene Bigler, wächst als älteste von sieben Geschwistern auf einem Bauernhof im Kanton Bern auf. Sie übernimmt schon früh Verantwortung für ihre Geschwister und den landwirtschaftlichen Betrieb. Gegen den Willen ihrer Mutter macht sie eine Gartenbaulehre, um finanziell unabhängiger zu sein. 1914 heiratet sie Hans Müller, ihren drei Jahre älteren Oberstufenlehrer. 1918 kommt ihr Sohn Beat zur Welt. Die Ehe seiner Eltern beschreibt Beat Müller als ein lebenslanges Kämpfen und Ringen. Diese Reibungsenergie und der gemeinsame Wunsch, die Situation von Bäuerinnen und Bauern zu verbessern, könnte ausschlaggebend gewesen sein für den Erfolg ihrer Bewegung.

Umfassende Bildung für Bäuerinnen und Bauern

Im Vergleich zur Feministin und Vegetarierin Mina Hofstetter geht Maria Müller moderatere Wege. Sie verbindet die traditionelle Viehwirtschaft mit den neuen Ideen des biologischen Landbaus und legt besonderen Wert auf den Erhalt und die Förderung eines gesunden Bodens. Gleichzeitig möchte sie das Leben der Frauen auf dem Land und die Beziehungen zwischen

Frauen und Männern verbessern. Die Bildung der Bäuerinnen und Bauern solle sich nicht nur auf die Vermittlung von Methoden und Fertigkeiten beschränken, sondern die Bildung des Geistes, des Intellekts sowie die Gemeinschaft fördern. Sie sei ein Schlüssel für den sozialen und wirtschaftlichen Erfolg der Bauernfamilien. Das Ehepaar Müller eröffnet im Herbst 1932 auf dem Möschberg in der Nähe von Bern die Bauernheimatschule und die Hausmutterschule. Landesweite Spenden ermöglichen den Bau, der im Stil eines Bauernhauses gehalten ist. Sehr stark engagiert sich Maria Müller für eine gesunde Ernährung. Sie lernt von Ernährungsreformern wie Mikkel Hindhede oder Maximilian Bircher-Benner die vollwertige Ernährung und die Bedeutung von Rohkost, Obst und Gemüse kennen. Viele Bauerntöchter kommen auf den Möschberg, lernen Hauswirtschaft und die Art und Weise des Gärtnerns von Maria Müller. Sie tragen ihre Ideen nach Hause und inspirieren ihre Männer. Viele Bauernfamilien schließen sich der organisch-biologischen Bewegung an. Möschbergbäuerinnen und -bauern nennt man sie.

Wegen seiner radikalen Forderungen beim Bodenrecht und der Unterstützung der Sozialdemokratischen Partei und der Gewerkschaften kommt es 1935 zum Bruch Hans Müllers mit der BGB und zur Abspaltung der Bauernheimatbewegung. In der Folge wird er zunehmend isoliert, zerstreitet sich mit vielen seiner Wegbegleiter und verabschiedet sich schließlich 1947 aus der Politik. Er gründet die Anbau- und Verwertungsgenossenschaft Galmiz, die heute die Terraviva AG ist, und kümmert sich um die Verarbeitung und Vermarktung der Erzeugnisse der Möschbergbäuerinnen und -bauern. Auch hält er Vorträge über den organisch-biologischen Landbau und verbreitet die Ideen seiner Frau.

Mehr Bodenfruchtbarkeit mit Methode

Als das Ehepaar 1951 den deutschen Arzt Hans Peter Rusch kennenlernt, bekommen die Ideen von Maria Müller neue inhaltliche Tiefe und Dynamik. Der Mediziner und Mikrobiologe beginnt nach dem Krieg die Funktion von Bakterien zu untersuchen, um neue Medikamente zu entwickeln. In der Anfangszeit forscht Dr. Hans Peter Rusch in einer Garage in Herborn in Hessen. In seinem Labor untersucht er die mikrobiologischen

Bedingungen verschiedener Böden und entwickelt das später nach ihm benannte Testverfahren, den Rusch-Test. Rusch prägt auch den Begriff vom Kreislauf der lebenden Substanz. „Heilen mit Bakterien" ist heute das Motto der Symbiopharm GmbH, geführt von Hans Peter Ruschs Sohn Volker, mit Sitz in Herborn. Bei Maria Müller fallen die mikrobiologischen Forschungen Ruschs auf fruchtbaren Boden. Wissenschaftliches Arbeiten ist ihr vertraut, da sie ihren Mann bereits bei seinem Biologiestudium und seiner Promotion unterstützt hat.

Sie vertieft die eigenen Erkenntnisse zum Bodenleben und baut die wissenschaftlichen Grundlagen aus. Die neuen Erkenntnisse erscheinen in der von den Müllers herausgegebenen Zeitschrift „Kultur und Politik" und informieren und inspirieren Bio-Bauern und Bio-Bäuerinnen.

Maria Müller stirbt 1969. Über sie schreibt eine Zeitzeugin: „Die Begegnung mit dieser Frau hat mich für mein Leben geprägt: ihre Geradlinigkeit, ihre Bescheidenheit und der praktische Sinn, damit dies revolutionäre Neue in den Bauernfamilien auch umgesetzt werden konnte." Ihr Mann engagiert sich weiter für den organisch-biologischen Landbau.

Die Gründung des deutschen Vereins bio-gemüse e. V. befürwortete er zwar nicht. Dennoch blieb er in Verbindung mit dem neuen Verein und war bis in die 1980er-Jahre oft in Deutschland.

Hans Müller stirbt 1988. Beiden hat Bioland viel zu verdanken.

> **Frau Maria Müller war eben nicht nur Ehefrau, Gefährtin, Mitarbeiterin von Dr. Hans Müller, nicht nur Leiterin der Hausmutterschule, in der sie traditionelle und revolutionäre pädagogische Konzepte verwirklichte. Sie war von ihrer ganzen Veranlagung her auch eine geborene Forscherin. Wo Hans Müller immer wieder die Vereinfachung, auch als eine für die Mobilisierung seiner Bewegung nötige Form, wählte, da fragte Maria Müller nach, bohrend, suchend, zweifelnd, experimentierend und beobachtend.**
>
> *Diana Bach, Werner Scheidegger, 2020:*
> *Die weiblichen Wurzeln des Bio-Landbaus, S. 82*

→ von Volker Krause, Irene Leifert und Meike Pantel

Von großen und kleinen Warenströmen

Zwischen Idealismus und Wirtschaftlichkeit

W er oder was sind Bio-Pioniere und -Pionierinnen? Gibt man den Begriff in eine beliebige Internet-Suchmaschine ein, werden in kürzester Zeit über eine Million Ergebnisse angezeigt. Darunter überwiegend Internetseiten bekannter Bio-Produzenten und -Händler: Bio-Pionier seit 1974, seit 1984, seit 1992. Aber gibt es denn über 70 Jahre nach den Anfängen der Bauernheimatbewegung – einer der Ursprünge der deutschen Bio-Bewegung – überhaupt noch Wegbereiter im Bio-Markt? Oder anders gefragt: Braucht es sie noch? Diese Frage soll uns in diesem Kapitel begleiten.

Pioniergeister im Bio-Lebensmittelmarkt

Eine Handelslandschaft, wie wir sie heute kennen, ist vor knapp 100 Jahren kaum vorstellbar. Nach dem Ende des Zweiten Weltkriegs versorgen Tante-Emma-Läden, Konsummärkte und Kolonialwaren-Geschäfte die Bevölkerung – alle mit recht begrenztem Sortiment. Markt und Umsatz wachsen stetig, bis sich in den 1960er-Jahren erste Sättigungserscheinungen zeigen. Extremer Wettbewerb, die Bildung von starken Einkaufsgenossenschaften und ein Machtgefälle zu Ungunsten von Landwirtschaft und mittelständischen Handwerksbetrieben sind die Folge. Ab Mitte der 1970er-Jahre wird die Preisbindung für Lebensmittel verboten, woraufhin es zu einem sich stetig verschärfenden Preiswettbewerb kommt. Industrialisierung, Globalisierung und Preiskampf lassen den Lebensmitteleinzelhandel und die Agrarindustrie immer mächtiger werden, während landwirtschaftliche Betriebe und kleinere Verarbeitungsunternehmen in eine immer größere Abhängigkeit geraten.
Als Reaktion auf diese Entwicklungen kristallisiert sich Anfang der 1970er-Jahre eine kleine Gruppe von kritischen Landwirten und Landwirtinnen heraus, die sich mit dieser Situation nicht abfinden will. Sie wünschen sich gelebten Umweltschutz, poli-

tische Erneuerung sowie veränderte Werte im Denken, Handeln und Leben. Um sich dafür stark zu machen, finden sie sich in einer Gemeinschaft zusammen, die wir heute als Bioland kennen. Die Bioland-Pionierinnen und -Pioniere sind mutige Möglichmacher und Andersdenkerinnen. Sie haben eine Vision und sind überzeugt von ihrer Arbeitsweise. Damit sind sie nicht alleine: Schnell finden sich begeisterte Mitstreiterinnen und Unterstützer – nicht nur innerhalb der Landwirtschaft.

Auch beim produzierenden Gewerbe sind die Ungewissheit und der Wunsch nach Veränderung groß. Viele der heute bekannten Akteure des deutschen Bio-Marktes, werden zu dieser Zeit aktiv, finden den Weg zu Bioland, vernetzen sich und treiben den Wandel voran. Darunter vor allem Verarbeitungsbetriebe aus Branchen, die stark von den sich verändernden

1974: Auf dem Wochenmarkt in Crailsheim, Baden-Württemberg, ist ein einziger Bio-Betrieb vertreten.

Strukturen betroffen sind, zum Beispiel Bäckereien, Molkereien, Mühlen oder Brauereien. Neben der Sorge um die Zukunft des eigenen Betriebs und die eigene Unabhängigkeit wächst bei ihnen das Bedürfnis nach gesunden, handwerklich produzierten und möglichst naturbelassenen Produkten. Vertraglich eingebunden werden die ersten Bioland-Partner bereits zehn Jahre nach Gründung des Vereins.

Durch die Reaktorkatastrophe in Tschernobyl, die Vollwert-, Friedens- und Umweltbewegung, die Wiedervereinigung und die MacSharry-Reform 1992 boomt sowohl die Nachfrage nach Bio als auch die Umstellung der Landwirtschaft. 1991 werden mit der Ökoverordnung erstmals gesetzliche Standards für Bio-Lebensmittel festgelegt. Zu dieser Zeit wird auch Bioland in Sachen Richtlinien aktiv: Die Vorläufer der Bioland-Verarbeitungsrichtlinien nehmen Form an, sind aber zunächst nicht viel mehr als rudimentäre Vorgaben, die zusammen mit den ersten engagierten Partnern entwickelt werden. Geregelt ist darin aber schon die Verwendung von Bioland-Rohstoffen als Hauptbestandteil. Über die Jahre entwickelt Bioland dann zahlreiche weitere Regeln für die Verarbeitung. Stetig werden die Vorgaben zusammen mit den Partnern weiterentwickelt und an den aktuellen Stand der Praxis angepasst (siehe Kapitel „Regelwerk und Richtlinien") – bis daraus schließlich ein Regelwerk entsteht, wie wir es heute kennen. Mit Verarbeitungsrichtlinien für 17 verschiedene Kategorien, darunter beispielsweise Backwaren, Hefeerzeugnisse oder Heimtierfutter.

Vermarktungsbasis von Bioland: Die Direktvermarktung

Mit der Gründung von Bioland im Jahr 1971 wird der Grundstein gelegt: eine Wertegemeinschaft, die sich über ihre Visionen und Ziele einig ist. Schnell stellt sich jedoch die Frage: Wohin mit den produzierten Bio-Lebensmitteln? Eine abnehmende Hand ausschließlich für Bio-Produkte gibt es noch nicht. Jeder Betrieb, ob aus Erzeugung oder Verarbeitung, muss sich seine Vermarktungswege suchen und nötige Strukturen aufbauen. Eine Molkerei nur für Bio-Milch? Milch in Flaschen im größeren Stil vermarkten? Zu der Zeit unvorstellbar. Also heißt es: losziehen und nach machbaren Lösungen suchen.

Viele Höfe verarbeiten ihre Rohstoffe selbst. Sie backen Brot, stellen Käse her oder schließen sich mit anderen Betrieben zusammen, um gemeinsam ihre Rohstoffe in Lohnarbeit weiterverarbeiten zu lassen. Verkauft werden die Waren zunächst auf den Höfen oder auf Wochenmärkten. Vereinzelt bieten sich auch Reformhäuser als Abnehmer für Bio-Produkte an. Nach und nach finden sich immer mehr Kundinnen und Kunden, die die Bedeutung der neuen Bio-Entwicklung erkennen. Auch neue Vermarktungsformen entstehen, zum Beispiel Erzeu-

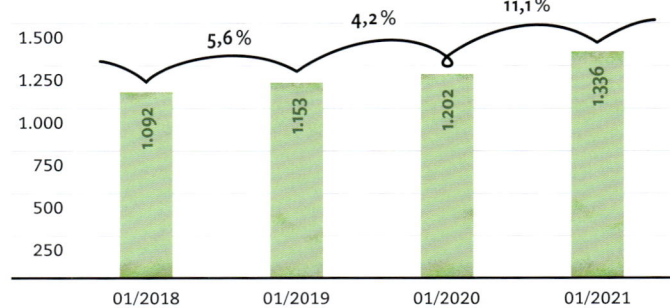

Stetiges Wachstum – Bioland-Partner in Herstellung, Handel und nachgelagertem Gewerbe [Quelle: Bioland]

ger-Verbraucher-Genossenschaften. Außerdem entwickeln sich erste kleinere regionale Vermarktungsstrukturen. Es öffnen die ersten Naturkostläden, die Bio-Produkte von regionalen Landwirtschaftsbetrieben beziehen und verkaufen.

Besonders die Direktvermarktung eröffnet den Betrieben neue wirtschaftliche Möglichkeiten. Der direkte Kontakt zu den Höfen ermöglicht es den Kundinnen und Kunden, die Gesichter hinter den sonst anonymen Produkten zu sehen. Sie schöpfen Vertrauen und können sich Vorort selbst von den Vorteilen des Biolandbaus überzeugen. Für viele ist dieses Erlebnis ein weitaus wichtigeres Kaufargument als der Preis. Die Direktvermarktung ist von Anfang an ein wesentliches Element des Bioland-Verbands, da sie zusammen mit den vor- und nachgelagerten Gliedern der Wertschöpfungskette die regionalen Strukturen stärkt und dem wachsenden Wunsch der Verbraucherinnen und Verbraucher nach Regionalität entspricht. Bis heute hat sich die Direktvermarktung in ihrer Vielfalt stark weiterentwickelt: Neben dem klassischen Ab-Hof-Verkauf und Wochenmarktstand gibt es inzwischen auch Lieferservices, Abokisten, Vermarktungskooperationen, Verkaufsautomaten und sogar Bio-Supermärkte mit Vollsortiment.

Pionierinnen und Pioniere der Verarbeitung

Nicht nur die Höfe suchen und entwickeln neue Verarbeitungs- und Vermarktungsstrukturen. Parallel dazu beschreiten auch die ersten handwerklichen und handelnden Betriebe neue Pfade, um den unerwünschten Entwicklungen des Marktes entgegenzutreten und ländliche Strukturen aufzubauen und zu prägen. Anders als bei der Bauernheimatbewegung in der Schweiz oder in vielen anderen Ländern entsteht in Deutschland schon früh eine enge Partnerschaft zwischen den Pionierinnen und Pionieren der Erzeugung und denen aus Verarbeitung und Handel. Viele der Großen des heutigen deutschen Bio-Markts blicken auf engagierte und mutige Anfänge zurück, die eng mit der Bioland-Geschichte verwoben sind. Zu ihnen gehören unter anderem die Molkereien Andechser, Aurora und Söbbeke, die Bohlsener Mühle, Ökoland, Allos, die Brauereien Pinkus Müller und Lammsbräu, zahlreiche Bäckereien und Mühlen, Groß- und Einzelhändler wie Rinklin, Weiling, Alnatura, Naturkost Elkershausen, dennree und viele mehr.

„

Auch heute noch agiert der Bio-Großhandel und der Naturkosteinzelhandel bauernnah. Im Gegensatz zum konventionellen Handel, bei dem die Kundenstrukturierung oftmals die Gesinnung der Bäuerinnen und Bauern bestimmen möchte, sodass nur noch das produziert wird, was die Vermarktung fordert. Wir aber unterstützen die Bäuerinnen und Bauern, die etwas bewegen wollen und mit ihrer Form der Landwirtschaft für das Fortbestehen unseres Planeten Sorge tragen möchten, indem wir ihnen eine sichere Absatzmöglichkeit für ihre Produkte bieten.

Harald Rinklin, Geschäftsleiter Vertrieb bei Rinklin Naturkost und Enkel des Bioland-Gründungsmitglieds Wilhelm Rinklin sen.

Erhöhte Schlagkraft: Bauern bündeln Ware

Die regionale Direktvermarktung und die handwerkliche Verarbeitung sind wichtige Bausteine, um Leben und Dynamik in ländlichen Regionen zu halten und aufblühen zu lassen. Sterben Höfe und mittelständische Handwerksbetriebe, sind die Folgen wirtschaftlich fatal. Denn für die Rohstoffe fehlt es plötzlich an Abnehmern und Lieferanten, Lebensmittel können nicht mehr weiterverarbeitet werden und der Vertrieb vor Ort und in der Region kommt zum Erliegen. Aber auch die Lebensqualität für die ländliche Bevölkerung verschlechtert sich: Arbeitsplatzverluste und Landflucht führen dazu, dass die Infrastruktur und das kulturelle Angebot abnehmen.

Zentral war und ist daher das Anliegen des Verbands, regionale Strukturen zu erhalten und ihre Unabhängigkeit zu sichern. In manchen Regionen übernehmen Erzeugerzusammenschlüsse dabei eine Schlüsselaufgabe. In den 1990er-Jahren formieren sich in Zusammenarbeit zwischen dem Verband und engagierten Bioländerinnen und Bioländern die ersten Bio-Erzeugergemeinschaften (EZG). Sie haben die wichtige Funktion, landwirtschaftliche Erzeugnisse zu bündeln. Damit helfen sie vor allem den kleinen Betrieben, denn diese haben mit ihren kleinen Produktmengen auf den großen Märkten nur wenig Chancen.

Die 1989 im Süden gegründete Organisch-Biologische Erzeugergemeinschaft (OBEG) ist die erste Bio-EZG im Süden und Vorbild für viele, die danach kommen. Gründer sind neun Bioland-Bauern und -Bäuerinnen. Sie erkennen schon früh, dass mit Beginn der Umstellungsförderung ein stark wachsendes Bio-Angebot zu erwarten ist, die wirtschaftlichen Verhältnisse vieler Betriebe aber nicht ausreichen werden, um auf lange Sicht der Konkurrenz gewachsen zu sein. Ihre Idee ist es daher, die knappen Ressourcen der Einzelbetriebe zu bündeln und die Vermarktung zu organisieren. Der Zusammenschluss gibt den Landwirtinnen und Landwirten Planungssicherheit durch Jahrespläne mit festen Mengen-, Verkaufs- und Sortenabsprachen. Ein weiterer Vorteil der EZG ist, dass sie bei Besprechungen mit großen Abnehmern als kompetenter und gleichberechtigter Verhandlungspartner auftreten kann.

Am anderen Ende des Verhandlungstischs profitieren auch die Unternehmen von den Zusammenschlüssen. Die Nahversorgung mit landwirtschaftlichen Rohstoffen und verlässliche Abnehmer geben auch ihnen Sicherheit. Die Beschaffung wird insgesamt einfacher und unbürokratischer. Außerdem werden durch langjährige Anbaupläne gleichbleibende Angebotsmengen sichergestellt, was die Marktpreise relativ stabil hält.

Im Jubiläumsjahr 2021 vermarkten unzählige Bioland-Bäuerinnen und -Bauern auch über Bioland-Erzeugergemeinschaften in ihrer Region.

Gleichwertige Glieder der Wertschöpfungskette

Bio-Höfe und -Verarbeitungsbetriebe sind heute Keimzellen für eine Wiederbelebung der geschwächten ländlichen Regionen. Sie bringen Arbeitsplätze und damit Menschen zurück auf das Land. Landwirtschaftsbetriebe sind nicht mehr nur Rohstofflieferanten und Verarbeitungsbetriebe nicht mehr allein anonyme Fabriken, die undurchschaubare Nahrungsmittel herstellen. Die zentrale Aufgabe des Verbands ist daher, die gesamte Wertschöpfungskette im Blick zu haben, abzubilden und zu vernetzen.

In den vergangenen 50 Jahren ist es Bioland gelungen, eine führende Rolle im Aufbau von regionalen Wertschöpfungsketten einzunehmen, die einzelnen Akteurinnen und Akteure zu begleiten, fachlich zu beraten und die ländlichen Strukturen zu unterstützen. Eine Errungenschaft, die insbesondere aufgrund der Marktmachtkonzentration des Handels immer wieder aufs Neue verteidigt werden muss und keineswegs dauerhaft stabil ist.

Bioland-Produkte für alle zugänglich machen

Die Nachfrage nach Bio-Lebensmitteln ist in den vergangenen Jahren geradezu explodiert. Kein Wunder: Für den deutschen Lebensmitteleinzelhandel (LEH) gibt es im konventionellen Sortiment kaum noch Wachstumschancen. Bei Bio-Lebensmitteln sieht das anders aus: Hier ist seit etwa 2015 der Umsatz um fast die Hälfte gestiegen. Und es gibt noch viel Potenzial, konventionelle Sortimente auf Bio umzustellen, denn Bio macht erst einen kleinen Anteil am Gesamtumsatz aus. Für den Handel ist das attraktiv und erfolgsversprechend.

Vertriebskanal	DIREKT-VERMARKTUNG	LEBENSMITTEL-HANDWERK	HERSTELLER	NATURKOST-/FACHHANDEL	SUPERMARKT	DISCOUNT & DROGERIE
Bioland-Produktvielfalt	●●●●	●●●	●●●	●●●	●●	●
Mediale Wahrnehmung	●●	●	●●	●●●	●●●●	●●●●
Austausch/Beratung	●●●●	●●●	●●	●●●	●	●
Reichweite/Kundenkontakt	●●	●●	●●●	●●●	●●●●	●●●●●

Raus aus der Wagenburg, rein in alle Vertriebsschienen: Jeder Kanal bietet seine eigenen attraktiven Möglichkeiten.

Bio ist längst in der Mitte der Gesellschaft angekommen. Zwar bestehen im Jubiläumsjahr 2021 die Bio-Eigenmarken der konventionellen Supermärkte noch zum großen Teil aus Produkten, die lediglich nach europäischer Ökoverordnung zertifiziert sind. Aber auch hier geht der Trend hin zum strengeren Verbands-Bio. Zu sehen ist dies unter anderem an den zunehmenden Kooperationen der großen konventionellen Handelshäuser und Drogisten mit den Bio-Verbänden sowie den weiter in die Tiefe und Breite wachsenden Bio-Sortimenten. Beispiele für Kooperationen mit Bioland sind

→ **Edeka Südwest seit 2012,**
→ **Tegut seit 2015,**
→ **Lidl seit 2018,**
→ **Rossmann seit 2020 und**
→ **Drogerie Müller seit Mitte 2021.**

Viele Mitglieder und Marktpartner sehen diese Entwicklung allerdings skeptisch. Dies hat auch mit den Anfängen der Bio-Bewegung und des Bioland-Verbands zu tun. Die Ökos der Anfangsbewegung befinden sich nämlich lange Zeit in einer Außenseiterrolle, stehen der klassischen Konsumgesellschaft und den großen Partnern aus dem LEH und insbesondere den Discountern kritisch gegenüber. In ihren Augen sind die großen Player des Lebensmittelmarktes nicht gerade bekannt für einen rücksichtsvollen Umgang mit Lieferantinnen und Lieferanten und eine gemeinschaftliche Herangehensweise. Groß ist daher das Misstrauen und die Sorge vor Abhängigkeiten und Wettbewerbsnachteilen.

Als die ersten großen Händler um das Jahr 2010 Interesse an einer Partnerschaft mit Bioland für die Auslobung ihrer Eigenmarken zeigen, flammt bei Bioland wieder eine Debatte auf, die den Verband bereits seit den 1980er-Jahren begleitet: Die Welt bzw. den Markt verändern, indem neue alternative Strukturen geschaffen und aufgebaut werden? Oder sich auch den konventionellen Strukturen öffnen, um diese zu nutzen und möglicherweise von innen heraus zu verändern?

Zwei Drittel aller Ausgaben für Bio werden inzwischen in Supermärkten, Discountern und der Drogerie getätigt. In vielen Verpackungen stecken bereits Bioland-Rohstoffe, die aber lediglich mit dem europäischen Bio-Siegel ausgezeichnet sind. Die Arbeit der Bioland-Mitglieder und -Partner wird damit weder in Wert gesetzt, noch bringt es der Marke Bekanntheit.

Bei ihrer Bundesdelegiertenversammlung 2012 stimmen die Bioland-Mitglieder schließlich über die Marktstrategie ab und entscheiden sich mehrheitlich für eine Kooperation mit dem konventionellen LEH. Das Argument: Möglichst viele Menschen sollen Zugang zu Bioland-Lebensmitteln erhalten, dazu braucht es alle Vertriebswege. In Zukunft wird dies noch wichtiger, erkennen sie: 2017 setzt die Bundesregierung entsprechend ihrer Nachhaltigkeitsstrategie das Ziel „20 Prozent Ökolandbau bis zum Jahr 2030". Beim vereinbarten Ziel müssen neue Käufergruppen und Absatzmärkte erreicht werden, ansonsten drohen Überproduktion und Preisverfall.

Mit den richtigen Rahmenbedingungen bieten die Partnerschaften mit dem LEH den Bioland-Mitgliedern und der Gesellschaft einen großen Mehrwert. Denn aufgrund seiner Größe kann der LEH einiges bewegen: Er macht mit hoher Reichweite die Marke Bioland bekannter, erreicht Menschen, die sich bisher nicht mit Bio-Lebensmitteln auseinandergesetzt haben und gibt ihnen im besten Fall einen Anstoß, sich mit ökologischer, lokaler Landwirtschaft zu beschäftigen. Damit übernimmt der LEH eine wichtige Aufgabe bei der Umstellung von Konsumgewohnheiten in der breiten Masse.

Bioland-Produkte sind in vielen Einkaufsstätten selbstverständlicher Teil des Sortiments. Besonders das Frischesegment profitiert von der Zusammenarbeit mit regionalen Bioland-Lieferanten.

Dennoch: Der Schutz der Marke und aller Mitglieder hat Priorität. Um dem gerecht zu werden, legt der Verband Grundsätze fest, führt Schutzmechanismen ein und baut neue Strukturen auf. Vertraglich verpflichten sich die neuen Handelspartner nun zu Fair-Play-Regeln und zu wertebasierten Leitlinien. Zusätzlich wird eine Ombudsstelle eingerichtet, die bei Beschwerden anonym kontaktiert werden kann. Diese Schutzmechanismen sind einzigartig auf dem deutschen Lebensmittelmarkt und ein Meilenstein in der Zusammenarbeit mit Handelspartnern.

Natürlich birgt diese Entscheidung aber auch Risiken, nicht zuletzt aufgrund des Ungleichgewichts zwischen den großen, mächtigen Handelsunternehmen und den Mitgliedern sowie Partnern des Verbands. Zwar ist Bioland kein unbedeutender Player mehr auf dem heimischen Lebensmittelmarkt: Vom kleinen Verband hat sich Bioland zu einer Organisation entwickelt, an der heute keiner mehr vorbeikommt, wenn er hochwertiges, regionales Verbands-Bio verkaufen möchte. Doch nicht nur Bioland ist stärker geworden, auch die konventionellen Marktpartner haben an Macht dazugewonnen. Diese Konzentration schafft einen sehr großen Druck auf regionale und dezentrale Strukturen und damit auch auf die vielen Unternehmen, die sich in Partnerschaft mit Bioland über ihre Marke einen Platz im Markt erobert haben. Ein Druck, der es dem

Verband erschwert, die mühsam aufgebauten Strukturen aufrechtzuerhalten und die Erzeugungsbetriebe sowie die zahlreichen authentischen Marken der Bioland-Verarbeitungspartner zu schützen. Für die eingerichteten Schutzvorkehrungen braucht es daher zukünftig noch stärkere Aufmerksamkeit, damit das Leitbild zum Aufbau regionaler Wertschöpfungsketten in Verarbeitung und Handel auch tatsächlich umgesetzt und gelebt wird. Zumindest so lange, bis die Veränderung auch aus dem politischen System kommt.

Von Idealismus und Wirtschaftlichkeit

Nicht erst seit der Kooperation mit dem Discount verbreitet sich unter manchen Mitgliedern, Partnern und Bio-Käuferinnen und -Käufern die Sorge um den Ausverkauf der Bioland-Werte. Teilweise werden in der Öffentlichkeit und auch verbandsintern Stimmen laut, dass Bio nicht mehr dasselbe ist wie früher und viele nur noch aus wirtschaftlichen Gründen auf Bio-Landwirtschaft umstellen. Für viele kritische Geister sind Idealismus und Wirtschaftlichkeit zwei Gegensätze mit eindeutigem Zielkonflikt. Aus ihrer Sicht und Erfahrung können gesellschaftlich wünschenswerte Entwicklungen und Ziele nur selbstausbeuterisch und altruistisch erreicht werden.

Doch darin liegt das Missverständnis: Wirtschaft und Gesellschaft sind keine Systeme, die getrennt voneinander betrachtet werden können oder sollten. Idealismus kommt nur durch Wirtschaftlichkeit ans Ziel. Und Wirtschaftlichkeit ohne Werte und Grundsätze ist gefährlich und langfristig für alle Beteiligten schädlich.

PODCAST

bioland.de/
zukunftsbuch3

**Aufbauarbeit
Bio-Markt**

Familie Rinklin hat den Naturkostgroßhandel in Baden-Württemberg mit aufgebaut. Wilhelm und Harald Rinklin erzählen im Interview über die Anfänge der Bio-Vermarktung und über die heutigen Herausforderungen in einer boomenden Branche.

Der Hofladen vom Bioland-Mitglied Gut Wulksfelde in Tangstedt bei Hamburg.
1990 bauten die Betriebsleiter ihren ersten Hofladen. Aus den bescheidenen Anfängen ist ein 600 m² großer Vollsortimenter erwachsen.

Bei genauer Betrachtung sind die Motive heute ähnlich wie früher: Unabhängigkeit, Wertschätzung – auch in monetärer Form – für das eigene Tun, Sinn stiften, zu den „Guten" gehören und Veränderung vorantreiben. Auch die Bioland-Pionierinnen und -Pioniere waren wirtschaftlichen Zwängen ausgesetzt, gegen die sie sich wehren mussten. Sie hatten den Mut und den richtigen Riecher, Wirtschaftlichkeit mit ihrem Idealismus zu verbinden, sich in einer Gemeinschaft mit gemeinsamen Vorstellungen und Regeln zusammenzufinden und sich ihre eigenen Chancen aufzubauen.

Und bis heute steht Bioland für die Verbindung der beiden vermeintlich konträren Welten Idealismus und Wirtschaftlichkeit. Jeder Betrieb, jeder Partner, der sich dem Verband anschließt, egal ob groß oder klein, alt oder jung, städtischer oder ländlicher Herkunft, ist Teil dieser Übereinkunft. In den Bioland-Partnerleitbildern verpflichten die Partner sich unter anderem zu einer ganzheitlichen Nachhaltigkeitsstrategie, Transparenz und der Weiterentwicklung ökologischer Lebensmittelwirtschaft. Martin Weiß, Bioland-Berater im Landesverband Baden-Württemberg, begleitet seit 25 Jahren Erzeugerinnen und Erzeuger bei der Umstellung und der täglichen Arbeit. Auf die Frage, wie er die kritischen Stimmen beurteilt, stellt er fest: „Die Tatsache, dass sich dem Verband weiterhin neue Mitstreiter anschließen, sollte den Kritikerinnen und Kritikern vor allem eines zeigen: Der Samen, der einst gesät wurde, ist gekeimt und gewachsen. Die Pflanze, die daraus entstanden ist, wird nun von weiteren Händen gepflegt und kultiviert. Mehr Wertschätzung kann es für die Anfänge kaum geben." So wird gemeinsam, sowohl mit alten als auch mit neuen Betrieben, das Menschliche in die Wirtschaft gebracht.

EINE VIELSEITIGE GEMEINSCHAFT

In den 50 Jahren seit der Gründung ist bei Bioland viel passiert. Neben den 8.500 landwirtschaftlichen Betrieben haben sich bis heute über 1.300 Marktpartner aus Verarbeitung, Gastronomie und Handel einschließlich nachgelagertem Gewerbe angeschlossen. 2020 gründeten sie ihren eigenen Verein, der im Gesamtverband eingebunden ist und mitbestimmt (siehe Kapitel „Gemeinsam stark"). Von klein bis groß, über alle Absatzkanäle hinweg und von einzelnen Produkten als Teilsortiment bis hin zum Vollsortiment-Bioland-Partner ist alles vertreten.

Wohin entwickelt sich der Markt?

In den vergangenen 50 Jahren ist viel passiert. Aus kaum beachteten Träumerinnen oder „Spinnern" – Ökos eben – sind Profis geworden. Sie haben nicht nur ihre eigenen Betriebe gerettet, sich selbst eine neue Perspektive geschaffen, einen heute rasant wachsenden Markt mitentwickelt und gestaltet. Überall im Land, wo immer sie gerade zufällig ansässig waren, haben sie Impulse gesetzt, das Denken verändert, ökologische, wirtschaftliche, soziale und kulturelle Effekte für das Gemeinwohl ausgelöst und weitere Partner auf ihrem Weg mitgenommen. Sie haben das Leben in ländlichen Regionen bereichert und sind heute wichtige treibende Kräfte dezentraler Entwicklung. Im großen Markt der globalen Lebensmittelwirtschaft sind der Verband und die eingebundenen Betriebe kleine Fische. Dieser Markt wird nach wie vor gemäß der klassischen Wachstumsdoktrin gesteuert und getrieben. Er ignoriert die Endlichkeit verfügbarer Ressourcen sowie alle Faktoren, die das Gemeinwohl belasten und verschärft damit Klimakrise, Artenschwund und soziale Ungleichheit. Er drängt seine Beteiligten zu immer stärkerer Spezialisierung oder Vergrößerung. Um die negativen Auswirkungen auf unsere Umwelt zu reduzieren und die Teilnehmerinnen und Teilnehmer des Marktes, die weniger machtvoll sind, zu schützen, braucht es stetige Aufmerksamkeit und eine feste Verwurzelung in lokalen, kleinteiligen Strukturen. Der Aufbau, die Pflege und der Schutz regionaler Wertschöpfungsketten werden daher auch in Zukunft eine der wichtigsten und herausforderndsten Aufgaben des Verbands bleiben.

Des Weiteren steht Bioland für soziales und faires Miteinander. Dies schließt alle ein, auch oder insbesondere die stimmlosen und schwächeren Glieder der Kette. Eine aktive Unterstützung und Gestaltung von Lieferkettengesetzen zum Schutz aller Beteiligten, beispielsweise Saisonkräfte, gehört dabei ebenso dazu wie Lösungsentwicklungen für untragbare Praktiken in der Tierhaltung und Antworten auf Fragen der Tierethik. Für einen gesunden, fairen, resilienten und damit leistungsfähigen Organismus braucht es auch weiterhin das Engagement und die Tatkraft der Bio-Verbände und aller Beteiligten. Das Wissen um unsere gemeinsame Verantwortung für die Lebensgrundlagen zukünftiger Generationen, für klima- und ressourcenschonendes sowie soziales Wirtschaften manifestiert sich in den Bioland-Leitbildern für alle Beteiligten der Bioland-Wertschöpfungskette: Landwirtinnen, Lebensmittelhersteller und Händlerinnen erklären sich darin zu Gestaltern, Treiberinnen und Vermittlern einer ökologischen Transformation der Ernährungswirtschaft.

Nicht zuletzt bedarf es außerdem einer aktiveren Einbindung der Kundinnen und Kunden. Sie müssen viel stärker als Teil der Wertschöpfungskette wahrgenommen und zur Teilnahme an der Gemeinschaft eingeladen werden. So wird aus anonymen Abnehmern eine Gruppe aus Mitgestaltern und Multiplikatorinnen, die sich mit dem Verband für die gemeinsamen Ziele engagieren.

Zu Beginn dieses Kapitels wurde die Frage gestellt, ob es die Pionierinnen und Pioniere im Bio-Markt überhaupt noch gibt und braucht. Die einfache Antwort lautet: Ja! Vielleicht sogar präsenter und notwendiger denn je. Die Wegbereiter und Aktivistinnen, die Vordenker und Entdeckerinnen, die sich seit jeher im Bioland zuhause fühlen und gestern wie heute und auch in Zukunft Lösungen finden für die jeweils aktuellen Herausforderungen. Auch nach 50 Jahren ist der Verband Pionier der Branche, geht neue Wege, erschließt sich Märkte und lädt Menschen ein, die Zukunft mitzugestalten.

→ Reinhard Verdorfer

BIOLAND-PRODUKTE JENSEITS DER ALPEN
Starke Genossenschaften

„Was dem Einzelnen nicht möglich ist, das vermögen viele ...", war schon das Motto von Friedrich Wilhelm Raiffeisen. Diesem Grundsatz folgen auch die kleinstrukturierten Betriebe in Südtirol. Sowohl die Milchwirtschaft als auch der Obstbau sind in Südtirol bereits seit den 1960er-Jahren genossenschaftlich organisiert. Auch für Bioland-Betriebe spielen Genossenschaften von Anfang an eine wichtige Rolle für den Verkauf ihrer Produkte.

Die ersten Bioland-Mitglieder in Südtirol sind Obstbaubetriebe. Sie haben schon Anfang der 1990er-Jahre ihre Äpfel über die Erzeugerorganisation VI.P und Bio Südtirol hauptsächlich nach Deutschland geliefert. Mit gutem Grund, denn die Betriebe sind weit weg von größeren Ballungszentren wie München, Wien oder Mailand. Die genossenschaftliche Organisation ermöglicht es, relevante Mengen für den Export zu bündeln.

In der südtiroler Region Vinschgau werden heute 20 Prozent der Obstbauflächen nach biologischen Richtlinien bewirtschaftet, rund 95 Prozent davon auf Bioland-Betrieben. Sie erzeugen rund 45.000 Tonnen Bio-Äpfel pro Jahr. Die Hauptmärkte dafür sind Deutschland, England, Frankreich, Irland, Italien, Portugal, Skandinavien und Spanien. „Bis 2022 werden diese Bio-Flächen um fünf bis zehn Prozent steigen", sagt Gerhard Eberhöfer von Bio VI.P Vinschgau. Danach erwartet er eine Stabilisation. „Es ist wichtig, dass der Konsum nachzieht, hier muss die Vermarktung deutlich angekurbelt werden."

Milch, Käse, Butter

Mitte der 1990er-Jahre hat der aus Obst- und Weinbauern bestehende Bioland-Vorstand in Südtirol beschlossen, auch Milchbäuerinnen und -bauern bei Bioland aufzunehmen. Hier leisteten der Milchhof Sterzing und der Milchhof Meran Pionierarbeit. Der Milchhof Sterzing ist Marktführer im Segment Bio-Joghurt in Italien, setzt in Eigenmarke aber auch Bio-Heumilch und Bio-Butter um. In den vergangenen Jahren hat der Milchhof sein Einzugsgebiet ausgeweitet, sodass auch Bioland-Mitglieder im nördlichen Wipptal, gleich hinter der italienisch-österreichischen Grenze bis vor Innsbruck, aufgenommen wurden. Geschäftsführer Günther Seidner ist überzeugt, „dass die Milchwirtschaft sich künftig sehr stark mit den Themen Tierwohl und Tiergesundheit auseinandersetzen muss. Das fordern auch der Handel und die Konsumentinnen und Konsumenten. Das muss auch so sein, denn ohne Tiergesundheit kann ich kein gesundes und nachhaltiges Produkt erzeugen."

Inzwischen produziert die gesamte Milchwirtschaft in Südtirol mit Ausnahme einer Molkerei nach den Bioland-Richtlinien. Dem Beispiel des Milchhofes Sterzing und des Milchhofes Meran sind die Sennerei Algund mit Psairer Bergkäserei, die Käserei Sexten und die Bergmilch gefolgt. Weitere genossenschaftlich organisierte Verarbeiter und Hersteller sind mittlerweile als Partner mit im Boot. Ein Ende der Entwicklung ist nicht abzusehen, im Gegenteil.

Kraft des gemeinsamen Werte-Kodex

→ *Volker Krause*

Was hat mich und viele andere vor über 50 Jahren getrieben? Idealismus? Ja, aber nicht nur. Es war eher die Einsicht gegensteuern zu müssen, wenigstens den Versuch zu unternehmen, den Kurs zu ändern, Teil der Lösung und nicht der Probleme zu sein. Die Wirtschaftlichkeit dabei als zweitrangig zu betrachten, mutet heute naiv an. Aber wir waren jung und brauchten das Geld noch nicht.

Das Wissen um unsere gemeinsame Verantwortung für die Lebensgrundlagen zukünftiger Generationen, für klima- und ressourcenschonendes sowie soziales Wirtschaften manifestiert sich in den Bioland-Leitbildern für alle Beteiligten der Bioland-Wertschöpfungskette: Landwirtinnen, Lebensmittelhersteller und Händlerinnen erklären sich darin zu Gestaltern, Treiberinnen und Vermittlern einer ökologischen Transformation der Ernährungswirtschaft.

Die Stärke aller Bioland-Betriebe, Hersteller- und Handelspartner am Markt beruht nicht nur auf Unternehmensgröße und Economies of Scale, dem vermeintlich stetig steigenden Grenznutzen durch Wachstum. Sondern auch auf der Vielfalt ihrer Produktpaletten, auf Spezialisierung und Sonderkulturen, auf ihrer Authentizität und Verbindung mit ihren Kundinnen und Kunden – das besondere Merkmal der Bio-Branche. Sie beruht auf ihren authentischen mit Bioland verbundenen Herstellermarken, die mehr vermitteln als hohle Werbeversprechen. Ihre Stärke beruht besonders auf der Kraft des gemeinsamen Werte-Kodex wie in den Leitbildern beschrieben, der die Anonymität klassischer Markenwerte aufhebt. Und last not least beruht ihre Stärke am Markt und in der Gesellschaft darauf, dass ihr Beitrag zum Gemeinwohl sichtbar wird, dass gleichzeitig auf eine ganze Reihe politischer Ziele in Europa und der Bundesregierung wie Klima- und Biodiversitätsziele eingezahlt wird, die Reaktionen für viele sattsam bekannte Umwelt- und gesellschaftliche Krisen darstellen.

Im System der ökologischen Lebensmittelwirtschaft verschmelzen die vermeintlich getrennten Welten von Wirtschaft und Gesellschaft. Es kommt darauf an, sich auf dem Weg zum 20-Prozent-Ziel für die ökologische Landwirtschaft bis 2030 dieser kohärenten Kraft bewusst zu werden, sie zu nutzen und politisch zu stärken. Und das geschieht am besten, wenn man den wirtschaftenden Akteuren die durch sie vermiedenen gesellschaftlichen Kosten vergütet. Der ordnungspolitische Rahmen sollte auf eine ökologisch-soziale Marktwirtschaft ausgerichtet werden, um möglichst vielen Betrieben den ökologischen Weg zu ebnen und den Transformationsprozess zu beschleunigen.

→ *Dr. Jan Niessen*

MENSCH MARKE – MARKE BIOLAND
Bedeutung und Zukunftspotenziale

Seit vielen Jahren erreicht die Marke Bioland in puncto Bekanntheit, Vertrauen und Nachhaltigkeit Spitzenpositionen. Als Kollektivmarke markiert sie die Werte und Identität der Gemeinschaft und wird zusätzlich zu den Einzelmarken der Mitgliedsunternehmen im „Co-Branding" genutzt. Bioland ist eine der führenden Bio-Marken, nicht nur in Deutschland und Südtirol. Wie konnten Bioland-Verband und -Mitglieder das erreichen? Was macht diese Marke so stark, wie gelingt es, Kundinnen und Kunden und Mitglieder an die Marke zu binden?
Aus Markenperspektive stellt sich die Frage: Was leistet Bioland, was ist das Besondere, das Unverwechselbare? Die Antwort kommt auf die jeweilige Perspektive an. Besonders wichtige Perspektiven für die Bioland-Gemeinschaft nehmen nach innen die Mitglieder und nach außen die Kundinnen und Kunden ein.

Markenkern und Markendach

Werte, Leitbilder und Ziele sind für Unternehmen und Marken wichtige Erfolgsfaktoren. Je authentischer diese gelebt und erlebt werden, desto größer sind die Potenziale und Wirkungen einer Marke. Die Bioland-Leitbilder, die tausende Mitglieder gemeinsam ab 2010 erarbeitet haben (siehe Kapitel „Leitbilder und Leitmotive"), sind deshalb eine wichtige Marken- und Marketingleistung. Die „Sieben Bioland-Prinzipien für die Landwirtschaft der Zukunft" sowie die unternehmerisch orientierten Leitbilder der Bioland-Hersteller und -Händler zeigen auf, was den meisten Unternehmungen und Gesellschaften in Zeiten existenzbedrohender Krisen und des Umbruchs fehlt: Ein positives Bild davon, wie wir leben, arbeiten und unsere Gesellschaft zukunftsfähig gestalten können.

CHRONOLOGISCHE ENTWICKLUNG DES BIOLAND-MARKENZEICHENS

| 1974 | 1978 | 1991 | Entwicklung in den 1990ern | 2010 |

Bei Bioland bleibt es nicht bei Sonntagsreden, Nachhaltigkeitsberichten oder Schlagwörtern. Nein, eine zukunftsorientierte und auf Werten gründende Land- und Lebensmittelwirtschaft wird tagtäglich durch tausende Bioländerinnen und Bioländer umgesetzt und weiterentwickelt. Das ist authentisch und strahlt vielfältig nach außen.

Die Mitglieder und Partner bieten unter dem Markendach nicht nur eine lebendige Produktvielfalt. Hinter der Marke Bioland stehen Menschen, die Bioland mit Sinn und Haltung gestalten, die gemeinsame Werte und Ziele haben, sich gesellschaftlich engagieren. Dafür ist ein konsistenter und systematischer Rahmen für erfolgreiche und vertrauensstiftende Markenarbeit geschaffen worden. Dieser gründet auf demokratischen Verbandsstrukturen, verbindlichen Richtlinien, einem umfassenden Qualitätssicherungs- und Kontrollsystem sowie vertraglich abgesicherten Verbindlichkeiten. Das sichert die Glaubwürdigkeit und ermöglicht es, ein Markendach über die Wertegemeinschaft vieler tausender Betriebe, Produkte und Leistungen zu spannen. Durch Marketing und Markenführung wird das mittels geeigneter Werkzeuge verstärkt.

Der Markenkern von Bioland wird 2019 in einem interaktiven Prozess zahlreicher Bioländer analysiert und auf das Wesentliche verdichtet. Das Ergebnis ist der sogenannte Bioland-Markenpass, welcher die Werte, die Ziele, die Unverwechselbarkeit – sprich: die Bioland-Identität – festhält.

Er schafft damit das übergeordnete Bild der Marke, während die Leitbilder Handlungsleitlinien darstellen. Die Vorgaben zur Markennutzung sorgen für Einheitlichkeit und klare optische Positionierung des Markenzeichens in der Bioland-Vielfalt.

Perspektiven und Beziehungen

Die Kundinnen und Kunden im Laden haben eine andere Perspektive auf den „Bioland-Markenkern" und die Leistungen von Bioland als die Mitglieder. Für sie bietet die Marke Orientierung beim Einkauf. Im Allgemeinen verbinden sie mit Bioland eine gute, ökologisch und ethisch vertretbare Land- und Lebensmittelwirtschaft. Ihr Bioland-Bild ist allerdings vielfältig, so vielfältig wie ihre „Customer Journey", ihre Kundenreise durch das Bioland. Viele „begegnen" Bioland über Produkte im Selbstbedienungsregal, andere persönlich am Bioland-Wochenmarktstand, manche wiederum verbringen ihren Urlaub auf einem Bioland-Hof. Persönliche Begegnungen mit Markenbotschafterinnen und -botschaftern stärken das Vertrauen und die Identifikation deutlich. Zusammen mit den Bildern vielseitiger Landwirtschaft und guter Tierhaltung berühren sie die Menschen emotional.

Im Unterschied zu klassischen Markenprodukten bedeutet Bioland auch auf Produktebene Vielfalt. Es gibt nicht die eine Markenqualität von der Stange wie bei Coca Cola, sondern viele verschiedene Produkte

  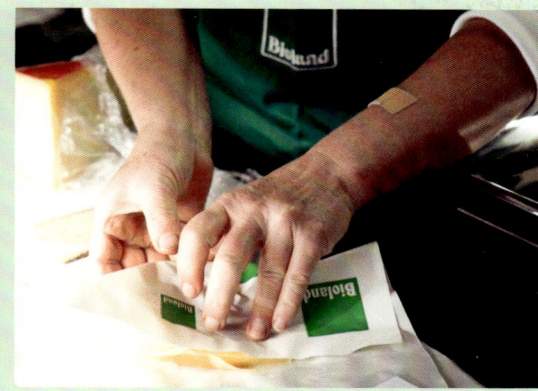

und Qualitäten, die eine Gemeinsamkeit haben: Sie sind nach den Bioland-Richtlinien hergestellt und werden mit der gemeinsamen Marke vermarktet. Mittlerweile gibt es eine hohe Bioland-Markenpräsenz und damit Wiedererkennbarkeit über sämtliche bedeutende Vermarktungswege (siehe Seite 53).

Mitglieder und Partner hingegen verbinden mit Bioland fachlichen Austausch und Beratung, gemeinsame Vermarktungsmöglichkeiten und politische Interessenvertretung. Darüber hinaus profitieren sie als Markeninhaber und -verwender davon, dass Kundinnen und Kunden die eigenen mit Bioland markierten Produkte und Leistungen besser und eindeutig erkennen können. Durch die positive emotionale und teils persönliche Verbindung zwischen Erzeugern und Kunden, wird die „Kundenbindung" zur Marke erhöht. Eine Familie beispielsweise, die in Hamburg regelmäßig im Bioland-Hofladen einkauft, wird eher einen Bioland-Ferienhof wählen, wenn sie in Süddeutschland oder Südtirol Urlaub auf dem Bauernhof plant.

Bei Bioland wird sichtbar, dass Verbindungen und Beziehungen zwischen Menschen eine Marke stärken. Marke und Markenfunktionen wirken zugleich in den Verband als auch nach außen. Damit bietet Bioland für Kundinnen und Kunden und Mitglieder gleichermaßen das, was erfolgreiche Marken ausmacht. Orientierungshilfe wird durch konkrete Leitbilder, Werte und Ziele, aber auch Bildung und Beratung gegeben. Schlüsselinformationen ergeben sich aus den Regeln einer guten ökologischen Praxis und ihrer Sichtbarkeit auf tausenden von Betrieben, die nach Bioland-Richtlinien wirtschaften. Diese geben zusammen mit den Kontrollen und den Bioländern, die persönlich dafür einstehen, hohes Vertrauen und Sicherheit.

Spielräume und Zukunftsgestaltung

Starke Marken zeichnen sich durch preispolitische Spielräume aus. Es werden überdurchschnittliche Preise und Margen erzielt, um Investitionen in die Weiterentwicklung der Bioland-Betriebe und -Strukturen zu ermöglichen. Diese Gestaltungsspielräume sind notwendig, um die Pionierarbeit im Bioland fortzuführen. Die Leistungen und Mehrwerte von Bioland müssen durch die Kundinnen und Kunden am Markt honoriert werden, um sie nachhaltig erbringen zu können.

Mit der Weiterentwicklung des Verbands, der Werte- und Markengemeinschaft, entwickelt sich auch die Marke organisch weiter. Die wichtigsten Erfolgsfaktoren sind Kompetenzen, Herzblut und Haltung der Bioländerinnen und Bioländer bei ihrer Arbeit mit dem Sinn und Ziel, eine lebendige und zukunftsfähige Land- und Lebensmittelwirtschaft zu gestalten.

BIOLAND IST ZWEITER SIEGER BEI „GRÜNE MARKEN DES JAHRES"

Wie nachhaltig sind Marken? Diese Frage stellte das Wochenmagazin stern mehr als 30.000 Verbraucherinnen und Verbrauchern in einer groß angelegten Umfrage. Und diese haben klar entschieden: Bioland steht auf Platz zwei, nur 0,22 Punkte hinter Demeter. Ein großer Erfolg und Vertrauensbeweis, wurden doch insgesamt 790 Marken bewertet. Dies zeigt zudem deutlich, dass die Öko-Landwirtschaft wie keine andere Branche für Nachhaltigkeit steht. Weitere Branchen neben Lebensmittel waren Getränke, Lebensmittelhandel, Einzelhandel, Mode, Textil- und Modehandel, Wasch- und Reinigungsmittel, Pflege und Kosmetik, Auto und Elektrogeräte.

DETAILBEWERTUNG LEBENSMITTEL		Wichtigkeit	Engagement	Klimaschutz	Ressourcen-schonung	Regionalität	Fairness	Nachhaltigkeit
Platz	Marke							
1	Demeter	4,6	4,5	4,1	4,2	4,3	4,2	4,3
2	Bioland	4,4	4,2	3,9	4,0	4,0	4,0	4,1
3	Andechser Natur	4,2	4,0	3,8	3,9	4,2	3,9	4,2
4	Alnatura	4,4	4,1	3,9	3,9	3,8	4,0	4,0
5	Berchtesgadener Land	3,9	3,9	3,8	3,7	4,2	4,0	4,0
6	DM-Bio	4,2	3,9	3,7	3,8	3,7	3,9	3,9
7	Hipp	3,8	3,6	3,5	3,6	3,7	3,9	3,8
8	Frosta	3,8	3,8	3,5	3,6	3,7	3,7	3,7
9	Seitenbacher	3,9	3,7	3,5	3,6	3,7	3,7	3,7
10	Rügenwalder Mühle	3,8	3,6	3,5	3,4	3,7	3,7	3,6

Die Daten wurden veröffentlicht in: stern, Ausgabe vom 09.07.2020

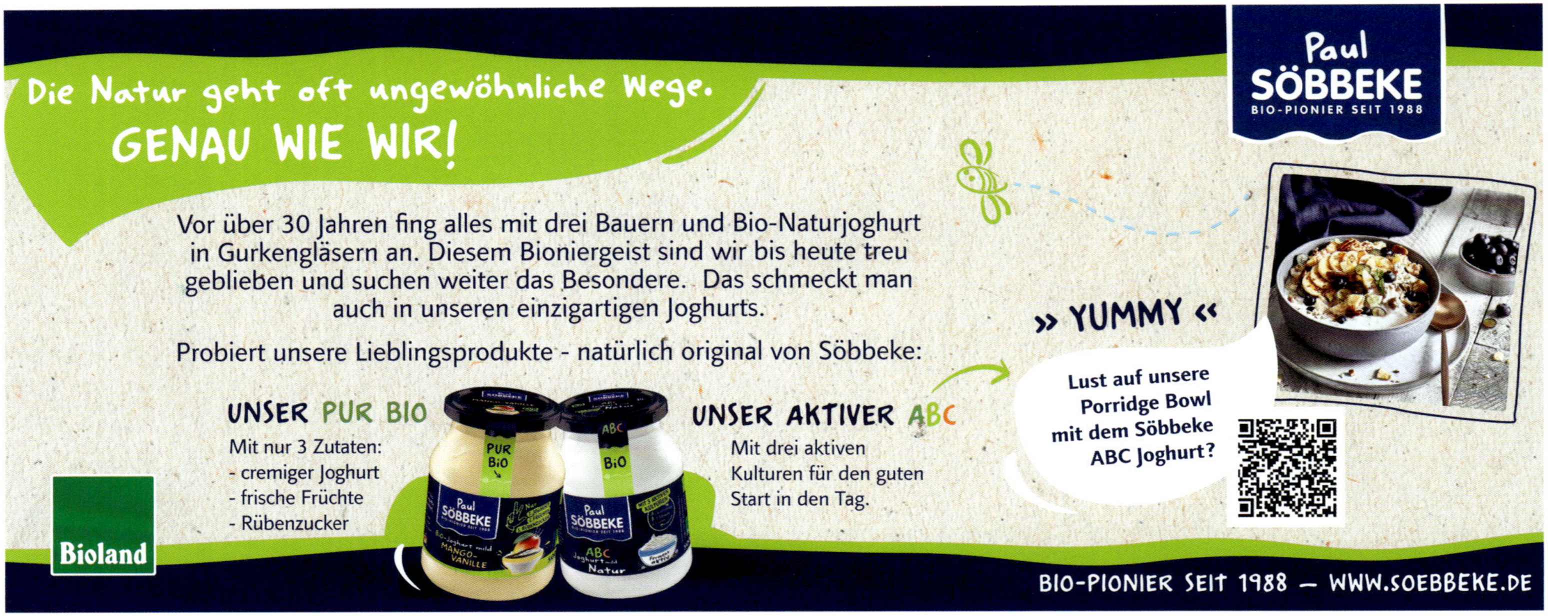

**Wir gratulieren Bioland ganz herzlich zum Jubiläum
OBEG Hohenlohe – Viele Hände ein Ganzes.**

OBEG für Landwirte
1989 von Bioland Bauern und Bäuerinnen gegründet, erfassen wir das Getreide unserer Betriebe, bereiten es auf und vermarkten es an Bäckereien, Naturkostläden und sonstige Kunden.

OBEG für Bäckereien
Bio und Handwerk gehören zusammen. Wir beliefern und beraten über 100 Bäckereien, entwickeln Bio-Backmittel und pflegen eine faire Zusammenarbeit.

OBEG als Servicehändler
Wir sind autorisierter Bioland Servicehändler für Baden-Württemberg. Bei uns bekommen Sie Bioland Verpackungs-, Kennzeichnung- und Werbematerial.

OBEG HOHENLOHE
Ihr Bio von hier

OBEG Hohenlohe GmbH & Co.KG
Tel 07935-551300
74575 Schrozberg- Zell
info@obeg.de • www.obeg.de

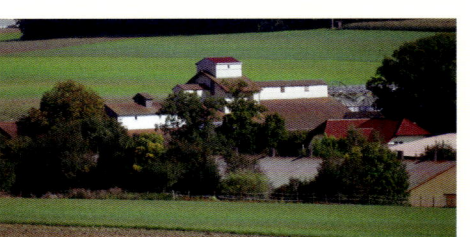

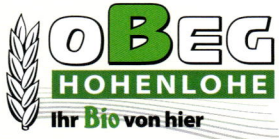

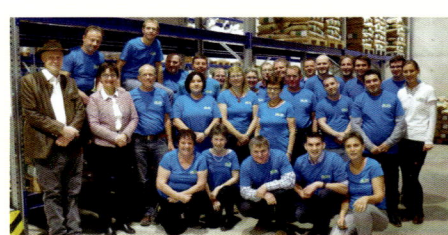

DA WEISS ICH WO'S HERKOMMT

NATÜRLICH. ECHT. BIO.

Bunte Vielfalt zum Genießen – das ist Bio-Obst vom Bodensee.

BayWa Obst mit ihren 20 angeschlossenen Bioland-Erzeugern und die Obst vom Bodensee Vertriebsgesellschaft gratulieren recht herzlich zum 50jährigen Bestehen und danken für die gute Zusammenarbeit in den zurückliegenden 20 Jahren.

Bio-Obst mit Biss. Jetzt entdecken auf www.wos-herkommt.de

Seit über 25 Jahren ist der KORNKREIS ein fester Bestandteil der Bio-Branche in Süddeutschland und Mitglied von Bioland. Als Erzeugergemeinschaft mit über fünfzig Landwirten stehen für uns die Qualität und Herkunft unserer Produkte im Mittelpunkt.

Neben der Belieferung von Bäckereien mit dem Bioland Getreide unserer Landwirte verfügen wir über ein umfangreiches Sortiment an Naturkostprodukten. Alle unsere Produkte stammen von Landwirten aus der Region oder langjährigen Partnern und sind von höchster Bioland Qualität.

Kurze Transportwege, handwerkliche Produktion, hochwertige Rohstoffe und regionale Produkte – all das zeichnet uns aus.

WWW.KORNKREIS.BIO

KORNKREIS Erzeugergemeinschaft GmbH
Lonetalstraße 11 | 89537 Giengen/Hürben
info@kornkreis.bio | DE-ÖKO-006

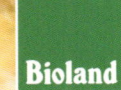

Wir sind Partner

Mit Rat und Tat

Die Bioland-Beratung

→ *von Thomas Fisel, Martina Frapporti,*
Martin Hermle und Martin Weiler

Wie bleiben landwirtschaftliche Betriebe zukunftsfähig? Welche Werte will die Bioland-Beratung ihren Kunden, den Betriebsleiterinnen und Betriebsleitern, weitergeben? Welche Werte gelten für die Zusammenarbeit der Beraterinnen und Berater untereinander? Diese Fragen stellt sich die Bioland-Beratung im Jahr 2008. Denn um Betriebe zukunftsgewandt zu begleiten und sie zukunftsfähig zu machen, braucht es neben der Vermittlung von Fachwissen eine langfristige Beziehungsarbeit. Um grundlegende Bedürfnisse von Bäuerinnen und Bauern zu beachten, vollzieht die Bioland-Beratung Anfang des Jahrtausends einen Paradigmenwechsel, der die Landwirtschaft in ihren Grundfesten – nämlich die Menschen und Familien – stärkt. Das passt zu den sieben Prinzipien von Bioland, die ab 2012 dem Verband eine neue Wertestruktur geben. Und das passt zur Entwicklungsgeschichte der Bioland-Beratung.

Bauern beraten Bauern

„Bauern beraten Bauern" ist das charakteristische Motto der ersten 20 Jahre Bioland. Wissen, das Expertinnen und Experten von außen an die landwirtschaftlichen Betriebe herantragen, wird in den Gründungsjahren des Verbands durchaus selbstbewusst und skeptisch begutachtet. Diese Freiheit und Selbstbestimmtheit sowohl im individuellen Denken und Handeln als auch in der Organisation sind die Grundpfeiler des Selbstverständnisses des Verbandes. „Mich überrascht und begeistert vor allem der offene und ehrliche Austausch von Wissen und die Hilfsbereitschaft unter Kollegen", hört man auch heute noch häufig von Bäuerinnen und Bauern, die auf Bioland umstellen. So ist es zu hoffen und zu wünschen, dass diese Kultur des Miteinanders auch in Zukunft erhalten bleibt.

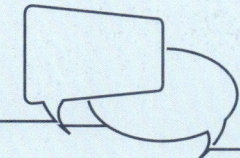

DER WERT BERUFSSTÄNDISCHER BERATUNG
Facharbeit, Qualitätssicherung und Co.

Professionelle verbandliche und berufsständische Beratung sind keine Selbstläufer. Viele Mitglieder nehmen sie als nicht notwendig wahr. Und generell ist der Nutzen von Fachberatung oft weniger konkret und messbar als beispielsweise Leistungen rund um die Vermarktung und die Marke. Für andere, zum Beispiel Umstellerinnen oder Landwirte, die schwierige Kulturen anbauen, ist eine Beratung aber essenziell.

Die Beratungs- und Bildungsarbeit generiert zudem unabhängiges Wissen, das unerlässlich für die Entwicklung von Richtlinien und für die politische Arbeit ist. Auch in der Qualitätssicherung spielt Beratung eine wichtige Rolle: Produzenten, Verarbeiter und auch Händler müssen das Qualitätsversprechen eines Warenzeichens verstehen und motiviert und in der Lage sein, es zu erfüllen.

Berufsständisch getragene Beratungsorganisationen sorgen im Gegensatz zu privaten Beratungsdienstleistern dafür, dass sich Mitglieder und Landwirtschaft gemeinsam entwickeln. Ihre Leistungen begrenzen sich nicht auf eine kleine, exklusive Gruppe. Nicht nur die Top-Betriebe, sondern auch diejenigen, die sich mit neuen Herausforderungen schwertun, werden mitgenommen. Es ist deshalb zu wünschen, dass berufsständisch getragene Beratungsorganisationen, bei denen vorausschauende Bäuerinnen und Bauern das Sagen haben, die landwirtschaftliche Entwicklung fördern und begleiten.

Herausfordernd für Beraterinnen und Berater eines Verbandes bleibt der Spagat zwischen Facharbeit und sonstigen verbandlichen Aufgaben wie Öffentlichkeitsarbeit, Richtlinienarbeit und der komplexen Entwicklung eines durchfinanzierten Beratungssystems.

Das Phänomen „Bioland-Gruppe"

Die Regionalgruppe ist bis in die 1990er-Jahre hinein die zentrale Austauschplattform der Bäuerinnen und Bauern bei Bioland. Bis spätabends nach dem Gruppentreffen werden Warentauschgeschäfte von Kofferraum zu Kofferraum gemacht: Rindersalami gegen geschälten Dinkel, Eier gegen Quark und Käse. Mit einem wachsenden Bio-Markt ist dieser Austausch deutlich kleiner geworden, aber noch immer vorhanden. In die Regionalgruppe werden neue Mitglieder integriert, es werden Werte und Prinzipien des Biolandbaus verinnerlicht und weiterentwickelt und es wird konkretes Praxiswissen ausgetauscht – zum Beispiel, wie man mit Ampfer und Distel zurechtkommt.

Die Gruppen und ihre Sprecherinnen und -sprecher prägen das Image und die Anziehungskraft von Bioland in ihrer jeweiligen Region. Sie organisieren sich selbst. Wenn es hilfreich erscheint, laden sie Beraterinnen, Verbandsvertreter oder andere Expertinnen und Experten ein. Damals wie heute leiten Bioland-Bäuerinnen und -Bauern die Bioland-Gruppen mit viel Engagement, Herzblut und Fachwissen und halten den „Geist vom Möschberg" (siehe Kapitel „Das Wurzelwerk von Bioland") in moderner Form lebendig: selbstorganisiert und frei in Bildung und Austausch, auch wenn Bildungsveranstaltungen, Printmedien oder einzelbetriebliche Beratung außerhalb der Bioland-Gruppe heute eine deutlich größere Rolle spielen. Die Aktivität und das Engagement der Gruppe bestimmen die Mitglieder.

Jede Gruppe wählt neben einer Gruppenleitung einen Delegierten oder eine Delegierte auf Landes- und Bundesebene. Die Delegierten wählen Vorstände, Präsidentin oder Präsidenten von Bioland, verabschieden Haushalte und stimmen über Beiträge und Richtlinien ab (siehe dazu Kapitel „Strukturelles und Strukturen"). Nicht zuletzt vertreten sie die Interessen der Gruppenmitglieder in den nächsthöheren Gremien. Diese Art der Selbstorganisation unterscheidet Bioland deutlich von anderen Verbänden des ökologischen Landbaus. Im April 2021 zählte Bioland 132 Regionalgruppen sowie 59 Fachgruppen.

Für die Bioland-Mitglieder erfüllt die Gruppe auch heute noch die wichtigen Funktionen des Erfahrungsaustauschs und des Treffens mit Gleichgesinnten. Viele neue Mitglieder schwärmen von der Offenheit für Probleme und Lösungen in den Bioland-Gruppen. „Das ist etwas Einzigartiges, das kannten wir so noch nicht", berichten sie. Manche sagen sogar, sie finden im kollegialen Miteinander bei Bioland eine neue bäuerliche, berufliche und persönliche Heimat – und werden Teil einer großen und wachsenden Gemeinschaft.

Beratung wird zunehmend hauptamtlich

Die erste staatliche Förderung zur Umstellung auf ökologischen Landbau ab 1989 (damals „Extensivierungsprogramm") bringt Bioland einen großen Schwung neuer Mitglieder. Damit stößt das Konzept „Bauern beraten Bauern" an seine Grenzen. Detailliertere und verbindlichere Richtlinien verlangen der Umstellungsberatung, neben dem Fachwissen, ein zunehmend komplexes Richtlinienwissen und ein einheitliches Vorgehen bei der Umstellungsberatung und Vertragsvergabe ab. Der quantitative und qualitative Anspruch an die Beratung nimmt deutlich zu.

Um diese Herausforderung zu meistern, gehen die Bioland-Landesverbände unterschiedliche Wege. Die nördlichen Bundesländer Schleswig-Holstein und Niedersachsen gründen frühzeitig verbandsunabhängige, zu Beginn meist staatlich geförderte Beratungsringe (Ökoringe). Die westlichen und südlichen Bundesländer übertragen die Umstellungsberatung zunehmend an bestehende hauptamtliche Mitarbeiterinnen und Mitarbeiter oder engagieren hierfür gezielt neues Personal. Die verbandseigenen Beraterinnen und Berater im Süden und Westen leisten neben der Umstellungsberatung organisa-

Auf Feldtagen erreicht die Bioland-Beratung nicht nur Mitglieder, sondern darüber hinaus auch Interessierte.

DIE GRUPPE, MODERNER DENN JE

Eine neue Qualität des Zusammenwirkens

Selbstgesteuerte, professionell moderierte Gruppen wie Stabel-Schools oder Farmer-Field-Schools haben sich in der Bildungs- und Beratungsarbeit vielfach bewährt. Bioland-Regionalgruppen sind hier Vorreiter und werden schon in den 1990er-Jahren wissenschaftlich begleitet (vgl. Promotion U. Klöble und H. Luley (1993) Handbuch für ehrenamtliche Gruppenleiter im Ökologischen Landbau). Selbstbewusste, interdisziplinär zusammengesetzte Gruppen von Betroffenen, Engagierten und Interessierten können die Agrarbranche entscheidend weiterentwickeln:

- **auf Augenhöhe zwischen Praxis, Wissenschaft und Beratung oder zwischen den verschiedenen Abteilungen und Hierarchieebenen innerhalb einer Organisation,**
- **in dynamischem Austausch und zur schnelleren Anpassung an Markt- und Umweltveränderungen,**
- **durch Vielfalt der Sichtweisen, im Gegensatz zu Spezialistentum und Hierarchiedenken,**
- **durch Innovationen: Sie entstehen häufig beim zwanglosen Gedankenaustausch.**

Nicht zuletzt können solche Gruppen- oder Kreisstrukturen in Organisationen dazu beitragen, unserer komplexen Umwelt und den Ansprüchen der Menschen besser gerecht zu werden (vgl. Buch Frederic Laloux (2015) Reinventing Organizations). Gerade berufsständische und verbandliche Organisationen könnten damit eine neue Qualität des Zusammenwirkens zwischen Hauptamt, Ehrenamt, Mitgliedern und auch Kundinnen und Kunden schaffen.

torische Zuarbeit für die Regionalgruppen, in denen die etablierten Bioland-Betriebe Fach- und Vermarktungsfragen vertiefen. Die Ökoringe im Norden hingegen können und müssen sich schon früh und intensiv mit der Fachberatung auseinandersetzen, um die zusätzliche, kostenpflichtige Mitgliedschaft in einem Beratungsring für die Bäuerinnen und Bauern attraktiv zu machen.

Kostenpflichtige Fachberatung führt zur Professionalisierung

Mit der zunehmenden Fachberatung ab Ende der 1990er-Jahre müssen die Beraterinnen und Berater ihr Profil schärfen. Denn es gilt, bei Beratungskunden als ernsthaft und kompetent wahrgenommen zu werden, sei es bei der Umstellung oder einer betriebswirtschaftlichen Analyse. Dies erfordert eine Vergemeinschaftung der Beratung, die bisher von den Landesverbänden geleistet wurde und sich infolgedessen sehr heterogen entwickelt hat. Der Bundesverband und die Landesverbände gründen daher 2004 die Bioland Beratung GmbH. Mit diesem Instrument kann insbesondere die Fachberatung bundesweit angeboten werden. Ferner ermöglicht die GmbH, beratungsnahe Entwicklungsprojekte sowie Dienstleistungen der Beratung für Dritte (z. B. Hersteller) in einem dafür geeigneten Rahmen durchzuführen.

Es gehört zum Selbstverständnis der Bioland-Beraterinnen und -Berater, dass sie sich in ihren Spezialgebieten, aber auch in der Beratungsmethodik systematisch fortbilden und weiterentwickeln. Denn nur die, die bereit sind, sich auf einen stetigen Entwicklungs- und Veränderungsprozess einzulassen, werden auf den Betrieben als Impulsgeber und Impulsgeberinnen für Veränderungen akzeptiert und wertgeschätzt. Das zeigt die Erfahrung. Im Weiterbildungskonzept der Bioland-Beratung ist

zum Beispiel die FiBL Projekte GmbH bei der Konzeption und Akquise von Fördergeldern für Fortbildungsveranstaltungen eine wichtige Partnerin.

Mit einem geschärften Profil und einem wachsenden Stamm an Mitarbeiterinnen und Mitarbeitern wird der „Geschäftsbereich Beratung" strategisch und unternehmerisch gedacht. Teile der Beratungsleistung werden kostenpflichtig. So kann sich die Beratung weiterentwickeln und erlangt eine gewisse finanzielle Eigenständigkeit. Die Nachfrage nach der bezahlten Dienstleistung dient dazu, die Beratungsqualität zu messen. Nur Angebote, die den Betrieben helfen, fragen Betriebsleiterinnen und Betriebsleiter langfristig nach.

Mensch und Betrieb zusammen entwickeln

Die Detailfragen der Bioland-Betriebe nehmen zu. Doch kompetentes Fachwissen, Ratschläge und Empfehlungen allein füh-

ren häufig nicht zum erwarteten Handeln, zeigt die Erfahrung. Was entscheidet also darüber, ob das Wissen der Beraterinnen und Berater den Betrieben nutzt? Um das herauszufinden, initiieren Bioland-Beraterinnen und -Berater das vom Bundesministerium für Ernährung und Landwirtschaft geförderte Modellvorhaben „Coaching in der Landwirtschaft", durchgeführt von der Andreas Hermes Akademie. Beraterinnen und Berater für den Ökolandbau lassen sich dort zu Coaches ausbilden. Drei Jahre lang erproben sie das Erlernte in der Praxis und markieren damit den Beginn einer Betriebsentwicklungsberatung. Daraus entsteht das Beratungsangebot der „betrieblichen Standortbestimmung", zusammen mit dem Thünen-Institut und angeregt von dänischen Beratungsorganisationen. Es soll die Menschen auf den Betrieben dabei unterstützen, ihre Stärken und Potenziale, Ideale und Ziele zu klären.

Mit diesen erweiterten Kompetenzen stellt sich die Bioland-Beratung breit auf. Das ist herausragend in der bundesweiten Ökolandbau-Beratung. Die Ausbildung zum Coach in der Landwirtschaft bietet die Andreas Hermes Akademie weiterhin an. Damit wirkt das Modellvorhaben über den ökologischen Landbau hinaus.

DER MENSCH IM MITTELPUNKT

Der erste Schritt zur Betriebsentwicklungsberatung

„Ich habe zur Hofübergabe viele Beratungen in Anspruch genommen. Aber nach meinen Stärken und meinen Werten hat mich bis auf die Bioland-Beratung noch keiner gefragt. Sie hat mich sehr auf meinem Weg bestärkt." Diese Aussage eines Hofnachfolgers am Ende eines Beratungsprozesses zur betrieblichen Standortbestimmung bringt es auf den Punkt, was sich die Bioland-Beratung auf die Fahnen geschrieben hat: „Der Mensch steht im Mittelpunkt."

Zunächst steht das Fachwissen im Vordergrund – ein großes Pfund der Bioland-Beratung. Doch das Bewusstsein dafür steigt, dass die Menschen, die einen Betrieb bewirtschaften, in den Mittelpunkt einer nachhaltigen Beratung gehören. Denn sie sind es, die Empfehlungen umsetzen und ihre Betriebe weiterentwickeln sollen.

Für landwirtschaftliche Betriebe nehmen Wettbewerb und Anforderungen zu. Betriebswirtschaftliche, organisatorische und zwischenmenschliche Fragen drängen zunehmend nach vorne. Deshalb wird die Betriebsentwicklungsberatung zur Schlüsselkompetenz in der Beratung. Das bedeutet: mehr Beraterinnen und Berater qualifizieren, um biolandweit Betriebe voranzubringen. Daraus könnten sich künftig Kooperationen mit anderen Organisationen und Institutionen ergeben, die beispielsweise Hofübergaben besser unterstützen.

Schlagkräftige Beratung braucht Struktur und Kooperation

Als Ende der 1990er-Jahre die Mitgliederzahl bei Bioland stärker zunimmt, braucht es mehr Berater und Beraterinnen, um dem Beratungsbedarf nachzukommen. In den meisten Landesverbänden arbeiten sie von zu Hause aus, oder in kleinen Regionalbüros. Um der Gefahr vorzubeugen, dass sich einzelne von ihnen abgehängt fühlen und um den Austausch zwischen ihnen zu fördern, gründen sich ab dem Jahr 2000 Fachteams und dazu eine bundesweite Beratungskoordination. Diese Fachteams arbeiten überregional und arbeitsteilig. Zu ihren Aufgaben gehört es, verbandsinterne Prozesse und Entwicklungen zu begleiten. Sie organisieren und unterstützen die Bildungsarbeit bei Bioland und koordinieren Fachberatungsangebote wie die kostenpflichtigen Beratungsnewsletter, die Infoblitze. Die Fachteams zeichnen sich durch flache Hierarchien und hohe Eigenständigkeit aus, was die Kreativität und Motivation der Beraterinnen und Berater fördert. In der Entwicklung der Beratung bewähren sich diese Strukturen, sind Motoren für neue Beratungsangebote und spielen bei der Weiterentwicklung der Bioland-Beratung eine wichtige Rolle. In einer wachsenden Bioland-Organisation werden sich die Teams künftig neu vernetzen und reorganisieren müssen.

Ein weiterer Meilenstein für die Zusammenarbeit der Berater und Beraterinnen, aber auch für die hauptamtliche Struktur von Bioland, ist die Einführung eines Kundenmanagementsystems verknüpft mit einer Wissensdatenbank (IBM Notes). Dieses System ermöglicht es, Beratungsprozesse zu koordinieren, zu delegieren und zu dokumentieren. Sowohl Mitarbeiterinnen und Mitarbeiter des Verbands als auch Bioland-Betriebe profitieren von diesem Zugriff auf Beratungsprozesse. Das System wurde gemeinsam mit dem Landeskuratorium für pflanzliche Erzeugung (LKP) in Bayern entwickelt und steht auch anderen Beratungsorganisationen der ökologischen Landwirtschaft zur Verfügung. Anfängliche Vorbehalte in der Mitarbeiterschaft gegenüber der Digitalisierung weichen rasch den Vorteilen. Mittlerweile hat ein neues Kundenmanagementsystem (CAS) das erste abgelöst, das die veränderten Ansprüche von Kundinnen und Kunden und Dokumentationsvorgaben erfüllt.

Kompetente Grundberatung über die Beratungshotline

„Da bin ich aber froh, dass ich Sie gleich so gut erreicht habe! Besten Dank für die schnelle Antwort auf meine Frage!" Ob norddeutsch, sächsisch, südhessisch, fränkisch oder oberschwäbisch – Ziel ist es, für Anruferinnen und Anrufer telefonisch gut erreichbar zu sein. Den Bedarf von schneller telefonischer Beratung erkennt Bioland früh. Den Mitgliedern und umstellungsinteressierten Landwirtinnen und Landwirten im Alltag Antworten auf Fragen zu Verband, Richtlinien und Vermarktung geben, ist Aufgabe des Beratungsteams „Bioland direkt". 2006 gegründet und 2010 in eine kostenfreie Service-Telefonnummer überführt, gehen im Jahr 2020 rund 10.000 Anrufe bei dieser bundesweiten Hotline ein. Das mittelfristige Potenzial und der verbandliche Nutzen dieser Kontaktstelle für Umstellungsinteressierte sind groß. Die Hotline fungiert aber auch als Stimmungsbarometer.

Heißer Draht   **Hotline „Bioland direkt" zunehmend gefragt** [Quelle: Bioland direkt]

Anrufe pro Jahr

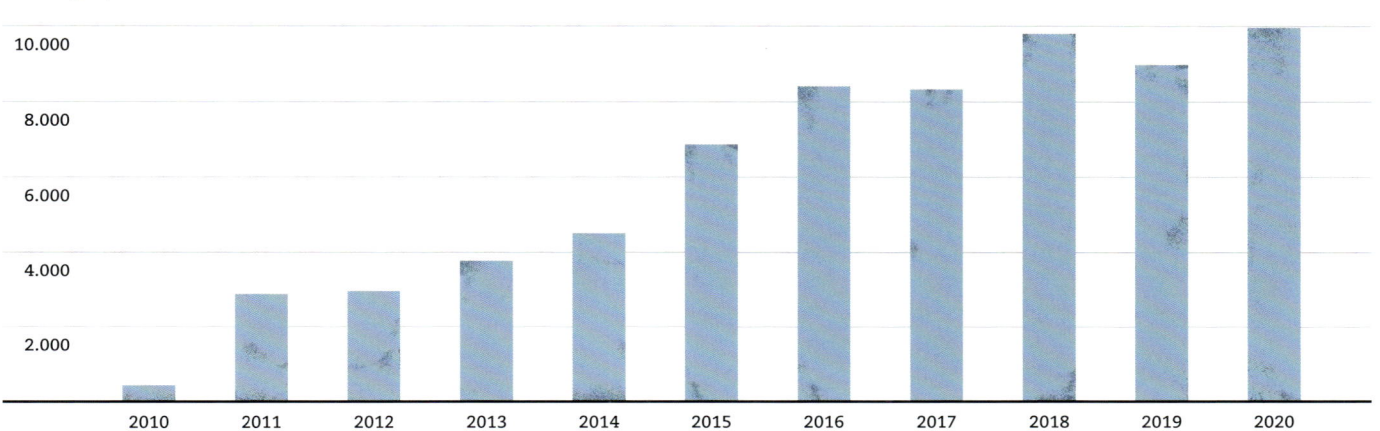

Biodiversität und Landwirtschaft zusammen denken und beraten

Dass Biolandbau und Biodiversität unweigerlich zusammengehören, ist heute keine Frage mehr. In der Bioland-Beratung wird das früh erkannt. Eine Diplomarbeit von Beraterin Eva Meyerhoff ist ein wichtiger Auslöser. Zunächst noch unter dem Namen Naturschutzberatung werden landwirtschaftliche Betriebe bereits in den 2000er-Jahren, insbesondere im Rahmen von Projekten, bei Fragen zur Biodiversität unterstützt. Die ersten konkreten Schritte geht die Bioland-Beratung hier gemeinsam mit dem Kompetenzzentrum Ökolandbau Niedersachsen (KÖN). Heute gibt es in vielen Regionen des Biolands die Bioland-Biodiversitätsberatung – insbesondere aufgrund des beharrlichen Engagements von Katharina Schertler, Beraterin und Geschäftsführerin der Biobauern Naturschutz gGmbH, einer Tochtergesellschaft von Bioland. Die Biodiversi-

AUF DIE BETRIEBE ZUGESCHNITTEN

Ökologie-Beratung in Südtirol

In den 1950er- und 1960er-Jahren beginnt der Siegeszug eines neuen und intensiven Obstbaus in Südtirol, begünstigt durch neue Technologien im Anbau und für den Pflanzenschutz. Die fruchtbaren Täler der Region sind bald fast ausschließlich von kleinparzellierten und eng aneinandergeknüpften Apfelplantagen und Weinbergen überzogen. Lebensräume für Flora und Fauna sind fragmentiert – und immer mehr driften Pflanzenschutzmittel auf Nachbarflächen ab. Dieses Problem wird aber erst in den 1980er-Jahren konkret wahrgenommen, als alternative Anbausysteme aufkommen und die Südtiroler Bevölkerung die Umwelt zunehmend wertschätzt. Heute regelt eine Landesverordnung, Abdrift zu minimieren.

Seit der Jahrtausendwende wachsen bei Produzenten und Bürgerinnen und Bürgern das Interesse und das Bewusstsein für eine Landwirtschaft, die die biologische Vielfalt fördert. Einsaaten, Gründüngung, ökologische Hecken und Nisthilfen sind mittlerweile etablierte Maßnahmen im Obstbau. Doch entscheidend für die Biodiversität ist es, Landwirte und Landwirtinnen einzubeziehen, sie zu schulen und mit den notwendigen Werkzeugen auszustatten. Denn um erfolgreich zu sein, müssen die Biodiversitätsmaßnahmen den individuellen Gegebenheiten auf den Betrieben entsprechen. Hierbei hilft der Bioland-Verband Südtirol seit 2019 mit einer Biodiversitätsberatung, unterstützt von der Landesregierung.

Seit mehreren Jahren erhebt der Südtiroler Beratungsring für Obst- und Weinbau zusammen mit rund 200 Vinschger Obstbauern Daten über ökologische Maßnahmen wie Strukturelemente, Nisthilfen und alternierendes Mulchen im Rahmen des ELO-Projekts (Erhebungsbogen Lebensraum Obstanlage). Viele dieser Maßnahmen stehen auch in den Maßnahmenkatalogen der Bioland-Biodiversitätsrichtlinie.

Um betriebsindividuelle ökologische Maßnahmen zu erfassen und Biodiversitätspunkte zu sammeln, wird im Auftrag des Landes ein Online-Tool entwickelt, das sowohl für die Bioland-Richtlinie als auch für ELO gültig ist. Dadurch können alle Betriebe Südtirols die gleiche Eingabemaske verwenden. Bioland-Mitglieder in Südtirol erfassen ihre Maßnahmen also einmal für zwei Systeme, wobei sie die Bioland-Ökologieberatung begleitet und berät.

SPIELREGELN IN DER BIOLAND-BERATUNG
Sechs Leitsätze für ein erfolgreiches Miteinander

REGELN/WERTE FÜR UNSEREN UMGANG MITEINANDER	ERLÄUTERUNGEN
Wir nehmen uns Zeit, miteinander zu reden und zuzuhören und zwar...	• offen (Informationen und Gefühle) • ehrlich • respektvoll • klar und deutlich
Wir schaffen gegenseitiges Vertrauen durch...	• Einhalten von Vereinbarungen • gegenseitige Wertschätzung • Ehrlichkeit • Mut zur offenen Auseinandersetzung
Wir geben uns klare gemeinsame Ziele	• aus den Zielen der Bioland-Beratung leiten wir die Ziele für die Regional- und Fachteams und Einzelpersonen ab • Ziele sind schriftlich formuliert, überprüfbar, ehrgeizig und realistisch und zeitbezogen terminiert • Verantwortungen sind geklärt • Abweichungen von Zielen werden offen kommuniziert • das Erreichen von Zielen wird gebührend gefeiert
Wir denken und handeln flexibel, um unsere Ziele zu erreichen	• wir sind offen und bereit für Veränderungen • größere Vorhaben gelingen unabhängig von Details
Wir sind ein starkes Team	• wir leben ein gemeinsames Verständnis unserer Zusammenarbeit • wir gehen offen mit unseren Stärken und Schwächen um • wir nutzen die vielfältigen Kompetenzen der Teammitglieder
Wir formen unser Arbeitsumfeld so, dass wir Freude und Spaß bei der Arbeit haben und zeigen	• kreative Impulse fördern unseren Erfolg und die Eigendynamik unserer Teams

tätsberatung ist selten ausschließlich auf Naturschutz-Förderprogramme fokussiert. Mit hoher fachlicher und didaktischer Kompetenz setzen die Beraterinnen und Berater auf die Eigenmotivation und das Interesse der Landwirtinnen und Landwirte. Und die ist nicht immer von Anfang an gegeben. Doch eine gute Biodiversitätsberatung lässt nicht selten aus Skepsis Begeisterung erwachsen. Mit der Bioland-Biodiversitätsrichtlinie ist das Thema ab dem Jahr 2021 für alle Bioland-Betriebe relevant. Es gilt, Biodiversität und Landwirtschaft zusammen zu betrachten. Bioland ist hier treibende Kraft, nicht nur beim Standard, sondern auch in der Beratung.

Zusammenarbeit braucht Werte

Wie zu Beginn des Kapitels geschildert, hat die Bioland-Beratung um die Jahrtausendwende den Menschen in den Mittelpunkt der Beratung gestellt. Das ist ein Meilenstein, der weit in die Zukunft wirken wird und auch dann entwicklungsfähig bleibt, ja bleiben muss. Sechs Leitsätze bilden die Grundlage für die Zusammenarbeit in der Bioland-Beratung, sowohl unter den Kollegen und Kolleginnen als auch im Beratungsprozess mit den Betriebsleiterinnen und Betriebsleitern (siehe Übersicht gegenüber). Man verspricht sich Ehrlichkeit, Verbindlichkeit, Offenheit, Respekt, Teilhabe und weitere Grundsätze und fordert diese ein. Diese Vereinbarung hat Bestand. Dennoch, sie wird sich mit der Entwicklung von Bioland und der Arbeits- und Lebenswelt stetig verändern müssen.

Beratung regional oder überregional entwickeln?

Die Bioland-Beratung, eine biolandweite Institution: Mit diesem Anspruch und mit diesem Ziel wird die Erzeugerberatung von Bioland wahrgenommen. Doch die 2010er-Jahre sind von Regionalisierung geprägt, nicht zuletzt durch die Förderprogramme der Bundesländer. Deshalb stellt sich die Beratung regional individuell auf. Das stärkt sie, um später wiederum auch überregionale Themen und Projekte umsetzen zu können. Doch die Stärke der Bioland-Beratung ist seit jeher ein gemeinsamer Auftritt, ein gemeinsames Verständnis und die Bündelung der vielseitigen Kompetenzen und Erfahrungen der Beraterinnen und Berater. Denn für Mitglieder und Umstellungsinteressierte ist die Bioland-Beratung Ansprechpartnerin in allen relevanten Fragen des Biolandbaus. Um diesem Anspruch und dieser Herausforderung weiterhin gerecht zu werden, müssen gemeinsame Prozesse in der Grund-, Fach- und Umstellungsberatung wieder stärker nach vorne rücken. Dafür dürfte eine biolandweite Vision für die Beratung auch in den Regionen hilfreich sein; als Grundlage für die führende Beratungsorganisation im Bio-Sektor – auch in Zukunft.

Beratung und Zukunft gemeinsam denken

Das Zitat eines Bioland-Schwarzwaldbauern bringt es auf den Punkt: „Eine gute Beratung regt zunächst zum Nachdenken und schließlich zum Handeln an." Welche Themen sind für die nachhaltige Zukunft von Bioland-Landwirtinnen und -Landwirten relevant? Wie muss sich Beratung künftig weiterentwickeln? Sicher ist, dass sich die Antworten auf diese Fragen ständig ändern, so, wie sich die Bioland-Landwirtschaft im ständigen Wandel befindet. Dies vorauszusehen und die Menschen auf den Bioland-Betrieben darauf vorzubereiten, ist Aufgabe der Beraterinnen und Berater bei Bioland.

PODCAST

bioland.de/
zukunftsbuch4

Zukunftsfragen
Wie wird die Bioland-Beratung ihre Betriebe beraten, damit Betriebsleiter und Betriebsleiterinnen sichere Entscheidungen für die Zukunft treffen können?

Bildung und Transfer von Wissen

Angebote auf allen Ebenen

→ von Annette Stünke

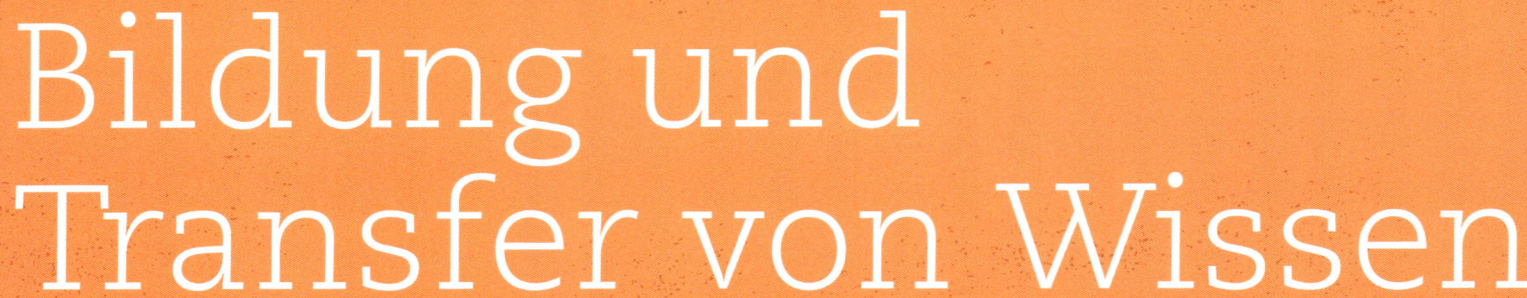

Als Bioland vor 50 Jahren gegründet wird, gibt es noch kein Internet und auch keine Bücher über den Ökolandbau. Das Wissen um die ökologische Wirtschaftsweise kommt allein aus der praktischen Erfahrung der Pionierinnen und Pioniere des Biolandbaus. Sich kennenzulernen, auszutauschen und – heute würde man sagen – zu vernetzen, ist zu der Zeit wichtig, um von den Erfahrungen anderer zu lernen, eigenes Wissen weiterzutragen und den Ökolandbau gemeinsam voranzubringen. Neue Bioland-Mitglieder haben die Möglichkeit, sich über Einführungskurse Wissen anzueignen, lernen die praktischen Methoden kennen und finden Zugang zur Gemeinschaft. Noch heute steht in der Bioland-Satzung, dass jedes Mitglied einen Einführungskurs absolvieren muss.

Gut eingeführt in den Ökolandbau

Einführungskurse werden zuerst 1977 in Altenkirchen, später dann auch in Bad Boll ausgerichtet. Wolfgang Neuerburg, damals Berater und Dozent in Altenkirchen, erinnert sich noch gut an die fünftägigen Veranstaltungen im Winterhalbjahr: „Den Teilnehmerinnen und Teilnehmern wurde nicht nur viel Zeit, sondern auch Konzentration abverlangt. Auf dem Stundenplan standen neben Gesunde Ernährung auch Betriebswirtschaft und Arbeitswirtschaft, Boden und Vermarktung. Abends wurden Filme gezeigt. Referenten waren die Pioniere und Praktikerinnen des Biolandbaus. Einige von ihnen waren jedes Jahr dabei und sehr beliebt. Der zweite Teil der Einführungskurse bestand aus einer dreitägige Besichtigungsfahrt zu Bio-Betrieben."

Die Teilnehmerinnen und Teilnehmer an den Einführungskursen kommen aus dem gesamten Bundesgebiet. Später, mit wachsenden Mitgliederzahlen, verlagern sich die Einführungskurse in die Regionen. Sie werden kompakter und differenzierter. In Hessen gibt es dreitägige Kurse. In Schleswig-Holstein wird ein Einführungskurs nur für Lehrlinge durchgeführt.

„Um das Jahr 2000 sind die Einführungskurse nach und nach eingeschlafen", berichtet Wolfgang Neuerburg. Die Interessen der umstellungsinteressierten Landwirtinnen und Landwirte werden zu dieser Zeit zunehmend differenzierter und die Ansprüche an die Kurse damit immer spezieller: Gärtnerinnen und Gärtner zum Beispiel wollen im Einführungskurs nichts mehr über die Bio-Schweinehaltung hören, sondern lieber tiefere Einblicke in die Praxis des ökologischen Gemüseanbaus erhalten.

Viele Bioland-Mitglieder der ersten Stunde befassen sich auch außerhalb der Einführungskurse mit Fragen der (Vollwert-) Ernährung und der ländlichen Entwicklung. Die Pionierinnen und Pioniere organisieren außerdem Vorträge und Diskussionsrunden zu großen gesellschaftlichen Themen wie Atomkraft oder Waldsterben. Josef Wetzstein, Landesvorsitzender von Bioland Bayern, berichtet, dass man sich im Sommer alle vier Wochen auf einem Betrieb traf, um die Felder anzuschauen und Erfahrungen zu teilen – zum Beispiel zur Bodenfruchtbarkeit oder zur Regulierung des Beikrauts. „Die Treffen waren familiär und jeder hatte im Kofferraum einige Säcke mit Getreide, Kisten mit Gemüse, Eiern und dergleichen dabei, um diese Waren zu tauschen und an den Mann zu bringen. Die Themen bei diesen Treffen entstanden partizipativ, waren angepasst an die regionalen Gegebenheiten und an die Bedürfnisse der Gruppen und Akteure", erinnert sich Wetzstein.

Aus diesen Treffen entwickeln sich die Bioland-Regional- und Fachgruppen, die heute ein wichtiger Baustein im Bioland-Bildungsgeschehen sind.

PODCAST

bioland.de/
zukunftsbuch5

Wissensdurst
*Bioland-Landwirt
Hans-Dieter Greve
blickt gern über
den Tellerrand des
eigenen Hofes.
Dass die erste
Internationale
Geflügeltagung in
den 1990ern bei ihm
um die Ecke stattfand,
ist kein Zufall.
Wieso erzählt er
im Gespräch.*

Das Bildungsangebot verfeinert sich

Das Bildungsangebot von Bioland entwickelt sich inhaltlich über die Jahre immer stärker weiter. Heute kann jede Zielgruppe des Verbands auf ein umfangreiches und differenziertes Bildungsangebot zurückgreifen, das den jeweiligen Interessen entspricht und Austausch und Weiterentwicklung ermöglicht. Das Thema Bildung ist auch innerhalb der Verbandsstrukturen deutlich aufgewertet worden und bildet heute neben den Themenfeldern Beratung, Forschung und Entwicklung sowie Facharbeit und Richtlinien einen eigenen Fachbereich in der Gesamtverbandlichen Entwicklung im Erzeugerbereich (G2E).

Im Jubiläumsjahr 2021 umfasst das Bildungsangebot von Bioland rund 500 Veranstaltungen. Das Themenspektrum deckt alle Sparten der Erzeugung und des Managements im ökologischen Landbau ab. Zunehmend an Bedeutung gewinnt dabei der sogenannte Wissenstransfer aus der Forschung in die Praxis und umgekehrt, aus der Praxis für die Forschung. Partizipative Formate, in denen Beratung und Bildung ineinandergreifen, erweitern den Horizont der Teilnehmerinnen und Teilnehmer und eröffnen neue Perspektiven für den eigenen Hof. „Stable Schools" sind ein gutes Beispiel dafür.

Bildung auch für Partner

Viele Jahre lang liegt der Fokus der Bildungsarbeit auf der Erzeugung. Angebote für die Bioland-Partner konzentrierten sich anfangs im Wesentlichen auf Bäckereien und Fleischereien. Sehr geschätzt sind hier zum Beispiel die Seminare zur „Wurstherstellung in Theorie und Praxis" mit Hermann Jakob, dem Leiter der Meisterschule für Fleischer in Kulmbach. Für Partner aus anderen Bereichen der Verarbeitung und des Handels gibt es jedoch wenig Bildungsangebote.

Um das Seminarangebot für alle Partner weiterzuentwickeln, gründet das Bioland-Marketing im Jahr 2019 das „Forum W" und bietet Online-Weiterbildungen und Seminare auf Bioland-Höfen an. Themen sind zum Beispiel eine bessere Positionierung am Markt oder eine intensivere regionale Vernetzung. Bioland fördert damit den strategischen Austausch von Partnern und Mitgliedern und verknüpft die Akteure regionaler Wertschöpfungsketten. Außerdem organisiert Bioland Schulungen für Mitarbeiterinnen und Mitarbeiter der Partner. Das „Forum W" bringt somit Ziele, Werte und Praxis der Bioland-Mitglieder mit dem Engagement der Bioland-Partner zusammen.

Über Winter Kraft tanken

Jährlicher Höhepunkt des Bioland-Lebens sind die Wintertagungen. Zum Start ins Jahr laden die Landesverbände ihre Mitglieder zu einem anspruchsvollen Fachprogramm ein. Bei diesen mehrtägigen Veranstaltungen im großen Kreis – oftmals in Verbindung mit einer politischen Diskussionsveranstaltung und geselligen Abenden – können die Mitglieder sich informieren, austauschen und netzwerken. Abseits der fachlichen Weiterbildung bilden diese Veranstaltungen immer auch eine gemeinschaftsbildende Komponente für die regionale Verbandsarbeit.

Die „Bioland Woche" ist die älteste und größte Wintertagung. Bei der letzten „Bioland Woche" 2021 konnten über 850 Teilnehmerinnen und Teilnehmer rund sechs Tage lang zwischen 18 Tagesveranstaltungen wählen – darunter The-

Begegnen, vernetzen, lernen
Bioland- und Naturland-Kartoffeltagung 2012;
Wintertagung Nordrhein-Westfalen 2013

DAS FORUM W
FÜR BIOLAND-PARTNER

Wertekommunikation und Stärkung der Marktposition

Zur Stärkung der Bio-Kompetenz der Mitarbeiter, Mitarbeiterinnen und Führungskräfte der Bioland-Partner in Verarbeitung und Handel bietet das „Forum W – Wertegemeinschaft Bioland" ein vielschichtiges Weiterbildungsangebot zur besseren Positionierung am Markt. Bioland fördert dabei den strategischen Austausch auf Leitungsebene, bietet Schulungen für Mitarbeitende und stärkt regionale Wertschöpfungsketten.

Die einzelnen Bausteine sind:

- Die Weiterbildungsangebote richten sich an das Personal im Ein- und Verkauf, aber auch im Produktmanagement und in der Kommunikation. Ob über Online-Seminar, digitale Lernplattform oder vor Ort auf dem Bioland-Hof: die Teilnehmerinnen und Teilnehmer erarbeiten sich fundiertes Bioland-Wissen. Dabei lernen sie die Ziele, (Mehr-)Werte und Akteure der Bioland-Wertegemeinschaft kennen und trainieren gemeinsam für ihren Arbeitsalltag.

- In Workshops auf Führungsebene werden die Werte und Ziele der Wertegemeinschaft in Kommunikation und Sortimentsentwicklung übertragen. Dabei erarbeiten die Teilnehmerinnen und Teilnehmer übergeordnete und individuelle Ziele der Kooperation mit Bioland. Themen sind unter anderem „Strategieworkshop: Gemeinsam einzigartig!" oder „Bioland-Mehrwerte – Biodiversität und Co. aktiv nutzen".

- Die Forum W-Abendveranstaltungen bieten den Bioland-Partnern in Verarbeitung und Handel eine Plattform, um sich branchenübergreifend auszutauschen. In den Abendveranstaltungen mit Keynote-Speakern geht es um die Politik in Brüssel und Berlin, um globale Werte oder lokale Wertschöpfungsketten.

INTERNATIONALE UND BUNDES-WEITE BIOLAND-FACHTAGUNGEN

IMKERTAGUNG seit 1995

GEFLÜGELTAGUNG seit 1997

WEINBAUTAGUNG seit 2001

SCHWEINETAGUNG seit 2002

MILCHVIEHTAGUNG seit 2005, zurzeit regional

SCHAF- UND ZIEGENTAGUNG seit 2006

ACKERBAUTAGUNG 2010 und 2020

KARTOFFELBAUTAGUNG seit 2012, zweijährig

FLEISCHRINDER- UND MUTTERKUHTAGUNG seit 2017

men des Bio-Ackerbaus und der -Tierhaltung sowie Themen der Direktvermarktung und der Hofübergabe. Es folgen nach und nach Wintertagungen in Baden-Württemberg, Nordrhein-Westfalen, im Norden (gemeinsame Veranstaltung der Landesverbände SH/HH/MV und NDS/HB), in Ost und in Südtirol. Auch die Landesverbände Hessen und Rheinland-Pfalz/Saarland organisieren eigene Wintertagungen.

Grenzüberschreitend:
Die internationalen Bioland-Fachtagungen

Zum überverbandlichen Branchentreff entwickeln sich seit Mitte der 1990er-Jahre die mehrtägigen internationalen und bundesweiten Bioland-Fachtagungen. Das vielseitige und anspruchsvolle Fachprogramm behandelt aktuelle Themen aus Forschung und Praxis aus dem In- und Ausland. Der „Bunte

Abend" mit Band, Tanz oder Kulturprogramm schafft den lockeren Rahmen für Gespräche und Diskussionen.

Die bestbesuchte Tagung ist die „Bioland Schaf- und Ziegentagung" – auch „SchaZie-Tagung" genannt – mit rund 150 Teilnehmerinnen und Teilnehmern. Die lebhafteste Tagung ist die der Imkerinnen und Imker. Den zwei Tagen mit Fachvorträgen und intensiven Diskussionen geht ein Bioland-Imker-Einführungskurs voraus. Denn Fachtagungen sollen immer auch Einsteigerinnen und Einsteiger mitnehmen.

Die Themen der Bioland-Fachtagungen haben immer eine hohe Praxisrelevanz, weil sie von Fachberaterinnen und Fachberatern und ehrenamtlichen Mitgliedern aus den Bundesfachausschüssen gestaltet werden. Aussteller auf der Tagung bringen zudem neue Entwicklungen ein.

Kooperationen bereichern die Fachtagungen

Einige Fachtagungen werden gemeinsam mit Partnerverbänden im Ausland veranstaltet. Die Geflügel- und Schweine-Fachtagungen wurden zum Beispiel mit Bio-Austria und Bio Suisse beziehungsweise mit dem Louis-Bolk-Institut in den Niederlanden ausgerichtet. Kooperationen bestehen mit den Bio-Verbänden Naturland und Biokreis, aber auch mit der Vereinigung Deutscher Landesschafzuchtverbände und mit den regionalen Schafzuchtverbänden. Ein Meilenstein in der Entwicklung der Fachtagungen war die Einrichtung des Bioland-Tagungsbüros Anfang der 2000er-Jahre in Visselhövede. Über zehn Jahre lang war die Autorin hier als Koordinatorin der gesamtverbandlichen Bildung tätig. Ein wichtiges Anliegen war ihr immer auch die Vernetzung der Regionen untereinander und die professionelle Abwicklung von Förderprojekten im Bildungsbereich.

Seit dem Jahr 2013 setzt sich Bioland jährlich Schwerpunktthemen wie Regionalität, Tierwohl, Mensch, Artenvielfalt oder Klima. Die Themen werden in allen Bereichen von der Beratung, der Forschung und Entwicklung bis hin zur Öffentlichkeitsarbeit und dem Marketing entwickelt und bearbeitet. Die Inhalte finden auch Niederschlag in den Bildungsveranstaltungen.

Mit Formaten wie dem „Bodenpraktiker" bietet Bioland seit Ende der 2000er-Jahre mit großem Erfolg Seminarreihen an, in denen sich Mitglieder und Interessierte vertiefend mit zentralen Themen der Bodenfruchtbarkeit auseinandersetzen können. Weitere Seminarreihen, zum Beispiel zum Themenfeld „Biodiversität", sind in Vorbereitung.

Nur zusammen lässt sich Wissen
diskutieren und vergemeinschaften.
Hacktag 2018; Bioland-Milchviehtag 2019

Corona fordert neue digitale Formate

Seit 2020 überschattet die Corona-Pandemie auch die Bioland-Bildungsveranstaltungen. Doch Krisen fördern gewöhnlich Entwicklung. Und so hat Bioland in kürzester Zeit dafür gesorgt, dass mehr als die Hälfte aller Veranstaltungen in digitaler Form umgesetzt werden. Es werden Videos gedreht, „Tools" getestet, es wird in Technik investiert und es werden viele Schulungen für die Mitglieder, Teilnehmerinnen sowie Mitarbeiter durchgeführt. Die insgesamt positiven Erfahrungen weisen Entwicklungsperspektiven für die zukünftige Bildungsarbeit auf. Digitale Formate erreichen neue Teilnehmerkreise, sie überbrücken Entfernungen und nutzen besser die Synergien zwischen den Regionen. Durch die Pandemie werden umfangreiche Erfahrungen mit digitalen Formaten gemacht, wie es vor 2020 nicht vorstellbar war.

Die Autorin geht davon aus, dass sich online-Veranstaltungen, E-Learning und Learning on demand neben den Präsenzveranstaltungen dauerhaft etablieren und weiterentwickeln werden. Besonders an Bedeutung gewinnen werden kurze Online-Formate zum Erfahrungsaustausch oder zu speziellen Themen. Daneben werden mehr Fortbildungsreihen in einer Mischung aus Präsenz- und digitalen Einheiten nachgefragt werden. Diese können Basiswissen vermitteln, wie beim „Bodenpraktiker". An Bedeutung gewinnen dürften auch partizipative Formate, bei denen das Voneinander-Lernen im Vordergrund steht.

Bildungsangebote für eine Landwirtschaft der Zukunft

Viele Bioland-Pioniere sind vor 50 Jahren angetreten, neben der Landwirtschaft auch die Gesellschaft zu verändern. Inzwischen ist es die Gesellschaft, die hohe Erwartungen an die Landwirtschaft stellt. Der Ökolandbau versteht sich als die Landwirtschaft der Zukunft. Vor dem Hintergrund ist es essentiell, dass sich Bioland weiterentwickelt und mit den Ansprüchen der Zukunft intensiv auseinandersetzt. Auch dafür müssen Bildungsangebote entwickelt werden. „Futter" in Form von Ergebnissen aus Forschungsprojekten liefert dafür unter anderem die Abteilung Forschung und Entwicklung (siehe auch Kapitel „Forschung in und mit der Praxis").

Neben der Vermittlung von Informationen und Wissen wird es eine wichtige Aufgabe der Bioland-Bildung bleiben, Begegnung, Vernetzung, Austausch und Weiterentwicklung der Menschen zu ermöglichen und dazu beizutragen, Bioland als lebendige Bewegung zu erhalten und auszubauen. Bioland ist eine Wertegemeinschaft, und rückblickend auf 50 Jahre Bioland sind es diese gemeinsamen Werte, der lebhafte Austausch, die Beharrlichkeit und die Begeisterung vieler einzelner, die Bioland erfolgreich machen. Die Bedürfnisse der Mitglieder haben sich in 50 Jahren verändert. Die Motive, Bioland-Mitglied zu werden, sind heute viel vielfältiger als in der Gründerzeit. Bioland-Bildungsarbeit muss diese Herausforderungen annehmen, offen bleiben für neue Entwicklungen im Ökolandbau und die Möglichkeiten der Digitalisierung nutzen und ausbauen. Sie muss außerdem Synergien zu den anderen Geschäftsbereichen herstellen. Sie muss das Grundbedürfnis nach kollegialem Austausch befriedigen und alle Mitglieder in die Bioland-Wertegemeinschaft einbinden. Mit der Aufwertung der Bioland-Bildungsarbeit innerhalb der Verbandsstruktur und dem Bewusstsein, dass jede Erfolgsgeschichte Wurzeln hat, sind die Voraussetzungen dafür geschaffen.

Die Seminarreihe Bodenpraktiker regt Landwirtinnen und Landwirte zum Nachdenken und Beobachten an. Derartige Präsenzveranstaltungen werden von digitalen Lernangeboten ergänzt.

→ *Dr. Uli Zerger*

Traineeprogramm Ökolandbau

Wie eine gesunde Pflanze konnte auch Bioland in den vergangenen 50 Jahren vor allem deswegen wachsen und gedeihen, weil es dafür einen guten Nährboden gab. Bildung, Kommunikation sowie der Austausch von Wissen waren und sind die Grundelemente dieses Nährbodens.

Als im Jahr 2001 das Bundesprogramm Ökologischer Landbau beschlossen wurde, begann eine fruchtbare Zusammenarbeit zwischen Bioland und der Stiftung Ökologie & Landbau (SÖL). Erstmalig bot sich die Chance, in der Bildungsarbeit innovative Konzepte umzusetzen, neue Elemente zu verankern und auszugestalten.

Um dem dringenden Bedarf der Bio-Branche an qualifizierten Fach- und Führungskräften nachzukommen, wurde 2002 das Traineeprogramm Ökolandbau durch die Bundesanstalt für Landwirtschaft und Ernährung (BLE) geschaffen. Uns allen war klar: Die Agrarwende kann nur gelingen, wenn die ganze Branche die besten Nachwuchskräfte findet und in einem gemeinsamen Verständnis aus- und weiterbildet. Unter der Leitung von Jan Plagge und Thomas Fisel und der Trägerschaft der SÖL (später FiBL Projekte GmbH)

gelang es, im Rahmen des Bundesprogramms Ökologischer Landbau ein einmaliges Qualifikationsangebot umzusetzen, das bis heute über 400 Nachwuchskräfte für die Bio-Branche ausgebildet hat.

Die Mischung aus elf Monaten Training on the job und einem Monat Training off the job sorgt seither für ein breites Verständnis der Wertschöpfungskette, schafft branchenspezifische Zusatzqualifikationen und ermöglicht Management-Know-how. Nach dem Traineejahr können sowohl die Unternehmen als auch die Trainees über die Weiterbeschäftigung entscheiden. Viele der damaligen Trainees sind heute als Fach- und Führungskräfte der Bio-Branche treu geblieben.

Ich habe es stets sehr geschätzt, dass die beiden Bioland-Akteure Jan Plagge und Thomas Fisel das Traineeprogramm nicht in erster Linie für Bioland, sondern für die gesamte Bio-Branche entwickelt und umgesetzt haben. Für mich ist das Traineeprogramm Ökolandbau die Blaupause für eine erfolgreiche und zugleich nachhaltige Bildungsarbeit, die allen zugute kommt. Wobei wir wieder beim eingangs genannten Nährboden angelangt sind: Diese Form der Bildungsarbeit, die Bioland kooperativ und partnerschaftlich mit der SÖL sowie später dem FiBL initiiert hat, trägt bereits an vielen Stellen Früchte, die den Ökolandbau voranbringen.

Vielen Dank für diese Zusammenarbeit!

♥-LICHEN GLÜCKWUNSCH

ZU EINEM HALBEN JAHRHUNDERT BIOLAND!

WIR SIND STOLZ SEIT 22 JAHREN EIN TEIL DER GROßEN „BIOLAND-FAMILIE" ZU SEIN.

Wir gratulieren Bioland zu 50 Jahren nachhaltiger Landwirtschaft für Mensch, Tier und Natur, mit der wir Vielfalt schätzen und erhalten konnten. Wir bedanken uns für die partnerschaftliche Zusammenarbeit mit Landwirten und Erzeugern, in der wir – auch in herausfordernden Zeiten – gemeinsam reifen und wachsen durften.

Als frisch gebackenes Gemeinwohl-Unternehmen sind wir besonders stolz darauf, Teil dieser sozialen und wirtschaftlich fairen Wertegemeinschaft zu sein. Wir wollen auch in Zukunft zeigen, dass sich ethisches Handeln und wirtschaftlicher Erfolg nicht ausschließen und hoffen, dass sich uns auf diesem Weg noch viele Unternehmen anschließen!

AUF VIELE WEITERE JAHRE GEMEINSAMEN VORANGEHENS!

BioKaiser
ZUSAMMEN REIFEN

GEMEINWOHL
ÖKONOMIE Ein Wirtschaftsmodell mit Zukunft

Bilanzierendes
Unternehmen mit
externem Audit

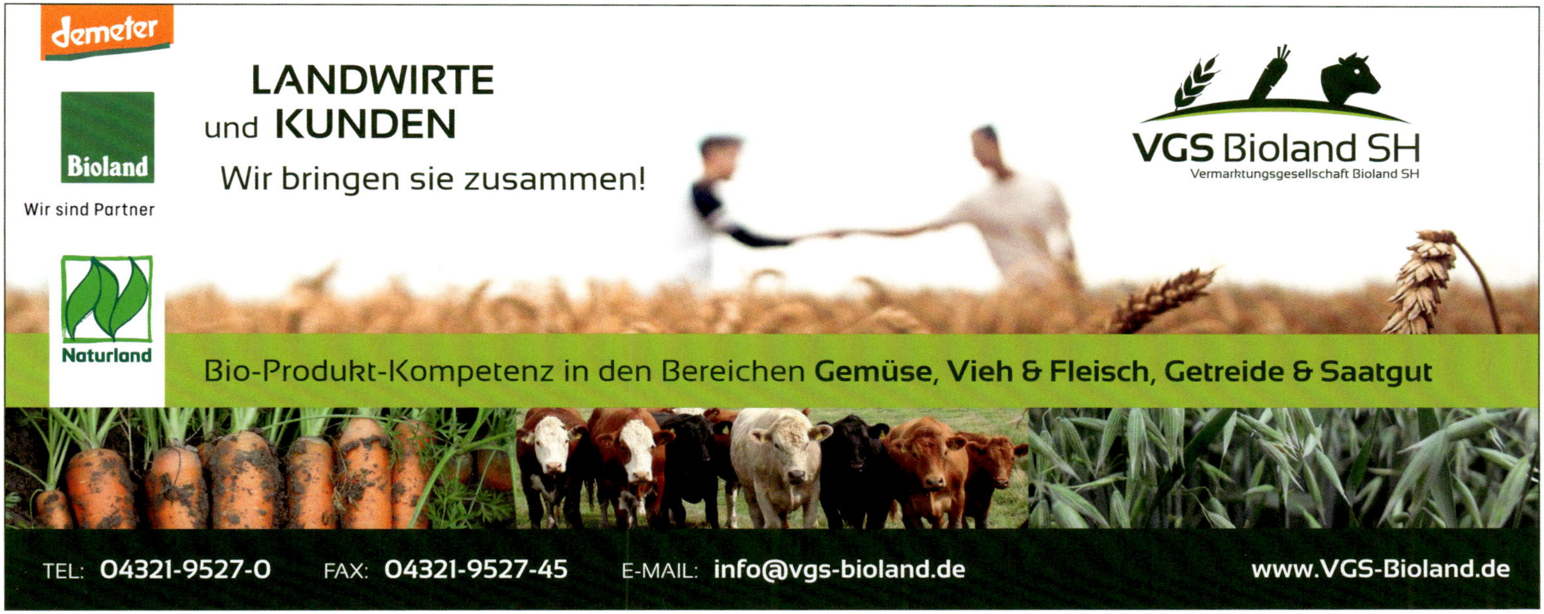
demeter
Bioland
Wir sind Partner
Naturland
LANDWIRTE
und KUNDEN
Wir bringen sie zusammen!
VGS Bioland SH
Vermarktungsgesellschaft Bioland SH
Bio-Produkt-Kompetenz in den Bereichen Gemüse, Vieh & Fleisch, Getreide & Saatgut
TEL: 04321-9527-0
FAX: 04321-9527-45
E-MAIL: info@vgs-bioland.de
www.VGS-Bioland.de

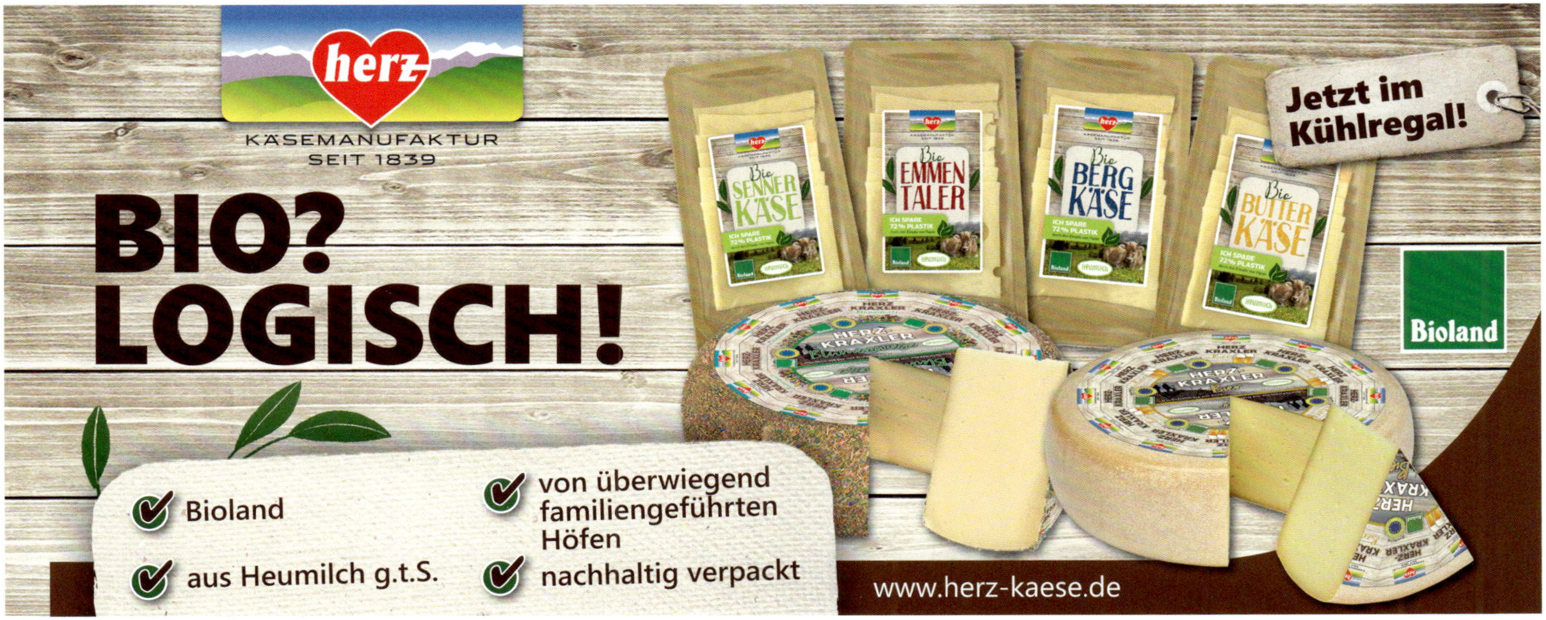
herz
KÄSEMANUFAKTUR
SEIT 1839
BIO?
LOGISCH!
Bio SENNER KÄSE
Bio EMMENTALER
Bio BERG KÄSE
Bio BUTTER KÄSE
Jetzt im Kühlregal!
Bioland
Bioland
aus Heumilch g.t.S.
von überwiegend familiengeführten Höfen
nachhaltig verpackt
www.herz-kaese.de

Regelwerk und Richtlinien

→ von Eckhard Reiners und Dr. Ulrich Schumacher

Hohe Messlatte, praktischer Ansatz

Mit hehren Zielen treten 1971 die Gründer des Vereins „bio-gemüse" an. „Einen Beitrag zur Lösung der weltweiten Energie- und Rohstoffprobleme" wollen sie leisten, die „Erhaltung freier bäuerlicher Strukturen" sichern. Dafür erarbeiten sie in den frühen 1970er-Jahren erste Regeln für die organisch-biologische Wirtschaftsweise. Wer sich dem jungen Verband anschließt, verpflichtet sich vertraglich dazu, die Vorschriften zu Anbau, Fütterung und Haltung der Tiere einzuhalten. Dem Regelwerk der ersten Stunde fehlt es jedoch noch an Details. Die eher allgemein gehaltenen Vorgaben finden auf zwei DIN-A4-Seiten Platz. In Diskussionen der Regionalgruppen wird auch schnell deutlich, dass die Botschaften unterschiedlich verstanden und auf den Höfen umgesetzt werden. Man ist sich einig: Die organisch-biologische Wirtschaftsweise muss näher beschrieben und auch überprüft werden; dies nicht zuletzt, um das Vertrauen der Verbraucherinnen und Verbraucher zu gewinnen und einen möglichen Missbrauch der Kennzeichnung zu vermeiden. Auch will Bioland die Deutungshoheit über den Begriff „organisch-biologischer Landbau" behalten, damit zum Beispiel der Gesetzgeber nicht die Spielregeln bestimmt.

Die ersten Richtlinien

Die Basis für die ersten Bioland-Richtlinien sind die Ansätze des Schweizer Agrarpolitikers Dr. Hans Müller und des deutschen Mikrobiologen Dr. Hans Peter Rusch zum organisch-biologischen Anbau (siehe Kapitel „Das Wurzelwerk von Bioland"). Den ersten Grundsätzen sind intensive, fachliche Diskussionen unter Praktikerinnen und Praktikern vorausgegangen. Ihr angestrebtes Ziel: „Biologische Regelsysteme" sollen optimal gepflegt werden. Dafür müsse man in den Richtlinien die „biologischen Wirkungszusammenhänge" zwischen einem gesunden Boden, dem Pflanzenbau, der Tierhaltung und den Lebensmitteln beachten. Im Vorwort der Bioland-Richtlinien 1989 ist der Verband allerdings so ehrlich zu schreiben: „Die Kenntnisse über viele Teilbereiche des biologischen Betriebssystems sind heute noch sehr unvollkommen. Erst bei verbessertem Kenntnisstand, um den sich Bioland intensiv bemüht, ist eine weitere Optimierung der biologischen Betriebskreisläufe möglich."

Ein intensiver Austausch – zunehmend unter Einbeziehung wissenschaftlicher Expertise – begleitet jede Richtlinienentwicklung bei Bioland. Das war bereits in den Anfängen so. Doch im Laufe der Jahrzehnte ändert sich vieles. Am auffälligsten der

---

MEILENSTEINE DER RICHTLINIENENTWICKLUNG – EINE AUSWAHL

1970er Erste Regeln für die Erzeugung im Vertragstext festgehalten, der mit dem einzelnen Mitglied abgeschlossen wurde

1972 Ältestes Dokument im Richtlinien-Archiv Mainz: Vertrag über die Erzeugung organisch-biologischer Produkte (auf zwei DIN A4-Seiten) zwischen bio-gemüse – organisch-biologischer Landbau e.V. und einem Landwirt

Umfang: Im Jubiläumsjahr 2021 sind die Bioland-Richtlinien zu einem detaillierten Regelwerk für alle Erzeugungssparten und Verarbeitungsbereiche mit vielen Seiten angewachsen. Ende der 1970er-Jahre passen die Regeln hingegen noch auf vier Seiten. Geregelt ist in erster Linie der Pflanzenbau. Zur Tierhaltung gibt es nur sehr allgemeine Aussagen, zum Beispiel: „Die artgerechte Tierhaltung ist eine Selbstverständlichkeit in jedem Betrieb." Dazu finden sich einige grobe Grundregeln wie „In der Rindviehfütterung muss vor allem gutes und rohfaserreiches Grundfutter aus dem eigenen Betrieb eingesetzt werden." Hinzu kommen Verbote: „Importfuttermittel aus der Dritten Welt dürfen nicht eingesetzt werden."

Eine Kommission für Richtlinien

Noch bis in die 1990er-Jahre bearbeitet eine aus wenigen Bäuerinnen und Bauern bestehende Kommission sämtliche Fragen rund um die Richtlinien. Das Gremium arbeitet spartenübergreifend, trifft sich alle sechs Monate zu Beratungen und legt dem Bioland-Parlament, der Bundesdelegiertenversammlung (BDV), Beschlussvorlagen zur Abstimmung vor.

Mitte der 1980er-Jahre wird mit der Fachgruppe Gemüsebau die erste Richtlinien-Unterkommission gebildet. Darin kommen Bioland-Gärtnerinnen und -Gärtner zusammen, die gemeinsam mit der Fachberatung auf die Sparte zugeschnittene Richtlinien formulieren. Die ersten Gemüsebau-Richtlinien werden schließlich 1987 von der BDV verabschiedet.

Ab Mitte der 1990er-Jahre bekommt die Richtlinienarbeit fachliche und organisatorische Unterstützung in Form erster hauptamtlicher Stellen – anfangs noch mit sehr geringem Stellenanteil. Mit zunehmendem Aufwand steigt über die Jahre dann der Stellenumfang. Heute wird das Aufgabenfeld landwirtschaftliche Erzeugung im Team „Facharbeit und Richtlinien" mit 1,7 Stellen bearbeitet.

Gesetzgeber und Lobbyarbeit der Verbände

1991 tritt die Verordnung (EWG) 2092/91 (kurz: Ökoverordnung) in Kraft. Die neue EU-Verordnung baut zwar in großen Teilen auf den Regelwerken der Bio-Verbände auf, dennoch ändert sich einiges für die Bio-Betriebe. Denn erstmals haben die Regeln Gesetzescharakter und gelten – wenn auch zunächst nur für den Pflanzenbau – für alle Bio-Betriebe in der EU. Anfangs wird viel diskutiert über die Verordnung und es bedarf viel Zeit und Aufwand, um zu klären, wie man die Regeln in den einzelnen Bundesländern am besten umsetzt. Gleichzeitig muss Bioland seine Richtlinien auf Basis der nun geltenden gesetzlichen Mindeststandards weiterentwickeln.

1979 Erstes eigenständiges Richtliniendokument: „Erzeugungsrichtlinien der Fördergemeinschaft organisch-biologischer Land- und Gartenbau e. V." 4 DIN A4-Seiten. Erste Beschränkung für den Einsatz von Cu als Pflanzenschutzmittel auf „max. 0,5-%ige Lösung"

1985 Erstes gebundenes Richtlinienheft („rotes Heft" wegen rotem Cover) im Archiv. 12 DIN A5-Seiten

1987 Bundesdelegiertenversammlung verabschiedet erste Gemüsebau-Richtlinien

ZUSAMMENARBEIT ÜBER VERBANDSGRENZEN – RAHMENRICHTLINIENKOMMISSION DER AGÖL

Von 1988 bis 2002 arbeiten die Bio-Anbauverbände in Deutschland auch überverbandlich intensiv in der Arbeitsgemeinschaft Ökologischer Landbau, AGÖL, zusammen, um die privatrechtlichen Mindestanforderungen für den ökologischen Landbau gemeinsam zu beschreiben. Im Dachverband sind die Verbände ANOG, Biokreis, Bioland, Biopark, Demeter, Gäa, Naturland sowie Bundesverband Ökologischer Weinbau (Vorgänger von Ecovin) vertreten.

Das lange Zeit alleine geltende Privatrecht der Verbände muss nun mit dem neuen öffentlichen Recht in Einklang gebracht werden. Bundesministerium und Länderbehörden stehen daher bei der Einführung der neuen Verordnung in engem Austausch mit den Verbänden in der damaligen Arbeitsgemeinschaft Ökologischer Landbau (AGÖL), um die Vorgaben praxisgerecht und sinnvoll umzusetzen.

1999 wird auch die Tierhaltung mit in die Ökoverordnung einbezogen. Im Vorfeld haben Bio-Verbände aus allen EU-Ländern dazu sehr ausführlich diskutiert und Stellung genommen. Im Laufe dieses Prozesses wird deutlich, wie sich ganz verschiedene Verfahren in den so unterschiedlichen Regionen Europas unter dem Begriff „Ökolandbau" entwickelt haben. Das ist nachvollziehbar, zeigt aber wie schwierig es war und auch heute noch ist, sich auf gemeinsame Regeln zu einigen.

Facharbeit im Verband

Seit den 1990er-Jahren gibt es neben den Öko-Anbauverbänden mit der Europäischen Union einen zusätzlichen Treiber für die Richtlinienentwicklung. Mit Inkrafttreten der Ökoverordnung gehört die fachliche Lobbyarbeit zu den wichtigen Arbeitsfeldern einer Organisation wie Bioland, um die gesetzlichen Ökolandbauregeln auf hohem Niveau und bei Beachtung der regionalen Bedingungen auszugestalten. Wesentliche Impulse, Öko-Regelwerke weiterzuentwickeln, kommen dabei weiterhin von engagierten Praktikerinnen und Praktikern aus den Bio-Anbauverbänden.

Bei Bioland übernimmt der Fachbeirat Landbau beziehungsweise der Fachbeirat Verarbeitung (siehe Unterkapitel „Bioland-Verarbeitung mit großem Anspruch") ab Mitte der 1990er eine wichtige Funktion. Er ersetzt nun die Richtlinienkommission. Der Beirat trifft sich halbjährlich in überschaubarer Runde von zehn bis zwölf gewählten Personen. Mit dabei sind Bauern und Bäuerinnen sowie Gärtnerinnen und Gärtner, die sämtliche Richtlinienfragen von der Geflügelhaltung bis zum Weinbau nach bestem Wissen bearbeiten. In den Beratungen herrscht

1989 Nächste Richtlinienausgabe mit grauem Cover „Bioland-Richtlinien für Pflanzenbau, Tierhaltung und Verarbeitung". 24 DIN A5-Seiten

1991 Richtlinien zur Pilzerzeugung

1993 Umfangreiche Richtlinienergänzungen zur Tierhaltung mit Oberkapiteln (Haltung, Fütterung etc.)/Unterkapiteln nach Tierarten, differenzierten Aussagen, Anhang „Arzneimittelliste", neue Kapitel zu Bienenhaltung und Hopfenanbau

eine hohe Wertschätzung für andere Meinungen und Erfahrungen vor. Man sucht gemeinsam und konstruktiv nach notwendigen Kompromissen für das eigene Regelwerk. Die Vielfalt der Verfahren sieht man dabei als etwas grundsätzlich Positives und in einem standortangepassten Betriebssystem wie dem Ökolandbau auch als ganz Normales an. Mit im Boot sind auch hauptamtlich Tätige aus dem Ressort Landbau und der Bioland-Beratung. Sie unterstützen und bereiten die Sitzungen vor. Vorarbeiten liefern diverse Fachgruppen aus den Sparten wie Gemüse-, Obst- und Weinbau, Geflügel oder Imkerei.

Der Fachbeirat erarbeitet Vorschläge für Richtlinienänderungen, wobei er den zu der Zeit vierköpfigen Bundesvorstand einbezieht. Die so gereiften Vorschläge werden schließlich der Bundesdelegiertenversammlung (BDV) zur Abstimmung vorgelegt.

Den Vorschlägen müssen mindestens zwei Drittel der Delegierten zustimmen. Durch diese Mehrheitshürde sollen unausgegorene Beschlüsse verhindert werden. Das erfordert damals wie heute gute Argumente und Überzeugungskraft. Ist aber wichtig, denn letztlich müssen die Entscheidungen ja von allen Betroffenen in der Praxis mitgetragen und umgesetzt werden. Die Wirkung der Beschlüsse wird also unmittelbar spürbar und zeigt gleichzeitig die große Verantwortung der Entscheidungsgremien für die Marke Bioland und die damit wirtschaftenden Betriebe.

Bundesfachausschüsse für alle Sparten

Das neue Jahrtausend bringt weiteren Schwung in die Richtlinienarbeit: Der Bio-Markt wächst und der Öko-Landbau wird politisch bedeutsamer. Detailfragen zur Wirtschaftsweise werden damit zunehmend schwieriger. Neue Stichworte sind: 20 Prozent Ökolandbau, Umsetzung und Weiterentwicklung der Ökoverordnung. Es liegen zudem immer mehr Forschungsergebnisse vor, unter anderem durch Projekte des Bundesprogramms Ökologischer Landbau der Bundesregierung. Die Ergebnisse zeigen notwendige wissenschaftliche Grundlagen für die Weiterentwicklung der Bioland-Richtlinien auf.

Angestoßen durch die beschriebene Entwicklung und den erstmals hauptamtlichen Vorstand werden 2006 als neue Gremien die spartenspezifischen Bundesfachausschüsse (BFA) geschaffen, die nach und nach für alle relevanten Produktionszweige berufen werden. Sie sind beratend für das Bioland-Präsidium tätig und ersetzen den Fachbeirat Landbau und die spartenbezogenen Fachgruppen. Das Präsidium beruft die Mitglieder dieser BFA nach folgenden Kriterien ein: Sie sollen einen guten Querschnitt der Mitglieder abbilden und dabei gleichzeitig „das ganze Bioland" im Blick haben. Ihre Aufgabe umfasst alle spartenspezifischen Fragen, von der Weiterentwicklung der Richtlinien und deren Umsetzung bis hin zur Bewertung von Marktaktivitäten und der Gestaltung von Bildungsangeboten. Für diese Aufgaben erarbeitet das Gremium Entscheidungsvorschläge und Empfehlungen für das Präsidium und die BDV.

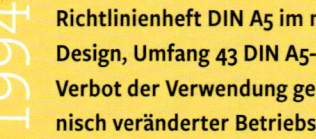

1994 Richtlinienheft DIN A5 im neuen Design, Umfang 43 DIN A5-Seiten; Verbot der Verwendung gentechnisch veränderter Betriebsmittel

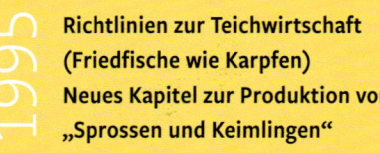

1995 Richtlinien zur Teichwirtschaft (Friedfische wie Karpfen) Neues Kapitel zur Produktion von „Sprossen und Keimlingen"

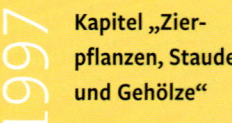

1997 Kapitel „Zierpflanzen, Stauden und Gehölze"

2000 Richtlinienheft, 40 DIN A4-Seiten Neu: Haltung von Junghennen

Tiefgang bei den Regeln

2007 wird die Ökoverordnung erstmals novelliert. Als Folge dieser erweiterten und neuen Rahmenbedingungen nimmt die Regelungstiefe der Bioland-Richtlinien deutlich zu. Aber auch weitere Gesetze und Verordnungen wie Dünge-, Pflanzenschutzmittel-, Tierschutz- oder Arzneimittelrecht rücken bei der Bearbeitung mehr und mehr in den Fokus.

Ergänzend zu den Richtlinien müssen vermehrt auch Auslegungsregelungen zu einzelnen Richtlinienaussagen erarbeitet werden. Die EDV-gestützte Richtliniendatenbank bietet hier zur Dokumentation ein wichtiges Werkzeug. Denn die Qualitätssicherung der Marke Bioland und das entsprechende Zertifizierungssystem erfordern es, im ganzen Regelungsgebiet, Deutschland und Südtirol, transparent, gleich und nachvollziehbar vorzugehen (siehe auch Kapitel „Kontrollierte Qualität").

In den darauffolgenden Jahren nehmen die Mitgliederzahlen weiter zu. Längst kennen sich nicht mehr alle Bioland-Erzeugerinnen und -Erzeuger. Die Größe des Verbands und die zunehmende Anonymität sind gewichtige Gründe für klare Vorgaben. Gleichzeitig erfordert die wachsende Markenbedeutung im Handel und letztlich bei den Endverbraucherinnen und -verbrauchern eine echte Qualitätssicherung im Sinne eines akkreditierungsfähigen Qualitätsmanagementsystems. Auch das „Gesetzgebungsverfahren" bei Bioland wird nach und nach weiterentwickelt. Die formalen Regeln für die Antragstel-

lungen und deren Vorstellung, Diskussion und Bearbeitung vor und auf der BDV folgen dem Ziel, kein berechtigtes Anliegen „unter den Tisch" fallen zu lassen und gleichzeitig zügige Entscheidungen im demokratischen Prozess herbeizuführen.

Bioland-Delegierte stimmen auf der Bundesdelegiertenversammlung offen ab.

Entwicklungsprozess – auch bei den Richtlinien

Im Laufe der Jahrzehnte haben sich die Bioland-Erzeugungsrichtlinien von einer anfänglich sehr kurzen Darstellung der Grundsätze zu einem Regelwerk von großer Breite und Tiefe

2001 Neue Kapitel zu Dam- und Rotwild- sowie zu Kaninchenhaltung

2003 Einführung der 100-%-Bio-Fütterung für Rinder

2005 Neu: Richtlinien für die Haltung von Tauben und Wachteln (Kleingeflügel)

2006 Richtlinien für die Verarbeitung: Heimtierfuttermittel. Erste Regelungen zu Biogasanlagen und Gärresten entwickelt. Das spiegelt wider, wie die gesamte Bio-Branche und der Bioland-Verband gewachsen sind. Für fast alle Tierarten und Pflanzenbausparten hat der Verband Richtlinien erarbeitet und beschlossen: für den Ackerbau und die Grünlandwirtschaft, den Anbau von Gemüse, Obst, Kräutern, Weinreben, Hopfen, Sprossen, Pilzen, Zierpflanzen und Gehölzen, für die Haltung von Rindern, Schafen und Ziegen, Schweinen, Dam- und Rotwild, Kaninchen und für Geflügelarten wie Legehennen, Masthühner, Wassergeflügel, Tauben und Wachteln, für die Imkerei und die Teichwirtschaft.

Aber auch Bereiche jenseits vom Acker und Stall sind Thema im Verband. Mit der Definition der Bio-Pflanzenzüchtung befasst sich der BFA Pflanzenzüchtung. Regeln für den Betrieb von Biogasanlagen und die Verwendung der Gärreste gehören zu den Fragen, die der BFA Erneuerbare Energien behandelt. Die Tierwohlvorgaben und dessen verbindliche Kontrolle sind ein Meilenstein (siehe Kapitel „Kontrollierte Qualität"). Die Bioland-Delegierten beschließen 2015 auch Mindeststandards zur sozialen Verantwortung. Ende 2019 kommen dann Vorgaben zu Erhalt und Förderung der Biodiversität hinzu: Bioland-Betriebe wollen über die ökologische Bewirtschaftung hinaus weitere Leistungen erbringen (siehe auch Kapitel „Blick in die Zukunft").

Zukunftsthemen treiben an

Die großen gesellschaftlichen Zukunftsthemen Klimawandel, Biodiversität und Tierwohl sind im 21. Jahrhundert die großen Treiber, auch für die weitere Richtlinienentwicklung. Gleichzeitig sind die zum Teil sehr speziellen Vorgaben der Ökoverordnung und darüber hinaus das landwirtschaftliche Fachrecht und deren Umsetzung zu berücksichtigen. Vieles wird hier sinnvollerweise gemeinsam mit den anderen Verbänden im Branchenverband Bund Ökologische Lebensmittelwirtschaft (BÖLW) vorbereitet. Hinzu kommt, dass die Bioland-Betriebe die Möglichkeit haben müssen, eine nachhaltige Betriebsentwicklung auch ökonomisch hinzubekommen – eine Herausforderung, aber auch eine große Chance und Mut machendes Ziel für „Anpackerinnen und Anpacker".

Die Bioland-Pionierinnen und -Pioniere sind angetreten, souverän und selbstbestimmt hochwertige Lebensmittel zu erzeugen. Dieses gemeinsame Selbstverständnis erfordert, auch bei den Richtlinien genau hinzuschauen, was und wie zu regeln ist. Die Handlungsfreiheit der Bäuerinnen und Bauern im verantwortungsvollen Umgang mit den betrieblichen Ressourcen sollte nicht zu sehr eingeschränkt werden. Denn unstrittig ist: Mit exakten Verfahrensbeschreibungen kann den großen gesellschaftlichen Herausforderungen nur unzureichend begegnet werden. Es sollte vielmehr darum gehen, einen Hand-

2011 DIN A4-Richtlinienheft mit 50 Seiten

2012 Neu: Richtlinien zur Pflanzenzüchtung

2013 Aussagen zu Reinigung & Desinfektion im Pflanzenbau, Liste zugelassener Stoffe; ausdrückliche Nennung der Tierwohl- und Managementkontrolle

2014 (Wieder-)Zulassung von Komposten aus der Getrenntsammlung (mitgeltend: Bioland-Kompostkriterien)

lungsrahmen vorzugeben, innerhalb dessen die Kreativität, das Fachwissen, die Fähigkeiten und das Engagement der Bäuerinnen und Bauern genutzt und herausgefordert werden. Die Gestaltungsfreiheit eines jeden Betriebes darf demnach nicht mehr als nötig durch Richtlinien eingeschränkt werden. Die große Vielfalt der praktizierten Verfahren ist daher erstmal etwas sehr Positives. Insgesamt zeigen all diese Anforderungen eine in jeder Hinsicht komplexe, anspruchsvolle und ambitionierte Gemengelage, um Richtlinien auszugestalten.

Ausgehend von den ursprünglichen Beweggründen für die Entwicklung der organisch-biologischen Wirtschaftsweise ist aber auch klar: Die Grundprinzipien müssen ständig geprüft, bestätigt oder gegebenenfalls an neue Erkenntnisse und Herausforderungen in der Landwirtschaft und Lebensmittelerzeugung angepasst werden. Die Handlungsleitlinien für die Richtlinienentwicklung und deren Ausgestaltung müssen gerade angesichts des Klimawandels und des dringend notwendigen Umbaus des Wirtschaftssystems wissenschaftlich objektiv unterfüttert und begründet sein. Begründungen „aus dem Bauch heraus" oder „aus der Tradition heraus" ohne wissenschaftliche Erkenntnisprüfung werden der Verantwortung für eine Ökologisierung der gesamten Lebensmittelerzeugung nicht gerecht. Ebenso wenig ist die bewusste Pflege einer elitären, ideologisch oder populistisch geprägten Nische hilfreich bei der Regelentwicklung. Entideologisierung heißt also das Gebot der Stunde.

Fazit: Der bei Bioland gepflegte partizipative Prozess, mit dem die Richtlinien fachlich nachvollziehbar und wissenschaftlich objektiv erarbeitet werden, ist zwar aufwändig. Er sorgt aber am Ende dafür, dass das Regelwerk eine hohe Akzeptanz genießt, die Richtlinien umgesetzt werden und das Machbare und Notwendige sinnvoll weiterentwickelt werden.

Wesentlich ist dabei auch der Anspruch, dass Bioland sich mit all seinen Mitgliedern und Partnern dafür einsetzt, die Definitionshoheit für die organisch-biologische Wirtschaftsweise zu behalten. In diesem Sinne sind wir auf dem richtigen Weg. Der ökologische Landbau, wie er bei Bioland verstanden und gelebt wird, hat dann beste Aussichten für die Zukunft.

2015 DIN A4-Richtlinienheft, 54 Seiten

2016 Richtlinien für die Verarbeitung: Heimtierfuttermittel; Richtlinien zur Geflügelhaltung in Mobilställen

2017 Neu: Erste Richtlinien für Brütereien

2019 Richtlinien zur Biodiversität

→ *von Reinhard Langerbein*

Bioland-Verarbeitung mit großem Anspruch

„Höchste Bio-Qualität – vom Acker bis zum Teller" – dieser Anspruch liegt auch den Bioland-Richtlinien für die Verarbeitung zugrunde. Analog zum Erzeugerbereich hat der Verband im Laufe der Jahre für seine Partner aus den verschiedenen Branchen ein Regelwerk entwickelt. Ob Brauerei, Bäckerei, Fleischerei, Käserei oder Ölmühle: Die 16 produktgruppenspezifischen Bioland-Richtlinien (Stand 2021) geben Orientierung. Es geht unter anderem um den Einsatz von zulässigen Zutaten und Stoffen. Auch thematisieren die Bioland-Verarbeitungsrichtlinien verbindliche Vorgaben zu erlaubten und nicht erlaubten Verfahren, zur Kennzeichnung sowie zur Verpackung. Produktübergreifend wird die Bekämpfung von Schädlingen in Lager- und Betriebsräumen geregelt.

Nicht ohne die Herstellerpionierinnen und -pioniere

Schon früh bezieht der Verband die Pionierinnen und Pioniere aus der Herstellung ein, um branchenspezifische Richtlinien zu erarbeiten. Gefragt sind Sachverstand und praktische Erfahrung, um die Qualität der Prozesse und Produkte zu sichern. Bereits im Februar 1989 treffen sich erstmals einige engagierte Bioland-Metzgereien aus dem gesamten Bundesgebiet. Zwei Jahre später kommt ein kleiner Kreis von Vertragsbrauereien zusammen, um über Richtlinien für die Herstellung von Bioland-Bier zu diskutieren.

Kurz danach, 1993, richtet der Bioland-Bundesverband das Ressort Verarbeitung/Warenzeichen ein. Dem Ressort und Bundesvorstand arbeitet als beratendes Gremium der Fachbeirat Verarbeitung/Warenzeichen zu. Zielstrebig und nachhaltig gilt es, Verarbeitungsrichtlinien und Vermarktungskonzepte zu entwickeln. Die zunehmende Professionalisierung führt zu Richtlinienentwürfen für die Verarbeitung von Getreide und Getreideerzeugnissen, Brot und Backwaren, Teigwaren, Speiseölen, Gemüse und Obst, Fleisch und Fleischerzeugnissen, Milch und Milcherzeugnissen und anderem. Stets werden Bioland-Partner einbezogen, um fachlich zu unterstützen. An den Sitzungen des Fachbeirates Verarbeitung/Warenzeichen nimmt immer eine erfahrene Vertreterin oder ein Vertreter aus dem Kreis der Bioland-Verarbeitungsbetriebe teil. Nach Beratung der Richtlinienentwürfe erarbeitet das Gremium eine Vorlage, die der Bundesdelegiertenversammlung (BDV) als Entscheidungsgrundlage dient.

Einige Vorlagen lösen auf den BDVs emotionale Diskussionen aus. Vor allem das unterschiedliche Verständnis vom ernährungsphysiologischen Wert sorgt immer wieder für Unruhe im Saal, wenn streitbare Richtlinienbeschlüsse auf der Tagesordnung stehen. Beispielhaft zu nennen sind die richtungsweisenden Debatten über die Zulassung von Auszugmehlen und ultrahocherhitzter Milch (2001/2002) in den betreffenden

PODCAST

bioland.de/
zukunftsbuch6

Mitgestalten

Karl Buchheister, Bioland-Pionier in der Fleischverarbeitung, hat die Entwicklung der Richtlinien in diesem Bereich seit Beginn vorangetrieben. Die Besonderheiten und Herausforderungen erzählt er im Interview.

Verarbeitungsrichtlinien. Beides in den Anfangsjahren der Verbandsgeschichte undenkbar, doch die Entwicklungen auf dem Markt haben Anpassungen erfordert.

Einfluss des Europäischen Gesetzgebers

Erstmalig erlässt die Europäische Union 1991 die Verordnung (EWG) Nr. 2092/91 mit Gemeinschaftsvorschriften über den ökologischen Landbau und die entsprechende Kennzeichnung der landwirtschaftlichen Erzeugnisse und Lebensmittel (siehe auch Unterkapitel „Hohe Messlatte, praktischer Ansatz"). Allerdings konkretisiert die EU erst zwei Jahre später mit einer Folgeverordnung die Regelungen zur Verarbeitung von Öko-Produkten. Darin werden die erlaubten Zusatz- und Hilfsstoffe sowie konventionelle Zutaten benannt.

Auf Basis dieser gesetzlichen Grundlage beginnt man, die Verarbeitungsrichtlinien privatrechtlich auf Ebene der Bio-Verbände in Deutschland für die verschiedenen Produktgruppen auszugestalten und zu konkretisieren. Zu diesem Zweck richten die Arbeitsgemeinschaft ökologischer Landbau (AGÖL) und der Bundesverband Naturkost Naturwaren (BNN) eine gemeinsame Rahmenrichtlinienkommission ein. In den Jahren 1994 bis 2001 wirkt Bioland aktiv bei der Erarbeitung von branchenspezifischen Richtlinien mit.

Aus dieser Mitwirkung ergeben sich fortan auch wertvolle Impulse für die Bioland-Richtlinienarbeit. Die bestehenden Verarbeitungsrichtlinien werden überarbeitet. Soweit nötig, passt Bioland sie an gesetzliche und gegebenenfalls überverbandliche Rahmenbedingungen an und/oder erarbeitet neue Richtlinien. Für alle Richtlinien im Verarbeitungsbereich gilt:

- Die Qualität der verarbeiteten Produkte steht an oberster Stelle. Hohe Gesundheits-, Ökologie- und Kulturwerte zeichnen sie aus.

- Bioland-Verarbeiterinnen und -Verarbeiter sind angehalten, für ihre Bioland-Produkte vorrangig Rohstoffe und Zutaten aus Bioland-Erzeugung zu verwenden. Die Verwendung von Rohstoffen und Zutaten ist transparent, diese müssen im Rahmen der Volldeklaration vollständig aufgelistet werden.
- In der Be- und Verarbeitung der Rohstoffe sind Verfahren anzuwenden, die die Inhaltsstoffe der Lebensmittel optimal erhalten. Die Produktion erfolgt nachhaltig umweltschonend.

Aufgaben für die Zukunft

Die Zahl der Partner wächst beständig, die Bio-Lebensmittelwirtschaft entwickelt sich weiter. Im Jubiläumsjahr 2021 vereint der Verband Partner aus den unterschiedlichsten Branchen, das nachgelagerte Gewerbe eingeschlossen. Die Produktvielfalt nimmt zu, auch die Zahl neuer, innovativer Verfahren. Daher wird die Auseinandersetzung mit Produktionsverfahren und -technologien in der Bio-Branche an Bedeutung gewinnen. Zudem gibt es übergeordnete Anforderungen wie Gute Herstellungspraxis (GMP – Good Manufacturing Practice) sowie Reinigung und Hygiene, die auf Bioland-Herstellerinnen und -Hersteller einwirken. So ist in der neuen Basisverordnung zum ökologischen Landbau, die 2022 in Kraft tritt, unter anderem vorgesehen, dass

- bei der Verwendung von Stoffen und Zutaten sowie bei Anwendung jeglicher Verarbeitungspraktiken die Grundsätze der guten Herstellungspraxis zu beachten, und nur
- zulässige Verfahren in der Verarbeitung von Lebens- und Futtermitteln sowie Mittel zur Reinigung und Desinfektion in Verarbeitungs- und Lagerstätten anzuwenden sind.

Die Komplexität der Verarbeitungsprozesse nimmt also zu.

So unterliegen auch die Bioland-Verarbeitungsrichtlinien einem ständigen Wandel und werden laufend überprüft und wei-

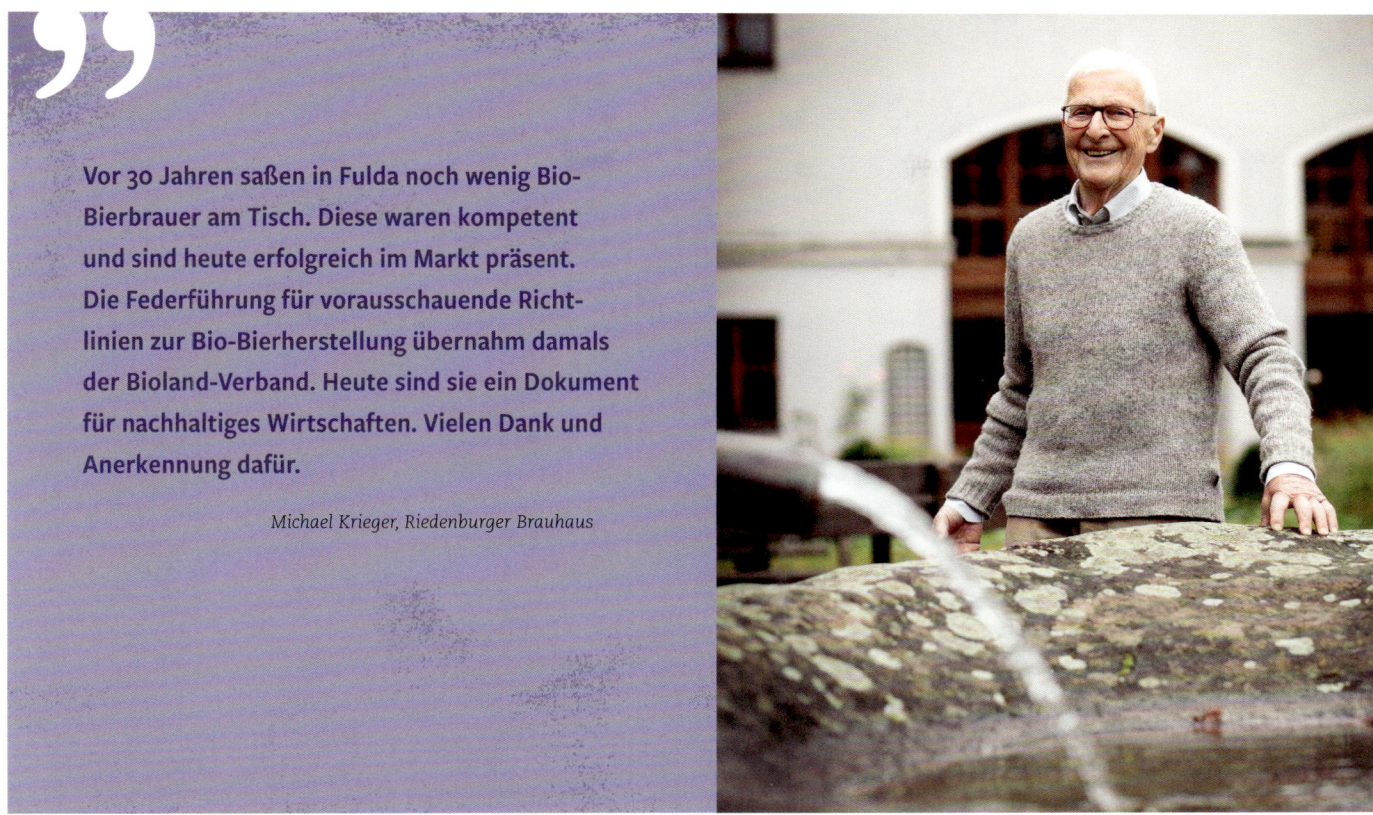

> „Vor 30 Jahren saßen in Fulda noch wenig Bio-Bierbrauer am Tisch. Diese waren kompetent und sind heute erfolgreich im Markt präsent. Die Federführung für vorausschauende Richtlinien zur Bio-Bierherstellung übernahm damals der Bioland-Verband. Heute sind sie ein Dokument für nachhaltiges Wirtschaften. Vielen Dank und Anerkennung dafür.
>
> *Michael Krieger, Riedenburger Brauhaus*

terentwickelt. Einen großen Schritt in der Richtlinienarbeit im Verarbeitungsbereich hat der Verband Mitte 2020 gemacht, als der Bioland-Bundesfachausschuss Verarbeitung (BFA Verarbeitung) eingerichtet wird. Damit sind die Partner noch stärker in die Richtlinienarbeit eingebunden. Denn, analog zum Erzeugerbereich, hat das neue Gremium die Aufgabe, Bioland-Verarbeitungsrichtlinien kritisch zu hinterfragen oder zu wahren. Es berät Bioland-Präsidium und BDV und gibt fachliche Impulse. Der quasi Vorgänger, der Fachbeirat Verarbeitung/Warenzeichen, war mehrheitlich aus hauptamtlichen Bioland-Mitarbeiterinnen und -Mitarbeitern zusammengesetzt. Die Mitglieder

des BFA Verarbeitung kommen hingegen alle aus dem Kreis der Partner, die vom Hauptamt unterstützt werden. Ähnlich wie für die Erzeugerrichtlinien gibt es eine Stelle für Fach- und Richtlinienarbeit - sie wird im November 2021 eingerichtet. Die Vielfalt der Branchen soll sich im BFA Verarbeitung widerspiegeln, weshalb bei der Zusammensetzung der Mitglieder sehr unterschiedliche Branchen vertreten sind. „Höchste Bio-Qualität – vom Acker bis zum Teller" ist deren Devise. Hier schließt sich der Kreis: Denn die sieben Bioland-Prinzipien und das Leitbild der Herstellerinnen und Hersteller bleiben immer im Fokus (siehe auch Kapitel „Gemeinsam stark").

DIE BIOLAND-PRINZIPIEN FÜR DIE VERARBEITUNG

Wesentliche Unterschiede zu den Regeln der Ökoverordnung:

- In Bioland-Produkten sind wesentlich **weniger Lebensmittelzusatzstoffe zugelassen** als in Bio-Produkten gemäß Ökoverordnung. Bioland lässt 22 Zusatzstoffe zu – die Ökoverordnung 53.

- Zusatz- und Verarbeitungshilfsstoffe sind nach den Bioland-Richtlinien **restriktiv und produktspezifisch** geregelt. Erlaubt sind nur Stoffe, die für die Herstellung, Qualität und Sicherheit der Bioland-Produkte unerlässlich sind. Außerdem dürfen sie die **Gesundheit nicht schädigen**, krebserregend wirken oder sonstige unerwünschte Nebenwirkungen wie Allergien verursachen. Zudem will der Verband mit den starken Eingrenzungen verhindern, dass **Rohstoffmängel** kaschiert werden.

- Aus obigen Gründen ist bei Bioland beispielsweise der Einsatz von **Nitritpökelsalz** in Fleischerzeugnissen oder von **Ascorbinsäure** zur Stabilisierung von Mehlen in Backwaren verboten.

[Stand 2021]

→ *Stephanie Fischinger*

LEITPLANKEN FÜR INNOVATIONEN – RICHTLINIEN DER ZUKUNFT

Unsere Bioland-Richtlinien stehen seit 2020 vor einer grundlegenden Überarbeitung. Nicht nur im Hinblick auf den Nachvollzug der neuen EU- und fachrechtlichen Rahmengesetzgebung ist dieser Schritt notwendig. Auch sollen Inhalte ergänzt und neue Themenbereiche wie der Klimaschutz aufgenommen werden. Geprägt von unseren Leitbildern (siehe Kapitel „Leitbilder und Leitmotive") wollen wir in den Richtlinien aktuelle Grenzen definiert und beschrieben sehen. Faktenbasiertes Wissen soll dafür einbezogen werden. Ein gemeinsamer Dialog und Mut sind erforderlich, um alte Glaubenssätze zu hinterfragen und neue Wege zu gehen. Manche Leitbilder müssen vor dem Hintergrund sich ändernder Gegebenheiten und der Vision 100-Prozent Biolandbau weiter und neu gedacht werden. So zum Beispiel das Ideal geschlossener Kreisläufe: Die Betriebe sind heute zunehmend spezialisiert. Folglich hat sich das Bild vom rein betrieblich geschlossenen Kreislauf längst zu der Idee von geschlossenen regionalen Kreisläufen weiterentwickelt, in der Betriebe kooperieren. Auch Strategien, um Nährstoffe sauber aus urbanen Abfällen und Abwässern rückzuführen, werden in regionalen Nährstoffkonzepten mitgedacht. Hier müssen auch die Bioland-Richtlinien, die den Fokus auf einzelbetriebliche Lösungsstrategien haben, entsprechende Gestaltungsräume schaffen.

Gemeinsame Ziele wie der Wasserschutz gilt es, auf vielfältige Weise zu erreichen. Das ist eine Herausforderung in der Richtlinienarbeit. Denn Betriebsstrukturen sind immer unterschiedlicher. Daher müssen die Vorgaben den Mitgliedern auch Raum für unterschiedliche Lösungsstrategien bieten. Richtlinien sind dann kein starres Korsett mehr, sondern Leitplanken für eine innovative einzelbetriebliche Weiterentwicklung. Sie gehen dann in ihrer Wirksamkeit weit über das aktuelle Fachrecht hinaus und spiegeln den Geist des innovativen organisch-biologischen Leitbildes wider.

Motor für die Weiterentwicklung

Richtlinien können motivieren und Wege aufzeigen, übergeordnete Entwicklungsziele der Landwirtschaft zu erreichen. Mit der Biodiversitätsrichtlinie ist Bioland hier bereits auf einem guten Weg (siehe Kapitel „Blick in die Zukunft"). Dies könnte ein Weg sein, ein grundsätzliches Spannungsfeld aufzulösen, das die Weiterentwicklung der Richtlinien begleitet: Zum einen haben wir den Anspruch, dass die Bioland-Richtlinien als höchster Standard höchste Qualitäten garantieren sollen. Zum anderen wollen wir eine Wertegemeinschaft sein, die möglichst vielen Betrieben eine Teilnahme ermöglicht. Die Lösung könnte also sein, Freiraum zu lassen, um zwar messbar, aber dennoch betriebsindividuell die Ziele unseres Leitbildes zu erreichen. So bleiben wir auf höchstem Standard und gleichzeitig anschlussfähig für möglichst viele Betriebe. Die Richtlinie ist dann nicht nur der Zollstock zur Überprüfung unserer Mindestanforderungen, um weiterhin höchste Qualität zu garantieren. Sie bildet auch ein Anreizsystem, das Betriebsleiterinnen und Betriebsleiter motiviert, ihre Höfe weiterzuentwickeln, und neue Betriebe zum Mitmachen einlädt.

Kontrollierte Qualität

Das Bioland-Kontrollwesen

→ von Walter Heinzmann

önnen Sie sich den ökologischen Landbau ohne Kontrolle vorstellen? Die meisten Anbauer, Verarbeiterinnen oder Kunden werden hier mit einem klaren „Nein" antworten! Auch der Gesetzgeber sieht Anfang der 1990er-Jahre die Notwendigkeit, den Biolandbau zu kontrollieren. In der Ökoverordnung, die 1991 in Kraft tritt, beschreibt und regelt er neben den gesetzlichen Mindestanforderungen in der Erzeugung und Verarbeitung auch die Kontrolle. Im Wesentlichen übernimmt er zu der Zeit die Richtlinien, die die Öko-Verbände entwickelt haben (siehe auch Kapitel „Regelwerk und Richtlinien"). Die Notwendigkeit einer Kontrolle sehen natürlich auch die Mitglieder und die Vertragspartner von Bioland. Insbesondere die Käuferinnen und Käufer von Bioland-Produkten erwarten eine zuverlässige Kontrolle. Müssen sie doch für diese hochwertigen Lebensmittel auch etwas tiefer in die Tasche greifen.

Wie im Kapitel „Regelwerk und Richtlinien" beschrieben, gehen die Bioland-Richtlinien in zahlreichen Punkten über die Ökoverordnung hinaus. Sie beschreiben im Detail, was die Erzeuger und Hersteller einzuhalten haben, Bioland spricht von „Prozessqualität". Die Produktqualität leitet sich daraus ab, unterscheidet sich aber von Erzeuger zu Erzeuger sowie von Hersteller zu Hersteller. Die Akteurinnen und Akteure der Wertegemeinschaft Bioland geben mit den Richtlinien gegenüber den Kundinnen und Kunden und damit auch gegenüber der Allgemeinheit ein Versprechen ab, das es auch einzuhalten und zu überprüfen gilt. Kein Bereich der Landwirtschaft ist so genau und umfassend kontrolliert wie der Ökolandbau. Wie ist es dazu gekommen?

Am Anfang steht die Selbstkontrolle

Der organisch-biologische Landbau definiert sich noch Anfang der 1980er-Jahre durch Leitsätze und Methoden. Von Kontrolle ist noch keine Rede! Von Dr. Hans Müller ist bekannt, dass er Vereinen und Verbänden kritisch gegenüber steht. Die Gründungsmitglieder von Bioland haben seinerzeit Mühe, von ihm die Zustimmung zu erhalten, einen Verein in Deutschland zu gründen.

In der Anfangszeit steht die Idee eines Bauerntums im Vordergrund, das von der Dünger- und Pflanzenschutzindustrie sowie den Banken unabhängig wirtschaftet. Anfang der 1970er-Jahre vermarkten die allermeisten der Bio-Pionierinnen und -Pioniere ihre Erzeugnisse über konventionelle Absatzschienen. Erst mit Beginn der Umwelt- und Alternativbewegung in den

Kein Bereich der Landwirtschaft ist so umfassend kontrolliert wie der Biolandbau.

1970ern entwickelt sich eine gezielte Nachfrage nach Bio-Produkten. Vor diesem Hintergrund und auch durch das gesteigerte Interesse am Ökolandbau, wird den damals Beteiligten der Öko-Bewegung Mitte der 1980er-Jahre klar, dass die selbstgegebenen Richtlinien kontrolliert werden müssen. Dies ist die Geburtsstunde der Bio-Kontrolle und damit auch der Kontrolle bei Bioland. Von staatlicher Seite gibt es keine gesetzlichen Regelungen. Also bleibt nur, eine selbst organisierte und durchgeführte Kontrolle einzuführen – am Anfang auf einem aus heutiger Sicht kaum vorstellbaren, einfachen Niveau.

Die Richtlinien aus dem Jahre 1985 sind mit sieben DIN A4-Seiten sehr übersichtlich. Dort findet sich auch ein Kapitel über die Kontrolle. Unter anderem nennt der Verband darin die Möglichkeit, Bodenuntersuchungen, Rückstandsuntersuchungen und Qualitätstests zu verlangen. Die Bodenuntersuchungen sind von wesentlicher Bedeutung. Sie müssen von den Mitgliedern jährlich in Auftrag geben werden. Als Untersuchungsmethode gilt der sogenannte Rusch-Test, den Dr. Hans Peter Rusch entwickelt hat und der in seinem Labor durchgeführt wird. Der Rusch-Test stellt die Bewertung der Bodenfruchtbarkeit in den Mittelpunkt. Dazu werden die Zellgare, die pflanzenver-

fügbaren Nährstoffe, die Zusammensetzung der Bodenflora und der pH-Wert herangezogen, um die Bodengare, den Humusvorrat und die biologische Qualität festzustellen. Der Versuch, eine vergleichbare Laboruntersuchung für Lebensmittel zu entwickeln, führt seinerzeit zu keinem Erfolg. Es setzt sich die Erkenntnis durch, dass die Ergebnisse von Bodenuntersuchungen eine Kontrolle der Einhaltung von Richtlinien nicht ersetzen kann. Der Verband überträgt die Organisation der Kontrolle zunächst auf die Landesverbände, die anfänglich mit einfachen Fragebögen ihre Mitglieder kontrollieren. Im Rahmen abendlicher Treffen werden erste Kontrolleurinnen und Kontrolleure geschult – meist Gruppenvertreterinnen und -vertreter und erfahrene Mitglieder aus den eigenen Reihen. Am Anfang ist die Kontrolle somit mehr als eine Selbstkontrolle zu verstehen. Eine erste Weiterentwicklung ist, dass die Gruppenvertreterinnen und -vertreter nicht mehr die Kollegen und Kolleginnen der eigenen Gruppen, sondern die der Nachbargruppe kontrollieren.

In jener Zeit entsteht auch der Begriff „kontrolliert biologischer Anbau" – kurz „kbA", der im beginnenden Naturkosthandel eine breite Verwendung findet. Der Gesetzgeber hat bis dato die Verwendung von Begriffen wie „biologisch" oder „ökologisch" noch nicht geregelt. Auch verfolgt der Staat de-

Sensibilisiert für das Tierwohl: Bioland-Schweinehalter und -Schweinehalterinnen arbeiten in verschiedenen Projekten mit und zeigen Kolleginnen und Kollegen, worauf sie achten müssen.

ren missbräuchliche Verwendung noch nicht. Die seinerzeit Verantwortlichen der Öko-Verbände fordern daher von der Politik, für einen gesetzlichen Schutz zu sorgen. Die zuständigen Ministerien sehen sich dafür jedoch nicht verantwortlich und verweisen auf die Europäische Wirtschaftsgemeinschaft (EWG). Die Forderungen fruchten: Nach mehrjährigem Vorlauf führt die EWG 1991 die erste gesetzliche Verordnung über den ökologischen Landbau und die entsprechende Kennzeichnung der landwirtschaftlichen Erzeugnisse und Lebensmittel ein. Als Vorlage dienen im Wesentlichen die Basisrichtlinien der IFOAM (siehe auch Kapitel „Regelwerk und Richtlinien").

Die Stunde null der Öko-Kontrollstellen

Die EWG überlasst es ihren Mitgliedsstaaten, wie sie die Öko-Kontrolle organisieren. Deutschland entscheidet sich dafür, diese Aufgabe an private Kontrollstellen zu übertragen. Diese wiederum sollen von Kontrollbehörden auf Landesebene überprüft werden.

Viele erfahrene Akteurinnen und Akteure der Bio-Branche nutzen die Gunst der Stunde und gründen Öko-Kontrollstellen – etwa 50 zu der Zeit. Auch Bioland ergreift die Gelegenheit: Die sieben Landesverbände gründen je eine Kontrollstelle für die Erzeugerkontrolle (Kontrollbereich A). Der Bundesverband gründet eine für die Verarbeitung (Kontrollbereich B). Die anderen Öko-Verbände schlagen einen anderen Weg ein und überlassen es engagierten Personen aus ihrem Umfeld, Kontrollstellen zu gründen. Die beiden ersten Kontrollstellen waren die BCS Öko-Garantie und die Bioland Kontrollstelle Bayern.

Die wesentlichen Überlegungen im Verband, eigene Kontrollstellen einzurichten, sind seinerzeit:

- die wichtige Aufgabe der Kontrolle nicht aus der Hand zu geben und privaten Kontrollstellen zu überlassen,
- den Mitgliedern und Vertragspartnern die erforderlichen Öko-Kontrollen (Ökoverordnung und Bioland) aus einer Hand anbieten zu können und
- die Auslegung und Umsetzung der Ökoverordnung und des Kontrollwesens mitzugestalten und sich dabei an der Praxis zu orientieren.

Die Gründungsphase ist nicht frei von Konflikten. Einige private Kontrollstellen attackieren den Weg von Bioland heftig mit der Aussage „Die wollen sich selbst kontrollieren". Das Gegenteil ist der Fall: Der Verband hat damals wie heute ein ausgeprägtes Interesse daran, streng zu kontrollieren. Denn auf keinen Fall soll das gute Image von Bioland und des Warenzeichens gefährdet werden.

In der Gründungsphase der Bioland-Kontrollstellen gibt es auch intern einen kleineren Konflikt zur Aufgabenteilung. Die Kontrollstelle des Landesverbandes Bayern beantragt auch die Zulassung für den Verarbeitungsbereich. Dieser Bereich ist zu diesem Zeitpunkt jedoch dem Bundesverband zugeordnet, was zu einer Auseinandersetzung mit dem Bundesverband und seiner Kontrollstelle führt. Für die Kolleginnen und Kollegen in Bayern ist jedoch eine Öko-Kontrollstelle nur dann zukunftsfähig, wenn sie alle Kontrollbereiche abdecken kann. Die Praxis und die weitere Entwicklung der Öko-Kontrollstellen gibt ihnen Recht.

Die Anforderungen und der Aufwand für eine Kontrollstelle steigen in der Folge. Die Bioland-Kontrollstellen der Landesverbände Schleswig-Holstein, Niedersachsen, Rheinland-Pfalz/Saarland, Nordrhein-Westfalen und Hessen übergeben ihre Tätigkeit daher an die Kontrollstelle des Bundesverbandes, die Alicon GmbH. Die Bioland-Kontrollstelle Bayern (BKB) und die Bioland-Kontrollstelle Baden-Württemberg schließen sich in der BioZert GmbH zusammen.

Einige Jahre später reift bei den Gesellschafterinnen und Gesellschaftern der beiden von Bioland getragenen Kontrollstellen die Erkenntnis, dass langfristig nur eine Kontrollstelle sinnvoll ist. Die Alicon GmbH und die BioZert GmbH verschmelzen zur Abcert GmbH. In das operative Geschäft der Kontrollgesellschaften des Verbandes dürfen die Gesellschafterinnen und Gesellschafter ohnehin nie eingreifen.

Um die Unabhängigkeit und Objektivität bei der Kontrolle und Zertifizierung der Abcert GmbH zu unterstreichen, wird die Abcert GmbH einige Jahre später in eine Aktiengesellschaft (AG) umgewandelt. Im Aktiengesetz ist nämlich geregelt, dass der Vorstand die AG eigenständig führt und keinen Weisungen der Aktionäre unterliegt. Inzwischen sind in Deutschland noch 17 Öko-Kontrollstellen zugelassen und tätig. Die Abcert AG ist, bezogen auf die Anzahl der Kundinnen und Kunden und Kontrollen, davon die größte. Neben den verschiedenen Bioland-Kontrollen bietet die Abcert AG weitere 81 Kontroll- und Zertifizierungsverfahren an.

Der Bereich Qualitätssicherung etabliert sich

Parallel zur Öko-Kontrolle entwickelt der Verband auch seine Strukturen für die Zertifizierung seiner Mitglieder und Vertragspartner von den bescheidenen Anfängen bis zum eigenen Bereich der Qualitätssicherung weiter. Im Jahr 2021 kümmern

PODCAST

bioland.de/
zukunftsbuch7

**Die Ampel für
das Tierwohl**

*Dr. Ulrich Schumacher
begleitet seit 1994
die Bioland-Fach-
arbeit Tierhaltung
und arbeitet in der
verbandsübergreifen-
den Arbeitsgruppe
Tierwohl mit. Im
Interview erklärt er,
wieso der Leitfaden
zur Tiergesundheit,
den die Arbeitsgruppe
entwickelt hat, hilft,
das Wohl der Tiere
zu verbessern.*

sich zehn Mitarbeiterinnen und Mitarbeiter um die Abwicklung der Kontrolle und Zertifizierung der Bioland-Erzeuger und -Vertragspartner aus Herstellung und Handel sowie zahlreiche Lohnverarbeiter und Bio-Rohwarenlieferanten. Für die Kontrolle hat der Verband 14 Öko-Kontrollstellen in Deutschland sowie sieben in Südtirol (Italien) und Österreich vertraglich eingebunden und beauftragt. Diese führen mit insgesamt 570 Kontrolleurinnen und Kontrolleuren die Bioland-Kontrollen durch (Stand Januar 2021).

Anders als in den Anfängen steht den Kontrolleurinnen und Kontrolleuren inzwischen eine Vielzahl von Dokumenten, Unterlagen und Informationen zur Verfügung. Statt wie ursprünglich auf Papier halten die Kontrolleurinnen und Kontrolleure ihre Kontrollergebnisse weitgehend digital fest. Weiterentwickelt hat sich auch die Form der Schulung. Am Anfang schult der Verband nur eine/n Vertreter/in der beauftragten Kontrollstelle (Multiplikatorenschulung). Diese geben dann ihr Wissen an die Kolleginnen und Kollegen weiter.

2005 geht der Verband zu jährlichen Präsenzschulungen über, an denen alle Kontrolleurinnen und Kontrolleure teilnehmen. So werden sie direkt angesprochen und Informationen gehen nicht verloren. Zudem können Fragen direkt geklärt werden. Erstmals 2021, vor dem Hintergrund der Corona-Pandemie, bietet Bioland die Kontrollschulungen ausschließlich als E-Learning-Einheiten an, zum Teil in Verbindung mit Onlineschulungen.

Zum Wohle der Tiere – die Tierwohlkontrolle

Über die Jahre hat sich die Bioland-Kontrolle ausdifferenziert und erweitert. Zu den klassischen Themen der Kontrolle wie Pflanzenbau, Tierhaltung und Verarbeitung sind weitere hinzugekommen. Besonders hervorzuheben ist die Tierwohlkontrolle, eine Initiative von Bioland, die auf das Jahr 2000 zurückgeht. Sie fußt auf der Erkenntnis, dass sich eine gute artgerechte Tierhaltung nicht nur an Stall- und Auslaufgrößen oder an den Einschränkungen bei den Eingriffen an den Tieren messen lässt. Der Verband arbeitet an einem Leitfaden für Praxis und Beratung. 2006 schließlich bringt er das Handbuch „Tiergesundheitsmanagement" heraus.

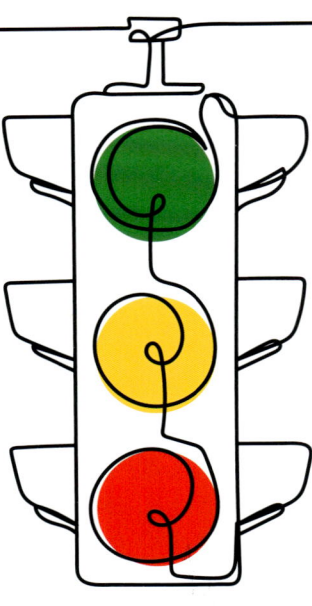

Anhand eines Ampelschemas mit zahlreichen Bildern und Beschreibungen kann nun der visuelle Eindruck der Tiere, ihre Umwelt wie Haltung und Fütterung sowie die Produktqualität bewertet und eingeordnet werden. Grün steht für gute fachliche Praxis, gelb für durchschnittliche fachliche Praxis und rot belegt unterdurchschnittliche fachliche Praxis/dringenden Verbesserungsbedarf.

In erster Linie soll dieses erste Handbuch Tierhalterinnen und Tierhalter befähigen, ein Eigenaudit durchzuführen. Zudem dient es als Leitfaden für die Beratung. Zu der Zeit spielt die Tierwohlkontrolle noch eine untergeordnete Rolle, das Handbuch soll den Kontrolleurinnen und Kontrolleuren lediglich die Bioland-Vorstellungen von einer guten fachlichen Praxis vermitteln. In den darauffolgenden Jahren wird das Handbuch versuchsweise für die Kontrolle herangezogen.

Als kritische Medienberichte ans Licht bringen, dass auch in einzelnen Bio-Ställen die Zustände mangelhaft sind, ergreift Bioland erneut die Initiative. Im Februar 2013 gründen die Öko-Verbände Bioland, Demeter und Naturland die Arbeitsgemeinschaft Tiergesundheit, die sich vornimmt, eine einheitliche Kontrolle des Tierwohls zu etablieren.

Seit 2014 gibt es nun Tierwohlkriterien und Kontrolldokumente, die die beteiligten Anbauverbände gemeinsam erarbeitet haben. Ihre wesentlichen Indikatoren sind:
- der Ernährungs-, Pflege- und Gesundheitszustand der Tiere,
- der Zustand von Stall und Futter sowie
- Tierverluste und Schlachtbefunde.

Die Arbeitsgemeinschaft wertet jedes Jahr die Ergebnisse aus und entwickelt die Kriterien weiter. In den Folgejahren ändert sich die Zusammensetzung der Arbeitsgemeinschaft, die sich inzwischen AG Tierwohl nennt. Inzwischen haben einige Kontrollstellen die Tierwohlkontrolle ganz oder in Teilen auch für die Überprüfung von EU-Bio-Betrieben übernommen.

Der Impuls, auch die Imkerei in diese Systematik einzubeziehen, kommt 2018 aus der Bioland-Imkerschaft. Einige Jahre arbeiten die Bioland-Imkerinnen und -Imker an einem Kriterienkatalog. Nach einer einjährigen Testphase starten 2021 die ersten Tierwohlkontrollen in der Bioland-Imkerei, vorerst als Bioland-Projekt.

Standards für Arbeits- und Gesundheitsschutz

Ein anderes wichtiges Beispiel ist die einfache und die erweitere Kontrolle der sozialen Verantwortung der Mitglieder. Die Richtlinien stellen seit 2015 die Arbeitssicherheit, den Gesundheitsschutz und soziale Belange von Mitarbeiterinnen und Mitarbeitern in den Erzeugerbetrieben in den Mittelpunkt.

Bei der jährlichen Tierwohlkontrolle wird genau hingeschaut.

Die Teilnahme an der erweiterten Prüfung ist freiwillig, in der Regel aber erforderlich, um zum Beispiel Gemüse an den konventionellen Lebensmitteleinzelhandel liefern zu können. Die Kriterien enthalten Vorgaben für die Interessensvertretung und den Zugang zu Informationen für die Beschäftigten, zum Arbeitsvertrag, zur Entlohnung und Arbeitszeit sowie eine vertrauliche Befragung der Arbeitnehmervertretung. Sie orientieren sich an den internationalen Vorgaben von GRASP (GLOBALG.A.P. Risk Assessment on Social Practice). Die erweiterte Prüfung der sozialen Verantwortung durch Bioland hat für die betroffenen Betriebe den Vorteil, keinen zusätzlichen Vertrag mit einem weiteren Zertifizierer abschließen zu müssen. Dies erspart weitere Kosten.

Die Säule „Anerkennungskommission"

Seit ihrer Einführung Ende der 1980er-Jahre ist die sogenannte Anerkennungskommission eine Konstante im Bioland-Kontrollwesen. Sie entscheidet über Sanktionen, wenn Mitglieder oder Partner Bioland-Richtlinien nicht eingehalten haben.

Während die Anerkennungskommission für den Verarbeiterbereich übergeordnet beim Bundesverband angesiedelt ist, wird im Erzeugerbereich auf Landesebene entschieden. So hat bis 2002 jeder Landesverband eine eigene Anerkennungskommission für die Erzeuger. Es gibt kein einheitliches Vorgehen, jede Kommission agiert unabhängig von den übrigen. Das führt zu unterschiedlichen Sanktionen für die gleiche Richtlinienabweichung.

Jeder Sektor in der Bio-Landwirtschaft hat eigene Besonderheiten, die bei der Kontrolle berücksichtigt werden müssen.

Um das Vorgehen bei Sanktionen zu vereinheitlichen, bildet Bioland 2002 eine Anerkennungskommission für den gesamten Verband, mit einer Unterkommission für die Erzeugung und einer für die Verarbeitung. Diese sind jeweils mit sechs Personen besetzt: drei erfahrenen Verbandsmitgliedern und drei externen Sachverständigen. Bei den Diskussionen um die jeweiligen Sanktionsentscheidungen bringen die Mitglieder die Sicht der Praktikerinnen und Praktiker, die externen Sachverständigen hingegen den Blick von außen ein. Dies trägt wesentlich zu einer sehr hohen Objektivität bei. Für die Entscheidungen strebt das Gremium einen Konsens an, in jedem Fall ist eine Zweidrittelmehrheit erforderlich.

2019 werden die beiden Anbauverbände Bioland und Gäa Partner (siehe Kapitel „Das Wurzelwerk von Bioland"). Vor dem Hintergrund der engen Partnerschaft bilden sie im selben Jahr gemeinsame Anerkennungskommissionen. Für das jeweilige Gremium kommen ein weiteres Gäa-Mitglied und ein von der Gäa berufener externer Sachverständiger hinzu.

Im Laufe der Zeit wandelt sich die Arbeitsweise der Anerkennungskommission. Am Anfang wird noch jeder einzelne Fall beraten und entschieden. Heute gibt es lange Listen mit Sanktionsmaßnahmen zu jeder möglichen Richtlinienabweichung. Diese Listen bilden die Grundlage für die Arbeit der hauptamtlichen Mitarbeiterinnen und Mitarbeiter des Verbandes in der Kontrollauswertung und bei der Zertifizierung. Das Instrumentarium für die Sanktionen reicht von Auflage über Anmahnung, Aberkennung der Partie, Geldstrafe und Nicht-Ausstellung des Bioland-Zertifikates bis zur ordentlichen oder fristlosen Kündigung des Vertrages und damit dem endgültigen Entzug der Bioland-Markennutzung.

Die einzelnen Sanktionsmaßnahmen werden von der Anerkennungskommission laufend überprüft, angepasst und weiterentwickelt. Den beiden Anerkennungskommissionen obliegt auch die Beratung und Entscheidung über Widersprüche gegen Sanktionsentscheidungen. In letzter Instanz könnte auch das Bioland-Schiedsgericht angerufen werden, was bisher nicht erforderlich war. Eine weitere Aufgabe der Anerkennungskommission ist die Überwachung des Kontroll- und Zertifizierungsprozesses anhand von Akteneinsicht in Stichproben.

Rückblickend auf 50 Jahre Bioland und rund 35 Jahre Bioland-Kontrolle hat auch in diesem Bereich eine gewaltige Entwicklung stattgefunden. Und der Prozess ist längst nicht abgeschlossen.

Sicher wird, wie in vielen anderen Bereichen, auch hier die Digitalisierung voranschreiten. Die Kontrollunterlagen und -ergebnisse werden bereits papierlos dokumentiert.

Innovatives Bewertungssystem

Mit der Verabschiedung der Bioland-Richtlinien zur Biodiversität 2019 wird ein neues Kapitel in der Richtlinien- und Kontrollgeschichte aufgeschlagen. In einer Datenbank tragen die Mitglieder ihre zusätzlichen Maßnahmen zur Förderung der Biodiversität ein und erhalten dafür entsprechende Punkte (siehe Kapitel „Blick in die Zukunft"). Im Jahre 2022 muss jeder Erzeugerbetrieb 80 und ab 2023 100 Biodiversitätspunkte nachweisen und dies bei der Kontrolle vorlegen. Tiefergehend kontrolliert werden lediglich fünf Prozent der Mitglieder, die zufällig ausgewählt werden. Diese innovative Methode zur Erfassung und Bewertung von Richtlinienvorgaben hat das Potenzial, auch bei anderen Richtlinienthemen Anwendung zu finden.

Eine große Herausforderung kommt auf den Verband, insbesondere auf die Qualitätsmanagementbeauftragte und den Bereich Qualitätssicherung, zu. Bis Ende 2023 will Bioland mit dem Bereich Qualitätssicherung als Zertifizierungsstelle gemäß der Norm DIN EN ISO/IEC 17065 bei der DAkkS (Deutsche Akkreditierungsstelle) akkreditiert sein. Die Norm beschreibt die Grundsätze und Anforderungen für die Kompetenz und Unparteilichkeit der Zertifizierung von Produkten, Dienstleistungen und Prozessen sowie der Stellen, die diese Tätigkeiten anbieten. Bereits Anfang der 2000er-Jahre war Bioland mehrere Jahre bei der IOAS (International Organic Accreditation Service, eine Initiative der IFOAM) akkreditiert. Dies wurde damals aus Kostengründen, wegen geringem Nutzen am Markt und der ausschließlich englischen Sprache wieder aufgegeben. Bereits jetzt erfordert die Direktanerkennung von Bioland für pflanzliche Produkte durch die Bio Suisse eine starke Orientierung an dieser Norm.

Wohin geht die Kontrolle?

Bisher heben sich die Bioland-Richtlinien bei grundsätzlichen Themen wie der Gesamtbetriebsumstellung deutlich von den Vorgaben der Ökoverordnung ab. Aber auch bei vielen kleinen Richtliniendetails geht Bioland über den gesetzlichen Standard hinaus. Es stellt sich die Frage, ob dies notwendig und sinnvoll ist, gerade in Bezug auf die Kommunizierbarkeit an die Verbraucherinnen und Verbraucher. Wäre es nicht besser, sich nur bei wenigen Themen deutlich von der Ökoverordnung abzuheben und diese dann beim Marketing in den Mittelpunkt zu stellen? Die Bioland-Kontrolle könnte sich auf wenige Punkte konzentrieren und damit deutlich verschlankt werden!

Ein anderer radikaler Ansatz wäre, den organisch-biologischen Landbau neu zu definieren mit Themen wie geschlossene Nährstoffkreisläufe, Klimaneutralität, CO_2-Bindung, Humusaufbau, Energieautarkie, höchste Tierwohlanforderungen, Gemeinwohlökonomie und „Bauernwohl". Die Umsetzung der Bioland-Biodiversitätsvorgaben deuten in diese Richtung. Diese Neuausrichtung hätte weitgehende Veränderungen der Bioland-Kontrolle zur Folge.

Auch einfachere Weiterentwicklungen bei der Bioland-Kontrolle sind möglich. Warum sollte nicht ein Betrieb, der die wesentlichen inhaltlichen Vorgaben der Richtlinien einhält und bei der Kontrolle keine Abweichungen hat, erst in zwei Jahren wieder kontrolliert werden?

Sicher ist, dass sich die Bioland-Kontrolle weiter verändern und entwickeln wird. Anders als bei der Ökoverordnung haben es die Mitglieder als Betroffene selbst in der Hand, in welche Richtung dies gehen soll.

→ *Georg Eckert*

DER ÖKOLANDBAU IST DURCH DEN PRODUKTIONSPROZESS DEFINIERT
Chancen und Risiken der neuen Ökoverordnung

„Zu mehr und besserem Bio": Das zeigt die Folie, mit der die Abteilung für ökologischen Landbau, die Organic Unit der Europäischen Kommission, Präsentationen zur neuen Ökoverordnung beginnt. Was ist dran an dem Versprechen?

Im Januar 2013 hat die Europäische Kommission eine öffentliche Umfrage gestartet und kam zum Ergebnis, dass das neue Regelwerk für die ökologische Landwirtschaft einen „prinzipienorientierten Ansatz" haben müsse. Also konkret: weniger Ausnahmen, klarere Regeln auf höherem Niveau, alles in allem ein besseres Bio.

Zwei Fragen der Umfrage drehten sich um Pestizidrückstände in Lebensmitteln: „Soll die Analyse auf Pestizide bei allen Bio-Produkten erfolgen, auch wenn dies die Produkte verteuert?" Das wollte die Mehrheit – bemerkenswerterweise mit der höchsten Zustimmungsrate bei Umfrageteilnehmern und -teilnehmerinnen, die nie Bio-Produkte kaufen. „Sollte der Gehalt an Pestizidrückständen für Bio-Produkte niedriger angesetzt werden als für konventionelle Produkte?" Wer würde dazu schon „Nein" sagen?

Das Resultat dieser Umfrage: Die Kommission ist im Gesetzgebungsprozess enorm auf Pestizidrückstände fixiert. Die Artikel 28 und 29 der neuen Ökoverordnung künden davon. Dort geht es um das „Vorhandensein" von „nicht für die ökologische Produktion zugelassenen" Stoffen in Bio-Produkten. Diese Formulierung meint natürlich viel mehr als nur Pflanzenschutzmittel, nämlich auch Dünger, Verarbeitungshilfsstoffe oder Lebensmittelzusatzstoffe, um nur einige relevante Gruppen zu nennen. Aber bei den nachfolgenden Rechtsakten drehte sich die gesamte Diskussion um Pestizide! „Vorhandensein" ist dabei nun unter allen möglichen Begrifflichkeiten die unsinnigste, denn „Vorhandensein" können wir nicht messen. Labore kennen Nachweisgrenzen, die alle Beteiligten wie Unternehmen, Kontrollstellen und Behörden nun wohl hilfsweise heranziehen werden. Denn dass in Lebensmitteln rein gar nichts mehr an Pestiziden vorhanden ist, bleibt eine Fiktion und abhängig von Nachweisgrenzen und Untersuchungsmethoden. Es besteht die Gefahr, dass sinkende Nachweisgrenzen den ökologischen Landbau erschweren werden: Bei einem jährlichen Einsatz von 40.000 Tonnen Pflanzenschutzmitteln in Deutschland ist ein „Vorhandensein" von Pestiziden garantiert.

Klarheit bei Pestizidrückständen

Erschwerend kommt hinzu, dass die Formulierungen der Ökoverordnung auslegungsbedürftig sind. Und da die Auslegung in Deutschland Ländersache ist, werden wir wohl auch weiterhin ein uneinheitliches Vorgehen zwischen den deutschen Bundesländern erleben: Die Spanne reichte bisher von der Auffassung, Bio-Bauern und -Bäuerinnen müssen ihren Nachbarn Abdrift untersagen, über Aberkennungen und Neuumstellung von Partien/Flächen mit Abdrift bis hin zum entspannten Umgang im Sinne von „unvermeidliche Belastung".

Hier braucht es große Anstrengungen und wahrscheinlich auch einige Gerichtsverfahren, um den Umgang mit den Pestizidrückständen möglichst bundesweit zu vereinheitlichen. Denn nicht nur in der Gesetzestheorie, sondern auch in der Kontroll- und behördlichen Vollzugspraxis ist der Ökolandbau im Kern durch den Produktionsprozess definiert und nicht durch bestimmte Sollwerte am Endprodukt. Dass der Fokus auf Pestizide auch eine Chance für einen veränderten generellen Umgang mit Pestiziden bietet, ist sicher richtig. Leider ist aber bisher nicht zu erkennen, dass Politik und Verwaltung deswegen sensibler agieren als in der Vergangenheit – die Notfallzulassungen für Neonicotinoide im Frühjahr 2021 sind ein Beispiel dafür.

Völlig ungeklärt sind die angemessenen Vorgehensweisen bei Rückstandsfragen in Imkerei und Aquakultur. Bienen fliegen nicht nur auf Bio-Flächen, Wasser strömt nicht nur aus ökologischen Quellen. Sowohl über Nektar und Pollen als auch über die Wasserzuflüsse können Pestizide eingetragen werden. Eine weitere Kontaminationsquelle ist die Fernverfrachtung von Pestiziden (Pendimethalin) zum Beispiel durch Verdunstung vom Blatt oder Boden und anschließender weiträumiger Verfrachtung. In allen Fällen können Bio-Anbauerinnen und -Anbauer ihre Bio-Chargen aufgrund von Rückständen möglicherweise nicht mehr als Bio-Produkt vermarkten. Abnehmerinnen und Abnehmer werden aufgrund privater Vereinbarungen keine belastete Ware wollen, sodass völlig korrekt erzeugte Bio-Waren gegebenenfalls nicht mehr verkauft werden können. Das hatten die Macherinnen und Macher der Verordnung nicht im Sinn, und das Risiko tragen Bio-Erzeugerinnen und -Erzeuger!

Anforderungen für Tierhalter besser definiert

Chancen für ein besseres Bio bringt die Verordnung aber auch mit: Im Bereich der Tierhaltung hat der europäische Gesetzgeber Anforderungen klarer und besser definiert als bisher. Geregelt sind nun auch weitere Tierarten – Hirsche, Kaninchen – und die Aufzucht von Bruderhähnen ist nun auch berücksichtigt. Gleichzeitig ist das Thema Weide für Pflanzenfresser geklärt oder in Klärung, sodass auch hier Fortschritte erzielt werden.

Eine Lektion, die wir aus den Erfahrungen mit der alten Ökoverordnung gelernt haben sollten: Wir, das heißt die gesamte Branche, sollten nicht mehr versuchen, die Anforderungen bis an die Grenzen zu dehnen, wie wir das in der Vergangenheit mit unserer großzügigen Interpretation bei der Frage der 3.000er-Geflügelställe unter einem Dach oder der Verrechnung von Stall- und Auslaufflächen oder bei der weitestgehenden Überdachung von Ausläufen oder bei der Erschließung konventioneller Nährstoffquellen versucht haben. Wir sollten vielmehr versuchen, den guten Standard, den die Ökoverordnung setzt, hoch zu halten und ihn an den Stellen, an denen dies Not tut, auch zu übertreffen oder weiterzuentwickeln. Wir sollten uns von den Verordnungstexten anspornen lassen. Steht da doch „Freigelände muss für Schweine attraktiv sein. Nach Möglichkeit sind Flächen mit Bäumen oder Wälder zu bevorzugen." Sollten wir da nicht unsere Betonausläufe infrage stellen? Wir sollten weiterdenken, zum Beispiel bezüglich der Biodiversität, wo der Verordnungstext doch sehr im Unkonkreten bleibt.

Unsere Ökoverordnung hat nun eine fast 30-jährige Rechtsgeschichte. Sie ist ganz Tochter der europäischen Bio-Bäuerinnen und -Bauern, die sie initiiert haben und sie hat so langsam auch bezüglich der Tierhaltung die Flegeljahre hinter sich gelassen – die Tierhaltung ist seit 1999 geregelt, Ausnahmen waren bis 2010 vorgesehen, die dann mangels Umsetzung noch bis 2013 (!) verlängert wurden. Die Ökoverordnung ist „erwachsen" geworden. Wir sollten sie ernst nehmen und fortentwickeln, denn die Herausforderungen ändern sich – Stichwörter sind Biodiversität, Klima, Wasser und Gesellschaft. Das Erfolgsmodell Ökolandbau muss sich ihnen stellen. Die Rechtsgrundlage dafür ist gelungen, wenn wir sie ernst nehmen und als Ansporn betrachten.

Und kleinere Geburtsfehler sollten wir ihr nachsehen. Auch künftige Bio-Generationen brauchen ja noch Themen.

NEUES BIO-RECHT AB 2022

Im Gesetzgebungsprozess ist die EU-Kommission in zwei Artikeln der neuen Verordnung auf Pestizidrückstände fixiert:

→ **Artikel 28:** „Vorsorgemaßnahmen zur Vermeidung des Vorhandenseins nicht zugelassener Erzeugnisse und Stoffe" sowie

→ **Artikel 29:** „Zu ergreifende Maßnahmen bei Vorhandensein von nicht zugelassenen Erzeugnissen oder Stoffen".

Quelle: „Verordnung (EU) 2018/848 des europäischen Parlaments und des Rates vom 30. Mai 2018 über die ökologische / biologische Produktion und die Kennzeichnung von ökologischen / biologischen Erzeugnissen sowie zur Aufhebung der Verordnung (EG) Nr. 834/2007 des Rates"

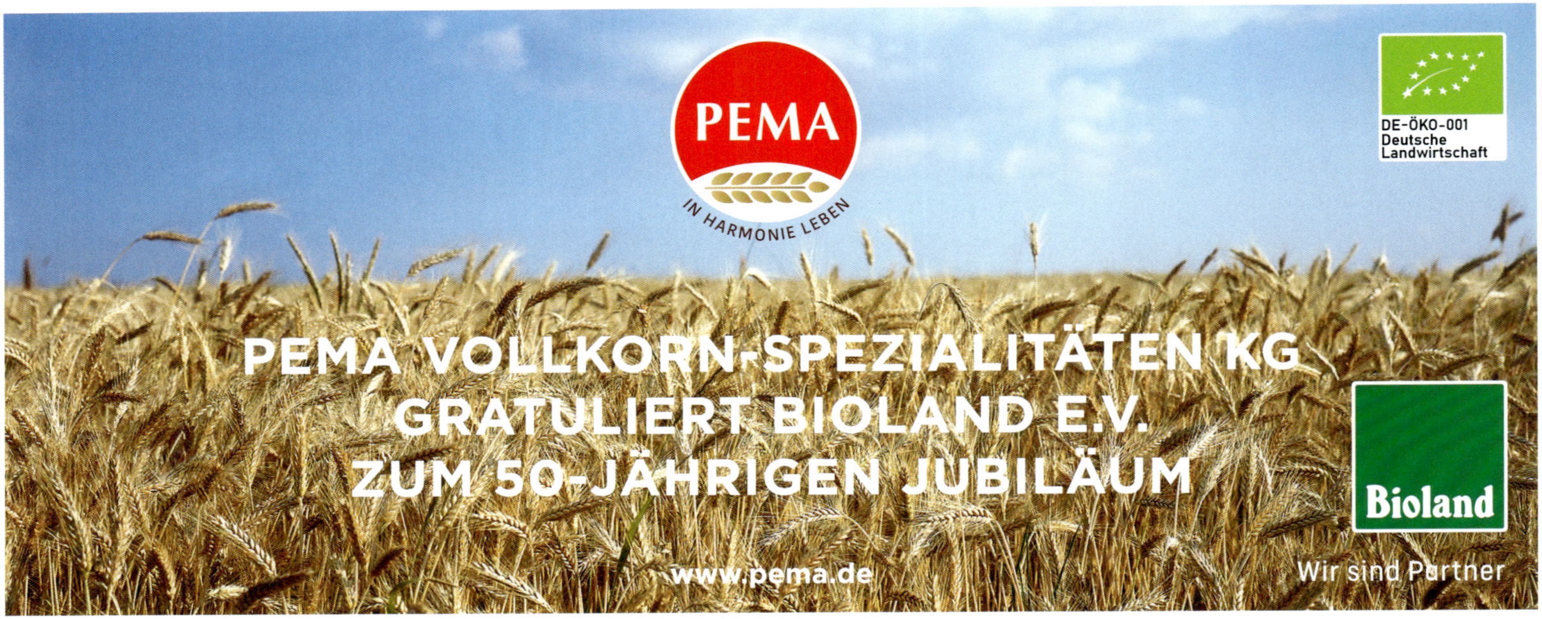
PEMA
IN HARMONIE LEBEN
DE-ÖKO-001
Deutsche
Landwirtschaft
PEMA VOLLKORN-SPEZIALITÄTEN KG
GRATULIERT BIOLAND E.V.
ZUM 50-JÄHRIGEN JUBILÄUM
Bioland
www.pema.de
Wir sind Partner

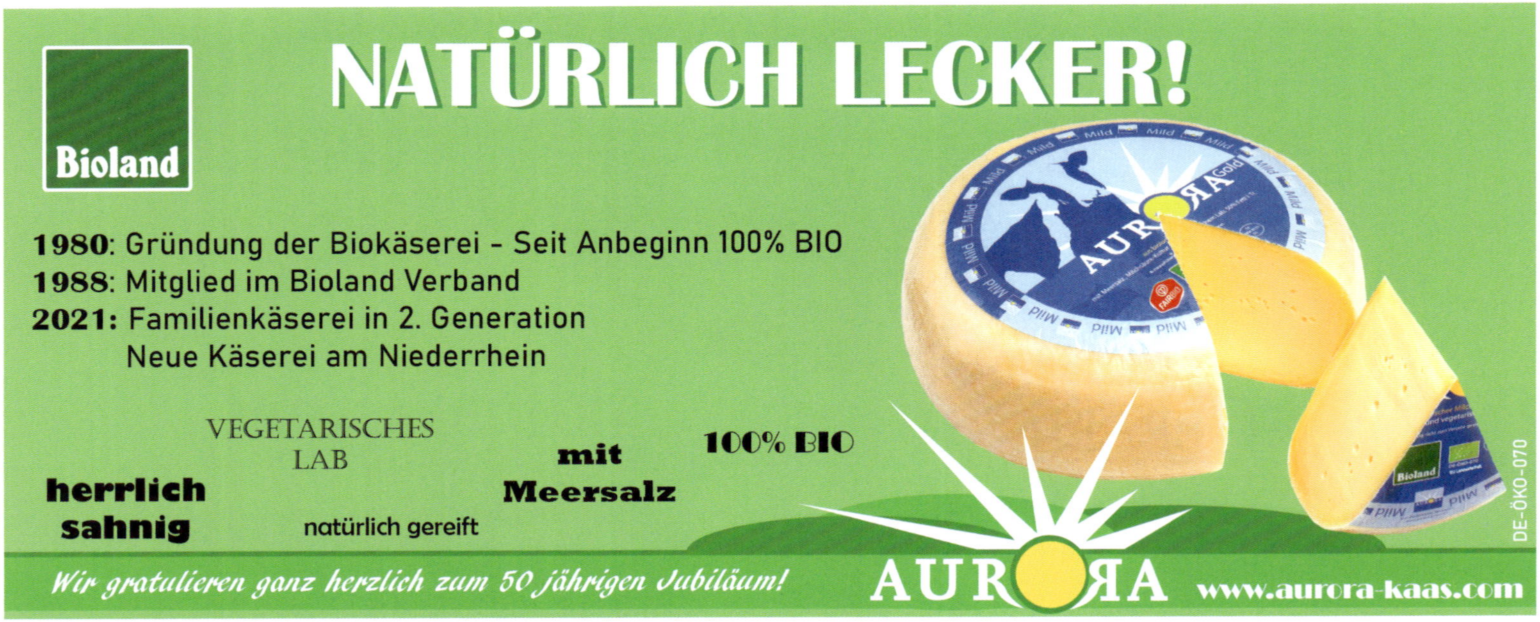
NATÜRLICH LECKER!
Bioland
1980: Gründung der Biokäserei - Seit Anbeginn 100% BIO
1988: Mitglied im Bioland Verband
2021: Familienkäserei in 2. Generation
Neue Käserei am Niederrhein
VEGETARISCHES LAB
mit Meersalz
100% BIO
herrlich sahnig
natürlich gereift
DE-ÖKO-070
Wir gratulieren ganz herzlich zum 50 jährigen Jubiläum!
AURORA
www.aurora-kaas.com

Leitbilder und Leitmotive

Bioland war, ist und bleibt visionär!

→ von Jan Plagge, Gerold Rahmann und Stephanie Strotdrees

1.

Im Kreislauf wirtschaften

Neigen wir zunehmend zur Konventionalisierung? Gehen unsere Grundwerte, für die wir und unsere Gründungseltern einst angetreten waren, verloren? Diese besorgten Fragen kommen um die Jahrtausendwende in der gesamten Bio-Bewegung auf, so auch unter Bioland-Mitgliedern. Für das Bioland-Präsidium ist das Anlass genug, 2007 einen Bundesfachausschuss für organisch-biologische Grundlagenarbeit und Prinzipien einzuberufen, dem auch die Autorin und die Autoren dieses Kapitels angehören. Neben erfahrenen Bioland-Erzeugerinnen und -Erzeugern sind auch eine Wissenschaftlerin und ein Wissenschaftler in diesem Ausschuss aktiv. Dessen Aufgabe ist es, eine neutrale und wissenschaftlich basierte Standortbestimmung sicherzustellen. Sie überprüfen und diskutieren, ob die Ziele, die die IFOAM in den 1970er-Jahren für die gesamte Welt des ökologischen Landbaus formuliert hat, noch aktuell sind und was in den vergangenen Jahrzehnten erreicht wurde.

Die Reflexion dazu ist zunächst ernüchternd. Nehmen wir zum Beispiel den Erhalt der Bodenfruchtbarkeit, eines der Gründungsmotive von Bioland. Bereits vor 15 bis 20 Jahren stellte man fest, dass

- die Fruchtfolgen enger werden,
- die Humuswirtschaft in vielen viehlosen Betrieben nicht gelöst ist,
- sich Erträge auf vielen Standorten unbefriedigend entwickeln und
- der Biolandbau noch weit von einem funktionierenden Bodenfruchtbarkeitsmanagement in allen Betriebssystemen entfernt ist – ja, das Thema in den Richtlinien, der Beratung und Bildung sowie in der Bioland-Kontrolle wenig Fokus hat.

Die Idee eines Bodenfruchtbarkeitstests für alle Bioland-Betriebe, der Rusch-Test, wird aus nachvollziehbaren Gründen (Paulsen et al. 2009) in den 1980er-Jahren verworfen.

Doch statt diese Entwicklung hinzunehmen, die Defizite zu ignorieren oder gar schönzureden, nimmt Bioland die Herausforderung an. Man diskutiert die Zukunft. Und zwar mit dem Respekt für die visionäre Kraft der Pionierinnen und Pioniere (früher; Ökolandbau 1.0), mit der Akzeptanz, dass der Ökolandbau sich professionalisiert und sich am Markt etabliert, aber mit pragmatischen Kompromissen bei den Idealen (heute; Ökolandbau 2.0). So entsteht im Bioland-Bundesfachausschuss im Jahr 2010 ein erstes Thesenpapier für einen Ökolandbau 3.0 – eine Diskussionsidee, die später die weltweite Bewegung des ökologischen Landbaus aufgreift, aber auch kritisch diskutiert (Rahmann et al. 2017).

Aus den Entwicklungen und Erfahrungen aus fünf Jahrzehnten Bioland-Praxis können viele der heute aktuellen Konflikte zwischen Gesellschaft, Politik und Landwirtschaft hinterfragt und gegenübergestellt werden: Warum sind die Gräben zwischen konventioneller und ökologischer Landwirtschaft entstanden? Warum wird Landwirtschaft nicht mehr angemessen wertgeschätzt? Warum bearbeitet der Agrarsektor als Ganzes etliche Zukunftsfragen nicht gemeinsam?

Darauf wird man keine Antworten und Lösungen finden, solange man nicht einen Blick auf die Antreiber, Leitbilder und Leitmotive der Handelnden wirft – und damit wird es persönlich für jeden einzelnen von uns.

2.
Bodenfruchtbarkeit fördern

Denn sprechen wir von dem notwendigen Umbau der Wirtschaft, der Land- und Ernährungswirtschaft, dann beschreiben wir in unserer Analyse meist die Fehler der Systeme und nicht die Fehlentscheidungen einzelner Menschen. Zum Beispiel beschreiben wir seit Jahrzehnten das Marktversagen der Landwirtschaft. Es gelingt uns aber nicht, unsere Lebensgrundlagen Boden, Wasser, Luft, Artenvielfalt und Klima ehrlich einzupreisen.

Im Zuge der Rationalisierung entwickelte sich in der Landwirtschaft der Systemfehler, Futterbau und tierische Veredelung voneinander zu trennen. Das hat weder Umwelt, noch Nutztieren, noch Landwirten und Landwirtinnen gutgetan. Um aber niemanden persönlich anzugreifen, werden in diesen Diskussionen die Täter zu Opfern des Systems gemacht.
Von unseren konventionellen Berufskolleginnen und -kollegen hören wir das Mantra: „Wir haben doch nicht alles falsch gemacht, auch wir wollen es doch richtig und gut machen und glauben daran." Natürlich, denn das Leitmotiv der rationalisierten, industrialisierten Landwirtschaft, für das man sich entschieden hat, wurde ja auch erfolgreich gelebt. Mit dem Leitbild

„Einen Beitrag zur Welternährung leisten" gilt es, die gegebenen Ressourcen bestmöglich zu nutzen. Als die Umweltthemen in den 1990er-Jahren zunehmen, kommt die Erzählung hinzu, dass Landwirtschaft per se gut für Umwelt und Naturschutz ist. Das darf bezweifelt werden. Denn unsere Gewässer, die Biodiversität auf den Äckern und im Grünland sowie das Tierwohl sind zunehmend in Bedrängnis geraten, genauso die kleinbäuerlichen Betriebe. Das „größer", „intensiver" und „globaler" hat mit dem Tun vieler Landwirtinnen und Landwirte immer mehr Raum gewonnen.

Sowohl in der Wissenschaft als auch in den verbandlichen Diskussionen sind es daher die Leitbilder, die bis heute die Bäuerinnen und Bauern so auseinanderdividieren. Diesen Streit und auch die bewusste persönliche Entscheidung, in welches Motiv Landwirtinnen und Landwirte ihr Wirtschaften einordnen, kann man an drei Fragen orientieren.
Welches Leitbild ist für die Zukunft der Landwirtschaft am wichtigsten?
● Ökonomie vor Ökologie?
● Ökologie vor Ökonomie?
● Ökologie und Ökonomie?

Das heißt: Kann ich mir eine ökologische Bewirtschaftung ökonomisch leisten? Oder kann ich mir eine ökonomische Bewirtschaftung ökologisch leisten? Das Ergebnis könnte Ökolandbau sein.

3.
Tiere artgerecht halten

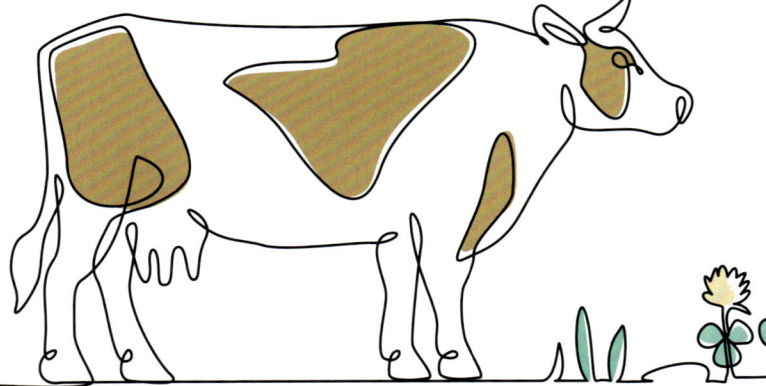

Ein anderes Leitmotiv bildet den Unterschied

Mit der Gründung von Bioland vor 50 Jahren steigen Landwirtinnen und Landwirte aus einer Landwirtschaft aus, die in eine sich abzeichnende Sackgasse fährt und entwickeln eine Alternative. Die bewusste Entscheidung für ein anderes Leitmotiv bildet den Unterschied. Auch diese Betriebe müssen Geld verdienen und einen Gewinn erwirtschaften. Doch der Leitgedanke in den 1960er- und 1970er-Jahren ist, dass dies langfristig nicht ohne die Vorfahrt für Bodenfruchtbarkeit und Kreislaufwirtschaft gelingen wird. Die Frage, was man sich leisten kann, wird gegenüber dem Mainstream genau umgedreht: Welche Bodenbearbeitung, Humuswirtschaft und Fruchtfolge kann ich mir leisten, damit mein biologisches System langfristig funktioniert und Erträge bringt? Statt kurzfristiger maximaler Erträge sind langfristige mittlere, aber stabile Erträge und Gewinne zentral.

Damit wird die Frage nach den Leitbildern und Leitmotiven in der Landwirtschaft entscheidend – vor allem persönlich und für jeden individuell. Von welchem ich mich leiten lassen will, ist meine persönliche Entscheidung. Hier bin ich nicht mehr Opfer eines Systems, sondern entscheide mich für die Motive, die mich leiten.

Die Entwicklung der Leitbilder bei Bioland

Grundsätzlich nehmen sich Bio-Bäuerinnen und Bio-Bauern mit ihrer Landwirtschaft vor, die Welt umweltfreundlicher, tiergerechter und fairer zu machen. Deswegen formuliert die Landbaubewegung von Anfang an Ziele, Prinzipien und Grundsätze, die sich seinerzeit von den Inhalten landwirtschaftlicher Berufs-, Fach- und Hochschulen absetzen. Als Prinzipien, Präambeln oder Paragrafen werden sie in Satzungen und Verordnungen formuliert, zum Beispiel in der Ökoverordnung 2018/848, §§ 4–8. Jede Bio-Bäuerin und jeder Bio-Bauer auf der ganzen Welt hat unterschrieben, dass gesellschaftliche Ziele und Erwartungen wie der Umwelt- und der Tierschutz die leitenden Kernziele ihrer Arbeit sind. Verarbeitung und

„Hier bin ich nicht mehr Opfer eines Systems, sondern entscheide mich für die Motive, die mich leiten."

Handel, aber auch Konsumentinnen und Konsumenten in der Bio-Wertschöpfungskette identifizieren sich mit diesen Zielen. So entwickelt sich der Bio-Markt zu einer gesellschaftlich akzeptierten, leistungsfähigen und attraktiven Lebensmittelwirtschaft. Diese so beschriebene Alternative zur „chemiegebundenen" Landwirtschaft ist Teil der Lösung künftiger Herausforderungen wie Klimawandel, Verlust von Biodiversität, Wasserschutz, Respekt vor den Mitgeschöpfen, gerecht entlohnte Arbeit und letztendlich natürlich genügend, gesundes und auch bezahlbares Essen für alle. Der Erfolg und die Bedeutung des ökologischen Landbaus, global wahrgenommen und wertgeschätzt zu werden, basiert auf vielen individuellen Entscheidungen und Handlungen, die sich nicht allein einem ökonomischen Prinzip oder einer unsichtbaren Hand des Marktes unterordnen. Die Bewahrung der Lebensgrundlagen ist das oberste Prinzip, daran orientieren sich die Wirtschaftspraktiken. Ökonomischer Erfolg ist Folge, nicht Voraussetzung.

4.

Wertvolle Lebensmittel erzeugen

BILDER, DIE KOMMUNIZIEREN

Die beschriebenen Leitbilder aus der Leitbildarbeit zwischen 2011 und 2013 allein motivieren nicht genug, um den Verband und alle Akteure auf einen gemeinsamen und klaren Pfad zu bringen. Bilder müssen die Kommunikation nach innen und außen unterstützen.

Das Landschaftsbild rechts zeigt möglichst alle Teile des Leitbildes vollständig umgesetzt in einer Mittelgebirgslandschaft. So kann man sich vorstellen, wie sich das Leitbild in einer Landschaft in der Zukunft auswirken würde. Doch seine volle Wirksamkeit entfaltet dieses Bild erst, wenn es einem anderen gegenübersteht: die gleiche Landschaft unter dem aktuellen landwirtschaftlichen Leitbild einer rationalisierten Landwirtschaft (unten).

„Die Bewahrung der Lebensgrundlagen ist das oberste Prinzip, daran orientieren sich die Wirtschaftspraktiken. Ökonomischer Erfolg ist Folge, nicht Voraussetzung."

5.

Biologische Vielfalt fördern

Leitbilder sind nicht die Realität

Dass die hehren Ziele und Prinzipien des Biolandbaus aber nicht auf jedem Betrieb und für jedes Produktionsverfahren erreicht werden, zeigen wissenschaftliche Studien seit dem Jahrtausendwechsel, vor allem im Bereich der Tiergesundheit. Trotz aller Mühen in den Regionalgruppen von Bioland und auf den Bioland-Betrieben kommen neue Probleme hinzu, zum Teil verstärken sich alte. Schaut man auf die globalen Herausforderungen für die Ernährung und Landnutzung, so sind bislang kaum welche gelöst. Im Gegenteil: Hunger, ernährungsbedingte Krankheiten und Umweltverschmutzung steigen, wertvolles Ackerland verschwindet, Mitgeschöpfe leiden. Deshalb beschäftigt sich die Biolandbau-Bewegung auch mit ihren Defiziten. Wie wirken die einzelnen Betriebe? Wie tragen sie in ihrer Gesamtheit dazu bei, die Lebensgrundlagen zu sichern?

Der Weg zu den 7 Bioland-Prinzipien

Insbesondere der Bioland-Verband hat sich der Kritik angenommen. Liest man heute Texte von Dr. Hans Müller oder hört sich seine aufgezeichneten Vorträge an, kann man diese Haltung nachvollziehen. Denn ein Teil seines Vermächtnisses ist sicherlich, dass er die Bäuerinnen und Bauern selbstbewusst, urteils- und entscheidungsfähig entwickeln und emanzipieren wollte. Deshalb sucht Bioland grundsätzlich die Nähe und Zusammenarbeit mit der Wissenschaft, letztlich auch, um nicht betriebsblind zu werden und urteilsfähig zu bleiben.

Daraus ergibt sich, wie erwähnt, ab 2007 ein breiter Leitbildprozess, der bis heute andauert (siehe Zeitleiste auf der folgenden Doppelseite). Bäuerinnen und Bauern von Bioland sowie Wissenschaftler und Wissenschaftlerinnen setzen sich zusammen und erarbeiten Leitbilder und Prinzipien. Hunderte Gruppen und tausende Bioland-Mitglieder diskutieren in moderierten Runden, um letztendlich sieben Grundprinzipien als Leitbild für den Bioland-Verband zu formulieren und der Welt der ökologischen Landwirstchaft eine Grundlage für den „Ökolandbau 3.0" zu bieten – für die Landwirtschaft der Zukunft. Der Überbau sind die globalen Herausforderungen und die Bemühungen, die Welt „zu retten". Mit und nicht gegen die konventionelle Landwirtschaft soll eine umweltverträgliche, leistungsfähige und auch gerechte Landwirtschaft und Lebensmittelkette erreicht werden, wie es zum Beispiel die Sustainable Development Goals der Vereinten Nationen anstreben. Hierzu kann der Ökolandbau beitragen, aber auch von der konventionellen Landwirtschaft lernen. Nur als gesamte Land- und Lebensmittelwirtschaft lassen sich die Herausforderungen meistern.

Im Leitbildprozess bewegt die Frage: Wo bleiben die Menschen bei diesen hohen Ansprüchen, die der Biolandbau an sich selbst stellt? Die Sorge um die Gesundheit der Menschen auf den Höfen und eine ständige physische und mentale Überforderung wiegen nicht selten höher als die landwirtschaftlichen Fragen.

Deutlich wird auch die besondere Rolle der Frauen, die den erheblichen Teil der sorgenden Arbeit tragen, nicht nur für Familie und Betriebsgemeinschaft, sondern häufig zudem für die Mitarbeiterinnen und Mitarbeiter, die Kundinnen und Kunden und die vielen Gruppen und Schulklassen. Nicht zuletzt klärt der Leitbildprozess, wie wertvoll und wichtig eine kollegiale Zusammenarbeit im Verband ist und für eine Mitgliedschaft in der Bioland-Wertegemeinschaft eine entscheidende Rolle spielt.

Zwei Aspekte beeindrucken und sind lehrreich. Zunächst der Prozess selbst, in dem die Basis von Bioland und die Wissenschaft anfangen zu diskutieren. Zum Beispiel über Studienergebnisse, die den Erwartungen an die ökologische Landwirtschaft scheinbar nicht gerecht werden – so zum Beispiel auf der Wissenschaftstagung für den ökologischen Landbau 2005. Ohne Scheu vor den Ergebnissen stellt sich der Bioland-Verband der Diskussion. Zwar bleiben heftige Abwehrreaktionen und Kritik im Verband nicht aus. Doch letztlich formen sich Kompromisse – und ein neues Leitbild, das Handlungs- und Spannungsfelder ehrlich und offen anspricht und damit eine stetige Entwicklung und Verbesserungen ermöglicht.

Der partizipative Prozess in den Gruppen, den Fachausschüssen und auf vielen Wintertagungen hat zu einem zweiten wichtigen Aspekt geführt. Zum einen war die Teilnahme beeindruckend, zum anderen hat der Prozess Antworten für die Zukunft geliefert, die sowohl leicht zu verstehen, als auch praktikabel und überzeugend waren. Der Bioland-Verband war Vorreiter unter heute mehreren, die sich für die Zukunft gut aufgestellt haben und bei Kritik und Defiziten nicht in historischem Ballast oder verlockender Käuflichkeit durch die Märkte stecken geblieben sind.

Ein großer Erfolg dieser Reflexion und der gesamtverbandlichen Entwicklungsarbeit ist zudem, dass heute jedes Mitglied selbst beantworten kann, wofür Bioland steht. Die gemeinsame Identität bildet die Grundlage dafür, das Leitbild in der Praxis umzusetzen.

Das Leitbild in der Praxis

Es lohnt sich immer wieder, sich das Gesamtleitbild oder auch die spartenspezifischen Entwicklungsziele anzusehen. In etlichen Bereichen gibt es Fortschritte und Erfolge. Eines der größten Entwicklungsdefizite zeigte sich im Prinzip der Kreislaufwirtschaft mit dem offenen Phosphorkreislauf. Hier erkennt Bioland die Notwendigkeit, mit seiner Abteilung Forschung & Entwicklung Alternativen zum endlichen Zukauf von teilweise belasteten Rohphosphatquellen zu entwickeln. Knapp zehn Jahre und eine Reihe von Projekten später entsteht eine Perspektive, Phosphor-Rezyklate für Bio-Betriebe verfügbar zu machen.

Ein Thesenpapier zu Beginn der Bioland-Leitbildarbeit (Strotdrees et al. 2011) fordert, dass sich der Biolandbau stärker in ein Zielsystem hinein entwickelt, das mehr misst statt abhakt und mehr motiviert statt sanktioniert. Damit sollen sich die Ziele mit Blick auf die Prinzipien besser erreichen lassen. Gute Erfahrungen mit dieser Herangehensweise macht Bioland in den 1970er- und 1980er-Jahren im Bereich der Bodenentwicklung und später im Richtlinien- und Kontrollsystem. Statt den Ergebnissen werden Prozesse kontrolliert, was eine hohe Sicherheit bietet und vor Skandalen schützt.

6.
Natürliche
Lebensgrundlagen
bewahren

Allerdings liegt der Fokus vor allem auf Fehlern und Abweichungen vom Regelwerk, statt besondere Leistungen zu honorieren, zum Beispiel eine herausragende Bodenfruchtbarkeit, fitte Tiere oder ökologische Nischen für bedrohte Pflanzen- und Tierarten. Deshalb sollen nicht länger nur Gebote und Verbote entlang von Checklisten kontrolliert werden, vielmehr sollen Anreize zu besseren Ergebnissen führen. Als erstes in der Tierhaltung. Denn schon früh zeigen Studien, dass ein Haltungssystem allein weder Tierwohl noch Tiergesundheit garantiert. Also ergänzt Bioland seine Richtlinien und deren Kontrolle um Tierwohlindikatoren.

Auch die im Herbst 2020 beschlossene Biodiversitätsrichtlinie orientiert sich an dem Prinzip Belohnung. Katalogisierte Maßnahmen, die zu mehr Biodiversität auf den Betrieben führen sollen, bewertet und gewichtet ein Punktesystem. Ziel sind mindestens 100 Punkte je Betrieb. Die Maßnahmen lassen sich flexibel und kontinuierlich weiterentwickeln. Dieser Ansatz entspricht dem Leitbildsystem von Bioland: Einzelne Bereiche lassen sich jederzeit ziel- und leitbildorientiert verbessern. Doch wie misst man komplexe Zusammenhänge mit der Maßeinheit Bioland-System? Wie misst und bewertet man im Bioland-System, wie sich die Bodenfruchtbarkeit entwickelt? Und wie lässt sich realistisch zertifizieren, wie viel Kohlenstoff ein Bioland-Boden bindet und damit auf das Klimasystem wirkt? Antworten darauf sollen Projekte der Bioland Stiftung zusammen mit Bioland-Betrieben erarbeiten.

Es bleibt die eigene Entscheidung

Die Leitbildarbeit im Bioland-Verband hat viele Unsicherheiten reduziert und ausgeräumt, Sprachlosigkeit beseitigt. Trotzdem liegt noch viel vor uns. Außer Tiergesundheit, Klimaschutz oder Biodiversität ist auch das siebte Bioland-Prinzip aktueller denn je: Können alle in der Lebensmittelkette gut von ihren Einkünften leben? Können alle einer zufriedenstellenden Arbeit nachgehen und ein gutes Lebensumfeld haben, in dem sie sich entwickeln können? Was bedeuten faire Preise in der gesamten Wertschöpfungskette und wie lassen sie sich feststellen und überwachen?

7.

Menschen
eine lebenswerte
Zukunft sichern

WICHTIGE UND SPANNENDE ETAPPEN
IM LEITBILDPROZESS

2007 — Gründung und Berufung des Bioland-Bundesfachausschusses für organisch-biologische Grundlagenarbeit und initiale Diskussionen darüber, wo sich der Bioland-Verband und der organisch-biologische Landbau hin entwickeln sollen

Noch einmal zurück zu den Gedanken zu Beginn dieses Kapitels. Leitbilder und die Orientierung an ihnen gewinnen ihre Kraft aus persönlichen Entscheidungen: Woran will ich mich orientieren? Was leitet mich in meiner betrieblichen und persönlichen Entwicklung? Die Antwort auf die Verunsicherung vieler Landwirtinnen und Landwirte heute, „Wir haben doch nicht alles falsch gemacht…", kann daher lauten: „Nein, nicht falsch gemacht, aber dem falschen Ziel hinterhergelaufen." Im Gegensatz zu den Jahren vor 2000 schaut heute die gesamte Gesellschaft kritisch auf die Landwirtschaft und deren Ausrichtung – während die Landwirtschaft irritiert antwortet: „Wir haben doch nur gemacht, was immer gefordert und vorgeschrieben war."

Die aus dem ökologischen Landbau heraus entwickelten Leitbilder und Prinzipien liefern heute eine Orientierung für die Entwicklung der Landwirtschaft der Zukunft. Vor allem, wenn sie sich, wie beschrieben, am Beispiel der Bioland-Entwicklung unter aktiver Beteiligung möglichst vieler Bäuerinnen und Bauern weiterentwickeln. Nicht zuletzt für eben diese Entwicklung und Beteiligungsmöglichkeit wird Bioland gebraucht, von der Politik, der Gesellschaft, den Marktteilnehmern in Herstellung und Handel – aber vor allem von der Landwirtschaft selbst.

DIE SIEBEN PRINZIPIEN IN SÜDTIROL

Sieben Prinzipien an sieben Orten: Bioland Südtirol hat Mitgliedern und Interessierten die sieben Bioland-Prinzipien in einer modularen Veranstaltungsreihe nahegebracht. Impulse von Referentinnen und Referenten, Betriebsbesuche und Erfahrungsberichte von Bäuerinnen und Bauern gehörten dazu.

2011 Veröffentlichung des Diskussionspapiers „Ökolandbau 3.0" und Beginn der Leitbildarbeit

2013 die Bundesdelegiertenversammlung (BDV) beschließt das neue Bioland-Leitbild

2014 Ableitung und BDV-Beschluss von spartenspezifischen Leitbildern

2017 Verabschiedung der Strategie „Organic 3.0" auf dem Weltkongress der internationalen Biolandbau-Bewegung (IFOAM)

Strukturelles und Strukturen

Bioland – organisch gewachsen

→ *von Christine Brandmeir und Josef Wetzstein*

Vielfältige Arbeitsfelder

„Jeden Tag geht im Bioland-Universum ein Stern auf, von dem man noch nichts weiß", so ein neuer Mitarbeiter in der Einarbeitungszeit. Was für eine schöne Umschreibung der Komplexität, mit der wir Bioländerinnen und Bioländer täglich umgeben sind. 8.500 Mitglieder aus den unterschiedlichsten Sparten – von Ackerbau, Tierhaltung und Imkerei bis hin zu Garten-, Wein- und Obstbau – organisieren sich in Regional- und Fachgruppen und wählen im Verband ihre Vertreterinnen und Vertreter. Diese treffen sich regelmäßig auf Landesdelegierten- und Landesmitgliederversammlungen oder regionalen Mitgliederversammlungen. Sie heißen Gruppenvertreterinnen und -vertreter, Landesvorstände, Landes- oder Bundesdelegierte, organisieren sich in Bioland-Bundesfachausschüssen oder sind Teil des Präsidiums. Zweimal im Jahr findet die Bundesdelegiertenversammlung (BDV) – auch Bioland-Parlament genannt – statt. Jeder Landesverband ist eine eigene Welt. Die regionalen Strukturen sind Spiegel für die landesverbandlichen Besonderheiten.

Die junge Bioland-Generation gründet 2013 mit „Junges Bioland" einen eigenen Verein, der mittlerweile rund 200 Mitglieder zählt (siehe Kapitel „Nachwuchs fördern").

Dann gibt es im Bioland-Universum die Verarbeitungs- und Handelsunternehmen: im Jubiläumsjahr rund 1.300 einschließlich nachgelagertem Gewerbe. Sie werden auch Partner von Bioland genannt. 2020 gründen sie den Verein Bioland Verarbeitung & Handel e. V. (siehe Kapitel „Gemeinsam stark").

Im Jubiläumsjahr 2021 kümmern sich mehr als 250 Mitarbeiterinnen und Mitarbeiter bei Bioland und die mit ihm verbundenen Organisationen um die Belange aller Mitglieder und Partner. Vor Ort sind neun Geschäftsstellen und Regionalbüros verantwortlich für Beratung, Bildung und Interessenvertretung in den Landesverbänden. Auf Ebene des Gesamtverbandes sind hingegen Bereiche wie Marketing, Finanzbuchhaltung, Qualitätssicherung und die überregionale politische Arbeit verortet. Teil der Bioland-Gesamtstruktur sind auch die regionalen Betriebsräte und der Gesamtbetriebsrat. Neben Präsident und Bundesgeschäftsführer verantworten die Landesvorsitzenden und die Geschäftsführungen, Bereichsleitungen oder Teamleitungen die Führung der Mitarbeitenden.

Es gibt Themen und Anliegen rund um die Verbandsziele, die besser und effektiver in separaten Unternehmen bearbeitet werden können. Sowohl auf Ebene des Gesamtverbandes als auch der der Landesverbände sind daher im Laufe der Zeit Tochterunternehmen gegründet worden. Zu nennen sind gemeinsame Tochterunternehmen wie Bioland Verlags GmbH, Bioland Beratung GmbH, Bioland Service Team GmbH und Bioland Messe und Event GmbH. Auf regionaler Ebene gibt es in Bayern den Bioland Erzeugerring e. V. und die Biobauern Naturschutz GmbH oder in Baden-Württemberg den Erzeugerring Baden-Württemberg e. V.

Weitere Sterne am Bioland-Himmel sind diverse Kommissionen und Arbeitsgruppen, die bestimmte Themen behandeln. Es gibt die Anerkennungskommission, die die Richtlinien überwacht, ein Schiedsgericht zur Klärung von innerverbandlichen Konflikten und seit Ende 2018, dank der neuen Handelspartnerschaften, eine Ombudsstelle als Schlichtungsstelle für

Konflikte mit dem Handel. Weitere Kommissionen wurden vom Präsidium eingerichtet, um Marktthemen, Finanz- und Personalangelegenheiten sowie das Antragsmanagement zu bearbeiten. Der Arbeitskreis Agrarpolitik beschäftigt sich mit politischen Entwicklungen. Immer wieder arbeiten zeitlich befristete Arbeitsgruppen an bestimmten Themen. So gibt es zum Beispiel eine Arbeitsgruppe zur Weiterentwicklung der Grundlagen des organisch-biologischen Landbaus, eine andere Arbeitsgruppe arbeitet zum Thema Führungskultur und -struktur.

Lebendiger Organismus

Es gibt ganz schön viele Gruppen und Gremien, einige Ebenen, viele Gesellschaften und viele Zwischen- und Querverbindungen, die noch nicht benannt wurden. Ist das eine funktionierende Organisationsstruktur, gibt es eine innere Logik?

Die Struktur von Bioland ist durch organisches Wachstum entstanden. Wie ein lebendiger Organismus hat sich der Verband ständig weiterentwickelt. Für Bioland gibt es keine Blaupause und manchmal auch noch keine Sprache. „Die Grenzen meiner Sprache bedeuten die Grenzen meiner Welt", sagt der Philosoph Ludwig Wittgenstein. Um die Wirklichkeit des lebendigen Organismus Bioland zu beschreiben, kommen wir an die Grenzen der Sprache, der Wörter, die uns landläufig zur Verfügung stehen. Das, was in den vergangenen 50 Jahren im Bioland-Verband entstanden ist, lässt sich weder vergleichen mit einer bäuerlichen Erzeugerorganisation, noch mit einer Nichtregierungsorganisation, mit einem Unternehmensverband oder einer politischen Bewegung. Bioland ist nichts davon so ganz und doch von allem etwas.

Nun zurück zum Point Zero, zum Urknall, zur Entstehung des Bioland-Universums, dem Moment, als es noch kein Bioland gab und damit weder Strukturelles noch Struktur.

Ein Verband entsteht

„Jetzt ist genug seit langem davon geredet worden – jetzt ist Zeit zum Handeln!", so steht es im Gründungsprotokoll des Vereins. Am 28. April 1971 bei der Gründung des Vereins bio-gemüse e.V. sind zwölf Personen anwesend, dazu noch einige Ehefrauen. Die Gründungsmitglieder sind aus verschieden Regionen Süddeutschlands angereist und kennen sich schon aus dem Netzwerk, das durch die jährlichen Treffen auf dem Möschberg in der Schweiz entstanden war (siehe auch Kapitel „Das Wurzelwerk von Bioland").

Für die Versammelten liegt es nahe, einen Verein zu gründen. Denn beim Verein als Personengesellschaft haben alle Mitglieder die gleichen Rechte und Pflichten. Alle können ihre Meinung einbringen, Entscheidungen beeinflussen und gemeinsam treffen. Dadurch, dass alle Beteiligten sich als gleichwertig betrachten, entsteht eine bewusste Selbstorganisation durch Gleichrangige. Dieses als „Peer Governance" beschriebene Prinzip ist die Grundlage für die Bioland-Demokratie und ihre Struktur.

Ohne Marke keine Struktur

Recht bald nach Vereinsgründung wird klar, dass Bäuerinnen und Bauern, die einen Gemischtbetrieb mit Ackerbau und Viehhaltung bewirtschaften, sich mit dem Namen bio-gemüse schwer tun. Die Umbenennung des Vereins 1979 in Fördergemeinschaft für organisch-biologischen Landbau ist damit folgerichtig und beschreibt das gemeinsame Anliegen zutreffender.

Den ersten Mitgliedern des Vereins war früh daran gelegen, den organisch-biologischen Landbau in Deutschland als Marke zu entwickeln. 1976 beim Bier, so erzählt man sich, wurden auf Bierfilze Ideen für das Warenzeichen skizziert und der Name Bioland – Land des Lebens, des Lebendigen – entstand. Die Marke Bioland war geboren (siehe auch Beitrag „Mensch Marke – Marke Bioland").

1987 wird der Vereinsname sowohl beim Gesamtverband als auch bei den Landesverbänden (siehe unten) umbenannt in „Bioland – Verband für organisch-biologischen Landbau". Bioland ist von da an beides zugleich: Verbandsorganisation und Bio-Lebensmittelmarke. Die Notwendigkeit zu definieren, was ein Bioland-Produkt ausmacht, führt zu gemeinsamen Standards, den Bioland-Richtlinien. Diese werden jedoch nicht autokratisch verkündet, sondern demokratisch verhandelt und beschlossen (siehe Kapitel „Regelwerk und Richtlinien").

Bioland, eine Heterarchie: Landesverbände entstehen

Der kleine Kern von 1971 wächst in den ersten Jahren kaum (siehe Kapitel „Das Wurzelwerk von Bioland"). Erst in den 1980er-Jahren kommen viele neue Mitglieder hinzu. Sie bringen Erfahrungen zum Beispiel aus Jugendorganisationen mit und wissen, wie Gruppenarbeit in den Regionen organisiert wird. Verbandsstrukturen auf Landesebene und die Bedeutung von überregionalen Netzwerken sind ihnen bekannt und sie sind sich darüber bewusst, dass diese hilfreich sind, um politische Rahmenbedingungen zu gestalten. Die Offenheit, Neues zu integrieren, hilft dem Verband zu wachsen und sich zu entwickeln.

Der junge Verein richtet 1973 in Heiningen, Baden-Württemberg, eine erste Geschäftsstelle mit einem angestellten Geschäftsführer ein. Das vielfältige Engagement in den verschiedenen Bundesländern muss organisiert werden. Daher kommt es zur Gründung der ersten Landesverbände: 1982 in Nordrhein-Westfalen, 1986 in Baden-Württemberg und 1987 in Schleswig-Holstein/Hamburg. Sie sind als Zwischenebene für den Zusammenhalt der Gesamtorganisation notwendig. Aus

PODCAST

bioland.de/
zukunftsbuch8

Hilfreiche Provokationen

„Ich habe mich oft vorsätzlich mit prominenten Bio-Gegnern aus der Wissenschaft angelegt, damit es nachher Entrüstung geben konnte. Und wir waren wieder im Gespräch", sagt Peter Grosch im Gespräch. Er war von 1979 bis 1988 Geschäftsführer von Bioland.

LANDESVERBÄNDE

→ MITGLIEDER IN DEN REGIONEN GRÜNDEN IHRE LANDESVERBÄNDE

1982 ... in Nordrhein-Westfalen

1986 ... in Baden-Württemberg
... in Hessen
... in Rheinland-Pfalz/Saarland
... in Bayern

1987 ... in Niedersachsen
... in Schleswig-Holstein/Hamburg

1991 ... Bioland in Südtirol

2011 ... in Berlin/Brandenburg, Mecklen-
burg-Vorpommern, Sachsen,
Sachsen-Anhalt, Thüringen
(Landesverband Ost)

dem ursprünglichen Mitgliederverein von 1971 ist eine arbeitsteilige Organisation entstanden: der Bioland-Gesamtverband mit seinen Mitgliedern und den Landesverbänden als Untergliederungen.

Die Krise der Landwirtschaft, das Ziel von Bioland, die Landwirtschaft zu ökologisieren, die daraus resultierende Veränderungsbereitschaft, jährliche Zuwachsraten zwischen fünf und zehn Prozent, das Engagement der Mitglieder und Mitarbeitenden und externe gesellschaftliche Veränderungen: Das alles prägt die Dynamik des Bioland-Verbandes. Es wird kontinuierlich notwendig, die Strukturen an die aktuellen Erfordernisse anzupassen und auf neue Herausforderungen zu reagieren.

Im Nachgang des Mauerfalls 1989 entsteht der Landesverband Ost. Die ersten Bioland-Bauern und -Bäuerinnen in den östlichen Bundesländern werden anfangs vor allem vom Landesverband Nordrhein-Westfalen begleitet. Der Landesverband Bayern unterstützt Bioland-Betriebe in Südtirol. In der Folge entsteht daraus der Landesverband Südtirol und Bioland fasst auch in Italien Fuß. Als es in Bayern 1991 wegen starkem Mitgliederzuwachs zu großen Spannungen zwischen den Regionen kommt, beschließt die Landesdelegiertenversammlung die Einführung der Zwischenebene der Regionalverbände und landesweiten Fachgruppen.
Eine reine „top down"-Hierarchie mit Direktiven von oben nach unten käme bei sich rasant ändernden Rahmenbedingungen schnell an ihre Grenzen. Bioland verfolgt daher das Prinzip der Heterarchie. Dabei werden mehrere Herrschafts- und Organisationsformen miteinander kombiniert, so wie Anfang der 1990er-Jahre im Landesverband Bayern. Impulse zur Veränderungen kommen im Bioland-Verband somit von oben, von unten und aus der Mitte.

Basis der Bioland-Demokratie:
Die Regional- und Fachgruppen

Unabhängig von der Sparte, Größe und Marktbedeutung des Betriebs können alle Bioland-Mitglieder an der verbandlichen Meinungsbildung mitwirken. Mit der Aufnahme in den Verband werden sie Mitglieder einer Regional- oder Fachgruppe. Diese aktiven und lebendigen Gruppen geben Impulse, beeinflussen strategisch-politische Entscheidungen, erzeugen Spannungen und finden Lösungen. Die Bioland-Bäuerinnen und -Bauern organisieren dafür vor Ort Veranstaltungen, vernetzen sich untereinander und arbeiten mit anderen Initiativen zusammen.

„Bioland in Bauernhand" ist das Verständnis von Teilhabe im Verband. Über Aktivitäten hinaus geht es um eine Eigentümerschaft der Bioland-Mitglieder am Verband und seiner Marke. Als gleichrangig mit Verbandsfunktionären gestalten Bäuerinnen und Bauern Bioland souverän mit und setzen seine Marke in Wert. Über 500 Mitglieder engagieren sich im Jubiläumsjahr in der Vertretung ihrer Gruppe, als Delegierte in Gremien und als ehrenamtliche Vorstände. Die Delegierten für die Bundes- und Landesdelegiertenversammlungen werden für jeweils drei Jahre gewählt. Viele sind gerne bereit, wiedergewählt zu werden.

Bundesdelegiertenversammlung:
Das Parlament des Verbandes

Die Bundesdelegiertenversammlung (BDV) ist der Kristallisationspunkt der bäuerlichen Souveränität. Hier sitzen die Vertreterinnen und Vertreter aus den Regionalgruppen. Die Delegierten beschließen beispielsweise Änderungen von Richtlinien, wählen die Verbandsführung oder beraten über die Haushaltsführung. Die Richtlinien, die für alle Mitglieder in der Erzeugung, in der Verarbeitung und im Handel verbindlich sind, werden, ähnlich dem Gesetzgebungsprozess in den staat-

VORSTÄNDE UND PRÄSIDENTEN

→ VORSTÄNDE

1971 Martin Scharpf

1978 Günther Schneider

1980 Alfred Colsman

1987 Rudolf Schilling

1988 Hinrich Hansen

1993 Christoph Ziechaus, Walter Heinzmann, Franz Rieks, Arne Hoops

1997 Ulrich Prollingheuer

1999 Ulrich Prolingheuer und Thomas Dosch

→ PRÄSIDENTEN

2006 Thomas Dosch

2011 Jan Plagge

SOZIOKRATIE? WAS IST DAS?

Die Soziokratische Kreisorganisationsmethode (SKM) ist eine Unternehmensorganisation mit doppelt verknüpften Kreisprozessen. Gleichwertigkeit in der Entscheidungsfindung ist Grundlage für die Kreisprozesse. Auf diese Weise verbessert die Soziokratie die Steuerungsmöglichkeiten aller Beteiligten und die Qualität der Entscheidungen steigt. Das gilt in gleichem Maße für unsere Zusammenarbeit wie für unser Zusammenleben. Die Soziokratische Kreisorganisationsmethode basiert auf den wissenschaftlichen Grundlagen der Kybernetik und wurde von Gerard Endenburg weiterentwickelt.

→ Weitere Informationen: www.soziokratiezentrum.org

der BDV und der landesverbandlichen Gremien wieder in die Gruppe zu tragen. Das Amt der Delegierten ist eng mit dem Auftrag der Gruppe verknüpft, persönliche Interessen treten somit in den Hintergrund.

Im Verlauf der Verbandsgeschichte hat sich die BDV immer weiterentwickelt und den aktuellen Gegebenheiten angepasst. Ihre grundsätzliche Aufgabe, als Vereinsparlament einen demokratischen Entscheidungsraum sicherzustellen, zieht sich wie ein roter Faden von den Anfängen bis heute durch die Bioland-Geschichte. Durch das starke Mitgliederwachstum nach der Jahrtausendwende droht die BDV jedoch „aus allen Nähten zu platzen" und gefährdet damit den Erfolg der parlamentarischen Arbeit. Im Herbst 2019 wird daher beschlossen, die Gesamtzahl der Delegierten auf 250 zu deckeln und damit die innerverbandliche Mitwirkung sicherzustellen.

Seit ein paar Jahren bereichern auch die Delegierten des Jungen Bioland und solche aus dem Kreis der Bioland-Partner das Bioland-Parlament. Damit sind sowohl die junge Generation als auch die zahlreichen Partner in die strategisch-politischen Entscheidungen des Verbandes mit einbezogen (siehe Kapitel „Gemeinsam stark").

Die Verbandsführung entwickelt sich weiter

Der Bioland-Verband hat seine Führungsmodelle insbesondere dem kontinuierlichen Mitgliederwachstum immer wieder angepasst. In den 1970er- und 1980er-Jahren ist der Vorstand des Bioland e. V. rein ehrenamtlich tätig. Die Landesvorstände werden in den erweiterten Bundesvorstand integriert. An der Spitze steht ein dreiköpfiger, ehrenamtlicher Vorstand mit einem ersten Vorsitzenden. 1988 wird Heinrich Hansen, Bioland-Bauer aus Schleswig-Holstein, als Vorsitzender gewählt. Da er faktisch fast täglich für den Verband arbeitet, erhält er eine monatliche, pauschale Aufwandsentschädigung. In den

lichen Parlamenten, in mehreren Beratungsschritten diskutiert und mit einer Zweidrittel-Mehrheit verabschiedet (siehe auch Kapitel „Regelwerk und Richtlinien").

Die Gruppen sind zwar durch ihre Delegierten in der BDV direkt angebunden. Die Demokratie bei Bioland ist aber eine repräsentative, denn die Mitglieder wählen Vertreterinnen und Vertreter für die landes- und bundesverbandlichen Gremien. Ihre Sprecherinnen und Sprecher geben Informationen aus den Gruppen weiter und haben die Aufgabe, die Beschlüsse

1990er-Jahren werden weitere Vorstandsmodelle mit ehrenamtlichen Bereichsvorständen und einem Gesamtvorstand aus den Landesverbänden erprobt.

Immer mehr setzt sich die Erkenntnis durch, dass eine professionelle, vollzeitliche Führungsspitze für die stark gewachsenen Aufgaben in der Interessensvertretung nach innen und außen notwendig ist. In der Folge entsteht die heutige Leitungsstruktur mit einem ehrenamtlichen Präsidium, in das auch Landesvorsitzende gewählt werden, und einem hauptamtlich gewählten Präsidenten, der für die jeweilige fünfjährige Amtszeit einen Anstellungsvertrag hat. Zur gesamten Führungsstruktur gehören noch die Mitglieder des Geschäftsführenden Ausschusses und die Bereichsleiterinnen und -leiter.

Diese kollektive Führungsstruktur aus Ehren- und Hauptamtlichen und der Integration von Führungskräften aus den Landesverbänden, Geschäftsstellen und Tätigkeitsfeldern verknüpft Kompetenz, Erfahrung und auf Zeit übertragene Verantwortung. Durch Reflexion und Anwendung von sozialwissenschaftlichen Erkenntnissen werden die Leitungsstrukturen immer wieder neu ausgerichtet. Seit 2018 werden neue Ideen aus der Soziokratie, deren Ansatz die Selbstorganisation von Verbänden fördert, verstärkt in die Weiterentwicklung einbezogen (siehe auch Kasten).

Faszinierend – das Bioland-Universum

Verbandsdemokratie ist nicht, wie ein Computerprogramm, einmal installiert und funktioniert dann auf Knopfdruck. Die Auseinandersetzungen im Verband zu strategisch-politischen Fragen haben seit jeher die Entwicklung angetrieben. Sie werden weiter zunehmen und brauchen gute Lösungen. Gegenseitiges Vertrauen ist die Basis, um diese Lösungen zu generieren und letztendlich tragfähige Entscheidungen zu treffen, die mit Kraft ihre Wirkung entfalten. Vertrauen wächst mit den Ver-

BIOLAND UND GÄA WERDEN PARTNER

Der 1. Januar 2016 ist ein bedeutender Tag in der Geschichte von Bioland und Gäa. An diesem Tag tritt ihre Kooperationsvereinbarung, den die Partner im September 2013 unterzeichnet hatten, in Kraft. Es ist die erste Kooperationsvereinbarung zwischen zwei Anbauverbänden. Die Zeit bis zum Inkrafttreten hatten die Partner genutzt, um miteinander die Details der zukünftigen Zusammenarbeit auszuarbeiten. Bioland-Präsident Jan Plagge und Kornelie Blumenschein, geschäftsführende Vorsitzende von Gäa, hatten den Vertrag ausgehandelt. Gäa hatte das Gespräch mit Bioland schon vor Jahren gesucht. „Die Bio-Branche stagnierte", sagt Kornelie Blumenschein. Doch es dauerte, bis die Zeit reif war für eine Zusammenarbeit. Die Grundidee des Kooperationsvertrages ist ein einheitliches Qualitätssystem, um in politischen Fragen und in Marktfragen gemeinsam aufzutreten. „Gleiche Werte verbinden", sagt Jan Plagge. „Wir haben früh im Prozess festgestellt, dass die Verbände und ihre Mitglieder gut zusammenpassen und dasselbe Ziel verfolgen." Beide Verbände haben eine ähnliche Gründungsgeschichte und Vision. Gäa ist in Sachsen, Sachsen-Anhalt und Thüringen zu Hause, wo der Verband ähnlich wie 20 Jahre zuvor Bioland aus einer Bewegung heraus gegründet wurde. Ähnlich wie Bioland hat auch Gäa ein Delegiertensystem, neben dem Bundesverband jedoch keine Landesverbände. Viele Gäa-Mitglieder schätzen diese Nähe, die familiäre Atmosphäre und den schnellen und direkten Kontakt zum Vorstand. Gäa-Mitglieder arbeiten heute in allen Bioland-Fachausschüssen mit. Gäa ist Mitglied in der Bioland-Anerkennungskommission und hat, wie Bioland auch bei Gäa, Gastrecht in der Delegiertenversammlung. Kornelie Blumenschein wünscht sich, dass die Gäa kooperatives Mitglied bei Bioland wird, doch über die Zukunft von Gäa würden alleine die Gäa-Mitglieder entscheiden.

Im Dialog entstehen neue Impulse. Der Verband schafft dafür zahlreiche Räume, beispielsweise einen Kongress für seine Partner.

bindungen, die gepflegt werden. Immer wieder miteinander ins Gespräch kommen, auch mit den vermeintlichen Gegnerinnen und Gegnern, Perspektiven wechseln, sich austauschen und anregen lassen, Positionen finden, das Gespräch suchen und die verbandliche Zusammenarbeit pflegen, bleibt bei allen Veränderungen auch in Zukunft eine wichtige Konstante.

Die Stärke des Bioland-Verbands ist es, Vielfalt und Kreativität zuzulassen, zu ermöglichen, ja zu fördern. Vielfältige Strukturen erlauben es, Potenziale zu leben. In zahlreichen Führungspositionen auf allen Ebenen kann mitgestaltet, mitgewirkt und Verantwortung übernommen werden.

Im „Land des Lebens" entstehen jeden Tag neue Ideen, die verwirklicht werden wollen und Strukturen brauchen. Auch wenn der eine oder die andere sich manchmal eine Reduktion wünscht, die Komplexität ist der Reichtum des Bioland-Verbandes. Sie ist auch der Ausgangspunkt der Bioland-Geschichte. Die Natur in ihrer Komplexität und damit ihrer Widerstandskraft zu begreifen ist Grundlage für den organisch-biologischen Landbau. Auch im lebendigen Organismus des Bioland-Verbandes geht es darum, die Komplexität anzunehmen, ja sogar zu begrüßen. Sie ist der Schatz, der den ewig steten Wandel ermöglicht. Der wirklich gewordene Umbau einer Welt, die respektvoll mit Leben umgeht, ist Motivation für den täglich neuen Einsatz für das Beste.

→ *Reinhard Verdorfer*

ZUKUNFTSFÄHIGE STRUKTUREN IN SÜDTIROL
Der Landesverband als Genossenschaft

Im Bioland-Jubiläumsjahr feiert Bioland Südtirol sein 30-jähriges Bestehen und wird sein 1.000stes Mitglied begrüßen. Inzwischen betreut ein elfköpfiges Team die wachsende Anzahl der Mitglieder. Laufend werden neue Dienstleistungen entwickelt. Dieses enorme Wachstum in Bioland Südtirol hat eine tiefgreifende interne Reorganisation zur Folge.

Bereits 2019 beginnen die Bioländerinnen und Bioländer in Südtirol damit, die Bioland-Gruppen aktiver im Verband einzubinden und die Arbeit transparenter und effizienter zu gestalten. Dieser Prozess gipfelt 2020 in einer Satzungsänderung, die die Mitglieder auf ihrer Versammlung im Frühjahr beschließen. Der bestehende Vorstand wird fortan in einen geschäftsführenden Vorstand und einen Landesvorstand aufgeteilt. Der geschäftsführende Vorstand übernimmt die Themen Mitarbeiterführung und Finanzen. Der Landesvorstand, bestehend aus dem geschäftsführenden Vorstand, allen Gruppensprechern sowie jeweils zwei Vertreterinnen und Vertretern aus der Verarbeitung und den Mitarbeitenden, übernimmt die Themen Politik und strategische Ausrichtung des Verbandes.

Im Jahr 2021 folgt ein weiterer Schritt der Reorganisation, der vor allem das Ziel verfolgt, den richtigen steuerrechtlichen Rahmen für den dynamisch wachsenden Landesverband zu entwickeln. In einer rechtlichen, steuerrechtlichen und betriebswirtschaftlichen Bestandsanalyse kommt der Raiffeisenverband Südtirol zu dem Schluss, dass die Umwandlung des Bioland-Vereins in eine Genossenschaft der richtige Weg sei, um

die nötige Rechtssicherheit in Südtirol/Italien für die zunehmende Beratungstätigkeit von Bioland Südtirol zu haben. Zudem ist man im „Genossenschaftsland" Südtirol steuerrechtlich und förderungstechnisch als Genossenschaft besser aufgestellt, nicht nur im produzierenden Gewerbe, sondern auch in der Beratung und Dienstleistung.

Im neuen Rechtskleid der Genossenschaft bezieht Bioland Südtirol im April 2021 das Kompetenzzentrum des Biolandbaus Südtirol, gemeinsam mit der Kontrollstelle Abcert und dem Biokistl Südtirol sowie den Vermarktungsgenossenschaften Bio Alto Südtirol und Bioregio mit der Marke BioBeef. „Ein wichtiger Schritt, um für unsere Mitglieder noch mehr und bessere Dienstleistungen anbieten zu können", freut sich Bioland-Obmann Toni Riegler.

Forschung in und mit der Praxis

Auf Augenhöhe und die Zukunft im Blick

→ *von Gwendolyn Manek*

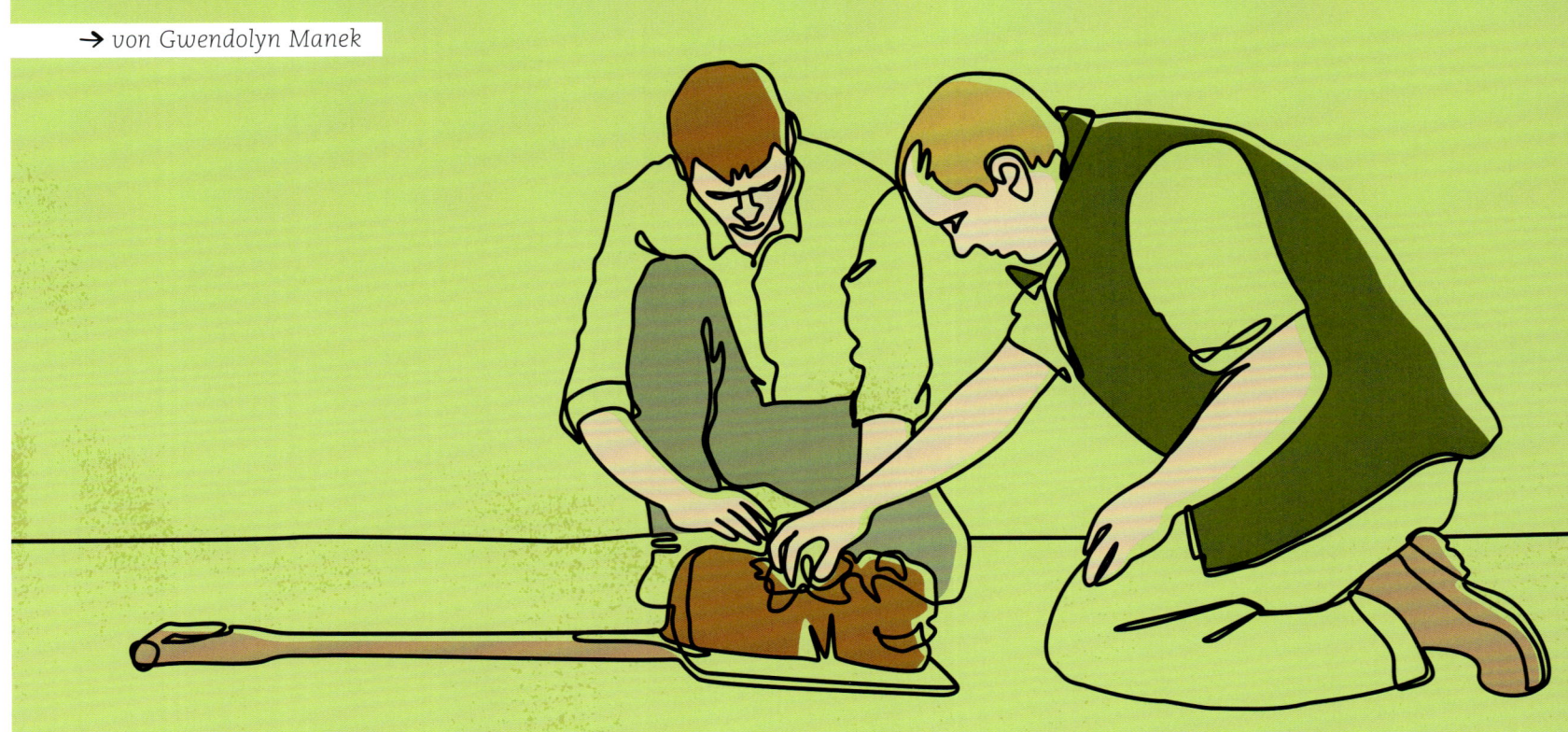

Forschung und Entwicklung. Das klingt nach Labor, nach etwas, das man irgendwo im Organigramm eines Großkonzerns erwartet. Doch in der Tochterfirma Bioland Beratung GmbH gibt es auch im Bioland so eine Abteilung. Derzeit 20 Mitarbeiterinnen und Mitarbeiter koordinieren und bearbeiten rund 15 Projekte, die mit Bundes- und EU-Mitteln gefördert werden.

NutriNet heißt eines davon. Dabei beschäftigen sich zehn Projektpartner unter der Koordination von Bioland über fünf Jahre hinweg mit Nährstoffstrategien im Ökolandbau. Sie sollen die Nutzungseffizienz von Nährstoffen verbessern, Verluste reduzieren sowie Nährstoffversorgung und Humuserhalt beziehungsweise Humusaufbau im Blick haben. Es gilt, langjährige Beobachtungen aus der Praxis und neueste Erkenntnisse aus der Wissenschaft zusammenzubringen, um gemeinsam das Nährstoffmanagement weiterzuentwickeln. Einer von rund 60 beteiligten Betrieben ist das Landgut Petkus im brandenburgischen Baruth. Dort baut die Familie von Lochow auf 850 Hektar Getreide und mehr an. „Gerade im Biolandbau ist noch viel Potenzial für die Weiterbildung vorhanden. Wir könnten unsere Erträge deutlich steigern, wenn wir mehr wüssten", erklärt Ferdinand von Lochow seine Motivation mitzuforschen.

Die Zusammenarbeit zwischen Praxis und Forschung hat Tradition. Im Jubiläumsjahr 2021 blicken wir immer wieder auf den Ursprung von Bioland zurück: Auch in den Anfängen des organisch-biologischen Landbaus spielen Fragen aus der Praxis und die Suche nach Antworten darauf eine wichtige Rolle. Das Ehepaar Müller legt gemeinsam mit dem Mikrobiologen Hans Peter Rusch die Grundsteine des organisch-biologischen Landbaus (siehe Kapitel „Das Wurzelwerk von Bioland"). Maria Müller erarbeitet die Landbaumethoden theoretisch und praktisch. Dr. Hans Müller übernimmt den Wissenstransfer zu den Grundlagen. Dr. Hans Peter Rusch ergründet die Zusammenhänge wissenschaftlich. Gerade die versuchte wissenschaftliche, auch mikrobiologische Bewertung der landwirtschaftlichen Methoden kennzeichnet den organisch-biologischen Landbau.

Praxis forscht mit

In den Anfängen geht es darum, Landwirtinnen und Landwirten eine Alternative zu bieten: Ein nachhaltiges System, das eigenständiges Wirtschaften ermöglicht, Abhängigkeiten löst und eine gesunde Lebens- und Ernährungsweise mit der Natur ermöglicht. Bioland-Pionierinnen und -Pioniere orientieren sich vor allem weg von Betriebsmitteln und Wirtschaftsweisen, die einem fruchtbaren Boden und einem funktionierenden Betriebskreislauf schaden. Dazu müssen innerbetriebliche Prozesse aufeinander und auch auf natürliche Prozesse abgestimmt werden.

Das wiederum nimmt Landwirtinnen und Landwirte in die Pflicht, genau zu beobachten. Wer im Stall keine vorbeugenden Medikamente einsetzen darf und auf dem Feld keine „schnelle Lösung" durch Chemikalien hat, muss die lokalen Gegebenhei-

PODCAST

bioland.de/
zukunftsbuch9

Feldforschung
*Ferdinand von Lochow
berichtet über
die fruchtbare
Zusammenarbeit
zwischen Forschung
und Praxis.*

ten – Witterungsbedingungen, Problemunkräuter, Keimdruck im Stall – genau kennen. Engagierte Praktikerinnen und Praktiker im Ökolandbau spielten und spielen bei der Weiterentwicklung des Anbausystems eine tragende Rolle. Jeden Tag beobachten sie, wie ihr Handeln die Entwicklung von Boden- und Tiergesundheit, Artenvielfalt oder Ernteertrag beeinflusst. Dadurch entstehen clevere Maschinenlösungen, innovative Arbeitsabläufe und ausgeklügelte Systeme, um den innerbetrieblichen Nährstofffluss zu optimieren. Impulse dieser intensiven Beschäftigung mit den Herausforderungen des ökologischen Landbaus werden häufig über Anträge an die Bundesdelegiertenversammlung zu Richtlinienbestandteilen. So kommen sie auch in der Fläche zur Umsetzung.

Bio-Forschung beantwortet gesellschaftliche Fragen

Das Dreigestirn aus praktischer Beobachtung und Entwicklung, wissenschaftlicher Ergründung sowie der Beschreibung und des Wissenstransfers hat sich bewährt und funktioniert auch heute noch in der Praxisforschung. Allerdings hat sich das Umfeld wesentlich geändert. Heute stehen die Bioland-Landwirtinnen und -Landwirte nicht mehr als Randgruppe da. Ihre Fragen ähneln denen weiter Teile der Gesellschaft. Wie sieht nachhaltiges Wirtschaften aus? Wie erhalten wir Grund und Boden, Luft und Wasser auch für die nachfolgenden Generationen in einem gesunden Zustand? Gleichzeitig entstehen über die Jahrzehnte Herausforderungen, die für einzelne Betriebsleitende kaum zu beantworten sind. Wie gehen wir damit um, wenn über die Jahre ein Nährstoffdefizit entsteht, weil die Kreisläufe eben doch nicht ganz geschlossen sind? Wie genau definiert sich Tierwohl und artgerechte Haltung?

Wissenschaftlich arbeiten

Die anekdotische Evidenz, die sich über Jahre des Ausprobierens, Lernens durch Erfolge und Misserfolge auf den Betrieben ergibt, kommt bald an ihre Grenzen. Hier kann die Wissenschaft unterstützen mit Datenerhebungen, die nicht von der eigenen Betriebsblindheit beeinflusst sind, und wissenschaftlich fundierten Versuchen, die belastbare Ergebnisse generieren. Diese objektive Außenperspektive bietet einen manchmal schmeichelnden, manchmal aber auch schonungslosen Spiegel. Sie zeigt neue Wege auf oder bietet zumindest Erklärungen, die sich mit dem bloßen Auge nicht erfassen lassen.

Die Abteilung Forschung und Entwicklung bei Bioland macht sich für ein Miteinander auf Augenhöhe stark. Dabei arbeitet sie im Verbund Ökologische Praxisforschung eng mit den Verbänden Naturland und Demeter zusammen, um gemeinsam die Grenzen des Ökolandbaus unter die Lupe zu nehmen. In einer Vielzahl von Projekten werden Forschende, Betriebe und Beratende zusammengebracht, um mit vereinten Kräften den Ökolandbau weiterzuentwickeln.

Dabei liegt die Stärke der Praxisforschung darin, dass sie sowohl von wissenschaftlichen Impulsen als auch von praktischem Innovationsgeist angetrieben wird. Schließlich funktioniert der Systemgedanke, der sich aus dem Grundsatz der Kreislaufwirtschaft und damit dem nachhaltigen Umgang mit Ressourcen ergibt, auch nach dem Baukastenprinzip: wichtige isolierte Detailerkenntnisse werden zusammengefügt und in die Gesamtstrategien eingebettet. Fragen gibt es allemal genügend.

100 Prozent Bio-Futter und Null Kupfer?

In der Tierhaltung ist die 100-Prozent Bio-Fütterung der Monogastrier (Schweine, Geflügel) eine zeitnah zu nehmende Hürde. Ganz konkret geht es dabei um die Auswahl an alternativen ökologischen und dazu heimischen Futtermitteln. Neben

Anbautechnik und Rationsverträglichkeit stellen sich hier Systemfragen. Können beispielsweise Leguminosen, besonders die nicht für den menschlichen Konsum geeigneten Feinleguminosen, als Motor der Fruchtfolge Stickstofffixierung und Mast miteinander verbinden? Wie viel Tierhaltung ist überhaupt für das System verträglich und gewollt? Kaum verwunderlich, dass die Bioland-Betriebsleitenden und -Beratenden in verschiedenen Projekten an der 100-Prozent-Bio-Fütterung arbeiten und forschen. Aber auch die eigenständige ökologische Züchtung oder die Weiterentwicklung von Haltungssystemen sind in Arbeit. Zum Beispiel gemeinsam mit der Ökologischen Tierzucht gGmbH und engagierten wissenschaftlichen Partnern in den Projekten ÖkoHuhn und Öko2Huhn.

Auch im Pflanzenbau sind die Fragestellungen sehr vielfältig, wie das Nährstoffprojekt NutriNet zeigt. Im Weinbau ist ein, wenn auch vergleichsweise geringer Kupfereinsatz Anlass, im Projekt VitiFIT an Reduktionsstrategien und Alternativen mitzuarbeiten. Unterstützung bei der Entwicklung von Maschinenprototypen findet man genauso im Bioland-Projektportfolio wie Strategien zur Anbauerweiterung und Wertschöpfung von Körnerleguminosen.

Topthema Klimawandel

Der Themenkomplex „Nachhaltigkeit und Klimaverträglichkeit" spielt schon längst eine Rolle und entwickelt sich in Zukunft wohl zur bestimmenden Forschungsfrage. Entscheidend für den Erfolg ist es, in den Projekten die enge Kette Wissenschaft – Beratung – Betriebe zu nutzen. Trotz und gerade wegen der Komplexität müssen die Beteiligten die Erkenntnisse verständlich und praktisch anwendbar machen und sie zügig verbreiten. Auch die Vernetzung innerhalb der wissenschaftlichen Gemeinschaft ist bei der Bearbeitung dieser Fragen unabdingbar.

Glück gehabt: Bei der Ökologischen Tierzucht gGmbH werden immer alle Küken aufgezogen – egal ob weiblich oder männlich. Das Öko-Huhn der Zukunft ist ein Zweinutzungshuhn.

Die meisten Projekte lassen sich nur mit Drittmitteln finanzieren und durchführen. Das unterscheidet die heutige Forschung in ihrer Struktur und Möglichkeit grundlegend vom Forschen in den Anfängen des organisch-biologischen Anbaus. Ein wichtiger Geldgeber ist das 2001 ins Leben gerufene Bundesprogramm Ökologischer Landbau (BÖL), das 2011 nochmal erweitert wurde zum Bundesprogramm Ökologischer Landbau und andere Formen nachhaltiger Landbewirtschaftung (BÖLN). Mit einem Jahresetat von 34 Millionen Euro (2021) bietet es die Möglichkeit, spezifischen Fragen nachzugehen. Allerdings betragen die Mittel weniger als zwei Prozent der gesamten Agrarforschungsförderung. Und die landen nicht einmal alle bei der Ökolandbauforschung, sondern auch bei Projekten der konventionellen Landwirtschaft. Mit den Zielen 25 Prozent Öko-Landwirtschaft auf EU-Ebene und 20 Prozent auf Bundesebene vor Augen wird deutlich, dass die Forschungsförderung noch stark steigen muss.

Meilensteine auf dem Weg in die Zukunft

Dennoch: über die Jahre gesehen hat die Forschung im Ökolandbau wichtige Meilensteine erreicht, auf denen sich in Zukunft weiter aufbauen lässt. Das 1973 in der Schweiz gegründete Forschungsinstitut für biologischen Landbau (FiBL) übernimmt heute eine wesentliche Rolle in der Vernetzung der Öko-Forschung. Die 1981 eingerichtete Professur für Ökolandbau in Witzenhausen war ein erster Schritt in die Zukunft der wissenschaftlichen Ökolandbauforschung, auf den bis heute weitere rund zwei Dutzend Stellen folgten. Mit der Einrichtung des Studiengangs Ökologische Agrarwissenschaften in den 1990er-Jahren betrat die Universität Kassel Neuland. 2000 dann schaffte es der Ökolandbau mit dem Thünen-Institut für Ökologischen Landbau in Trenthorst auch in die Ressortforschung. Die seit 20 Jahren alle zwei Jahre stattfindende Wissenschaftstagung Ökologischer Landbau ist eine wertvolle Plattform, um zu sehen, wie die Fragestellungen des Ökolandbaus in der Wissenschaft bewegt werden und vorankommen.

Fazit: Gemeinsam haben wir schon viel erreicht. Um jedoch die treibende Kraft der Landwirtschaft der Zukunft zu sein, gilt es dranzubleiben. Vom System-Denken des Ökolandbaus und der Forschung im Ökolandbau kann vielleicht ein Impuls in die ansonsten streng nach Disziplinen getrennte Forschungslandschaft ausgehen. Gleichzeitig müssen wir selbst im Sparring mit Gesellschaft und Wissenschaft die nächsten Entwicklungsschritte erkennen und sie mutig, aber auch selbstkritisch angehen. Wissenschaft auf Augenhöhe und im Dialog mit den Anwendenden, eingebettet in ein ethisch-moralisches Konstrukt: diese Herausforderung ist es wert, angenommen zu werden!

MEILENSTEINE DER FORSCHUNG

1973 Forschungsinstitut für biologischen Landbau (FiBL) in der Schweiz

1981 Professur für Ökolandbau an der Universität Kassel-Witzenhausen

1995 Studiengang Ökologische Agrarwissenschaften Witzenhausen

2000 Thünen-Institut für Ökologischen Landbau in Trenthorst

→ *Ann-Kathrin Bessai*

VON DER PROJEKTIDEE BIS INS GARTENCENTER

Zum vierzigjährigen Jubiläum beginnt Bioland, neue Forschungs-felder für innovative Betriebszweige zu beackern. 2011 startet ein BÖLN-Projekt zum Bio-Zierpflanzenbau. Ziel ist es, auf Leitbetrieben die vielen offenen Fragen zu Sortimentsprüfung, Düngungsstrategien, Jungpflanzenanzucht, Unkrautregulie-rung und Pflanzenpflege direkt in und mit der Praxis zu klären. Gleichzeitig sollen die Leitbetriebe andere Gartenbaubetriebe motivieren, umzustellen oder nachhaltiger zu wirtschaften. Auch gilt es, die Bio-Zierpflanzen besser zu vermarkten und bei Verbraucherinnen und Verbrauchern bekannt zu machen. Bereits zu Beginn entsteht eine fruchtbare Zusammenarbeit mit einigen weiteren Akteuren. So startet das Projekt zusammen mit der Landwirtschaftskammer Nordrhein-Westfalen und der Anbaugemeinschaft Bio-Zierpflanzen. Was als Netzwerk aus fünf Leitbetrieben begann, wächst seitdem ständig und entwickelt sich weiter: Derzeit laufen unter der Leitung der Bio-Zier-pflanzenexpertin Andrea Frankenberg gleich zwei Projekte zu zentralen Herausforderungen im Zier- und Topfpflanzenanbau: der Reduktion beziehungsweise dem Ersatz von Torf im Substrat und der Bio-Kontrolle auf Bio-Zierpflanzenbetrieben. Das wird immer relevanter, weil heute bereits rund 125 Bioland-Betriebe Beet- und Balkonpflanzen, Zimmerpflanzen, Schnittblumen, Stau-den, Rosen und (Weihnachts)-Bäume nach Bioland-Richtlinien kultivieren! All diese Betriebe basieren auf den Wissensgrund-lagen der Forschungsprojekte. Am laufenden Forschungsprojekt zum Torfersatz beteiligen sich schon 13 Betriebe.

Bio-Zierpflanzen sind inzwischen keine Seltenheit mehr, ob im Bio-Laden oder im Gartencenter. Auch immer mehr neue For-schungspartner kommen hinzu: zum Beispiel die Staatliche Lehr- und Versuchsanstalt für Gartenbau Heidelberg, die Universität Kassel oder die Fachhochschule Erfurt. Gemeinsam mit Bioland bringen sie den Bio-Zierpflanzenanbau in den nächsten Jahren zum Aufblühen!

Forschung sei Dank: in Zukunft viel mehr Bio-Blumen

Gemeinsam der Zukunft den Hof machen

Nachwuchsorganisation das Junge Bioland

→ *von Theresia Kübler*

Das Junge Bioland vernetzt frische Köpfe aus der Bio-Branche. Was uns vereint: unsere Werte! Bei uns wird nicht nur im Stall und auf dem Acker angepackt, sondern auch in der Gesellschaft. Wir engagieren uns ehrenamtlich, bilden uns fachlich weiter, sorgen für klare Strukturen und setzen uns für eine nachhaltige Entwicklung ein. So prägen wir auch unseren Anbauverband.

Seit 2013 engagieren sich junge Menschen aus dem Bioland im Jungen Bioland e.V. Jährlich finden regelmäßig Workshops, Projektwochenenden und Exkursionen raus auf Höfe statt. Knapp 200 Mitglieder nutzen diese Veranstaltungen zum fachlichen Austausch und um über den eigenen Tellerrand zu blicken. Zentrales Element ist dabei die gemeinsame Diskussion über das Gesehene und Gehörte. Darüber hinaus bieten die Landesgruppen des Jungen Bioland in Baden-Württemberg, Bayern und Nordrhein-Westfalen regionale Angebote wie Gruppentreffen und Exkursionen. Nach wie vor befindet sich die Nachwuchsorganisation in einer Aufbau- und Entwicklungsphase. Das Projekt „Starke Gruppen" ist ein zentraler Ansatz, um die interne Entwicklung der noch jungen Organisation gemeinsam zu denken und voranzutreiben.

Gewählte Vertreterinnen und Vertreter der Landesverbände sind in verschiedenen Gremien von Bioland aktiv und wirken ehrenamtlich an der Gestaltung der Zukunft des Verbandes mit. Ein laufendes Projekt des Jungen Bioland, die „Manufaktur des Ehrenamts" unterstützt dieses ehrenamtliche Engagement durch Angebote für die persönliche Weiterbildung.

Der insgesamt fünfköpfige Vorstand des Jungen Bioland handelt im Auftrag der Mitglieder und steuert die anstehenden Projekte. Unterstützt wird er dabei von einer Geschäftsführung und einer weiteren Stelle.

Eine wichtige Säule des Jungen Bioland ist die politische Willensbildung. Der lebendige Austausch auf den verschiedenen Veranstaltungen wirft politische Fragen auf, die gemeinsam diskutiert werden. Zunehmend äußert sich das Junge Bioland in Kooperation mit anderen Jugendverbänden aus der Agrar- und Ernährungsbranche politisch und macht sich für eine ökologische Landwirtschaft stark.

PODCAST

bioland.de/
zukunftsbuch10

Mitgestalter
Die Nachwuchsorganisation Junges Bioland redet im Verband mit. Welche Räume sie dafür geschaffen hat, erläutert die Vorsitzende des jungen Vereins Theresia Kübler.

Stetiges Wachstum

Entwicklung der Mitgliederzahlen vom Jungen Bioland

[Quelle: Junges Bioland e.V.]

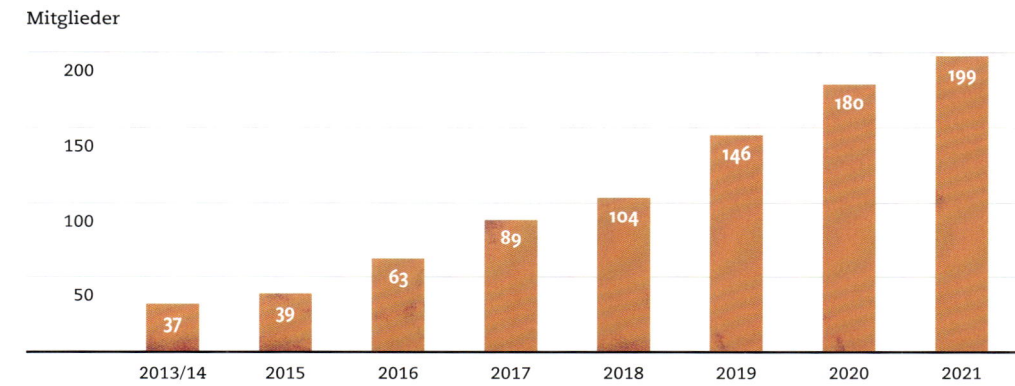

Mitglieder

2013/14	2015	2016	2017	2018	2019	2020	2021
37	39	63	89	104	146	180	199

→ Daniel Arzt

Nachahmen gewünscht
DAS PROJEKT MUTMACHER

Anna und Jörg Ostermeier haben den elterlichen konventionellen Milchviehbetrieb komplett umgekrempelt. Sie halten jetzt Bio-Legehennen und sind damit – obwohl es absolut nicht der leichteste Weg war – voll und ganz zufrieden.

Gestalten, vernetzen, austauschen – und mit gutem Vorbild vorangehen. Für all das braucht es neben Ideen, Innovation, Ausdauer und ein wenig Glück vor allem eines: Mut. Denn Zukunft wird aus Mut gemacht und das Junge Bioland und seine Mitglieder zeigen Tag für Tag, wie das gehen kann. Den jungen Bioland-Mutmacherinnen und -Mutmachern möchten wir eine Plattform bieten, um ihr Wissen und ihre Erfahrungen mit anderen zu teilen. Doch bevor wir den Blick in die Zukunft richten, schauen wir zurück auf die Entstehungsgeschichte der Mutmacher-Reihe des Jungen Bioland.

Für die Mitglieder des Jungen Bioland sind Hofübergabe und der Wechsel der Generationen zentrale Themen. Deshalb plant der Vorstand zunächst eine Printbroschüre, um die einzelnen Schritte des Generationenwechsels darzustellen. Den Initia-

toren wird jedoch schnell klar, dass sich dieses Format für das geplante Vorhaben nicht eignet. In Zusammenarbeit mit der Online-Redaktion und Bioland-Mitarbeiterinnen und -Mitarbeiten wird deshalb ein Konzept entwickelt, wie wir die für uns wichtigen Themen besser vorstellen können – so wird 2019 die Reihe „Junges Bioland-Mutmacher" geboren. Es sind die jungen Landwirtinnen und Landwirte selbst, die in Porträts, Hofreportagen oder Interviews von ihrem Weg in die Landwirtschaft erzählen, Fragen beantworten und Tipps geben. Zu lesen gibt es diese Texte im Bioland-Blog auf bioland.de. Verbreitet werden sie über Biolands Social-Media-Kanäle Instagram, Facebook und Twitter. Zusätzlich kommen die jungen Akteure auch in Videos auf dem Bioland-YouTube-Kanal zu Wort. Das Ziel der Mutmacher-Reihe ist es, öffentlichkeitswirksam „Mut zur Landwirtschaft zu machen". Wir sind motivierte und überzeugte Bio-Landwirtinnen und -Landwirte, haben ein großes Netzwerk und kennen viele Best Practice-Beispiele. Diese wollen wir in die Welt tragen, um Interessierten Mut für den Einstieg zu machen und uns als Anlaufstelle zu präsentieren. Wir wollen ein Bild der Landwirtschaft zeigen, das jung, innovativ und modern ist.

Dafür möchten wir vielseitige Konzepte sowie Wirtschafts-und Arbeitsmodelle anbieten und jedem Beitrag ein spezifisches Thema geben. Das können beispielsweise die Vorgänge der Hofübergabe, die Neugründung eines Betriebs oder der Umgang mit einer schwierigen Situation sein.

Erfahrungsschatz weitertragen

Der Erfahrungsschatz älterer Bio-Landwirtinnen und -Landwirte ist für uns zwar sehr wertvoll. Es sind aber vor allem die jungen Menschen der nächsten Generationen, die für uns als Vorbilder immens wichtig sind. Ihre Arbeit und ihr Umgang mit schwierigen Situationen sind inspirierend und motivie-

rend. Moderne Probleme brauchen moderne Lösungen. Und diese haben vor allem junge Menschen parat! Unsere Mutmacher und Mutmacherinnen zeigen immer wieder, wie sie mit Offenheit und viel Energie alle Herausforderungen, die sich ihnen in den Weg stellen, meistern. Unsere Mutmacherinnen und Mutmacher sind aber eigentlich viel mehr als nur motivierend. Sie sind Teil unseres Netzwerks und direkte Ansprechpartnerinnen und Ansprechpartner.

Innerfamiliäre Hofübergabe, Umstellung, Neugründung – alle Mutmacher-Geschichten sprechen Themen an, die für junge Landwirte und Landwirtinnen und alle, die es werden möchten, greifbar und präsent sind. Veränderung kostet immer Kraft und Mut, zahlt sich am Ende aber oft aus. Die Junges Bioland-Mutmacher zeigen uns das und leisten durch ihre Arbeit als Pioniere und Pionierinnen, als Mentoren und Mentorinnen und als Vorbilder einen Beitrag für eine zukunftsfähige und moderne ökologische Landwirtschaft.

6.000 BESUCHERINNEN UND BESUCHER TÄGLICH

Mariekatrin Tigges ist Bioland-Landwirtin und Influencerin. „Instragram öffnet total viele Türen, die sich sonst nicht öffnen würden", sagt sie im Interview. „Es erweitert den Horizont und ich lerne sehr viele Leute kennen, die ich sonst nicht treffen würde." Auch wenn ihr Account eigentlich für Kundinnen und Kunden ist, hat sie viel Kontakt zu anderen Landwirten und Landwirtinnen, sagt die junge Landwirtin. „Und egal was für ein Problem ich habe, ich kann jede Frage stellen und bekomme eine Antwort. Es ist also einfach auch total praktisch."

Der mit Abstand überwiegende Teil der Rückmeldung, die Tigges erhält, ist positiv. „Die Leute sind dir auch echt dankbar und freuen sich über alles, was man ihnen zeigt. Sie schicken einem teilweise seitenlange total liebe Nachrichten. Und wenn sie dann sogar noch auf dem Hof stehen und Sachen kaufen, dann ist es natürlich doppelt gut!"

Das gesamte Gespräch im Podcast

PODCAST

bioland.de/
zukunftsbuch11

Lucia und Marlene Gruber vom Biohof Gruber Schöfthal zeigen, wie man mit Social Media in der Öko-Landwirtschaft Fuß fassen kann, auch wenn man diesen Beruf gar nicht so wirklich im Blick hatte.

→ *Marie Leinauer im Gespräch*
mit Sabine Obermaier

„Ideenschmiede und Treiber einer ökologisierten Gesellschaft"

Die Gründungsmitglieder des Jungen Bioland e.V. haben den Stab inzwischen an jüngere Mitglieder des Vereins weitergegeben. Sabine Obermaier ist ein Gründungsmitglied der Bioland-Jugendorganisation. Mit ihr sprach Marie Leinauer über ihre Visionen für die zukünftige Arbeit des Vereins.

Was hat euch dazu bewegt, das Junge Bioland zu gründen?

Sabine Obermaier: Das Junge Bioland gab es schon einige Jahre vor der Gründung des Vereins. Die Eintragung als Verein war ein notwendiger Schritt, um innerhalb des Verbandes auch eine politische Stimme zu bekommen und Meinungsbildung besser organisieren zu können.

Wie meinst du es, dass es das Junge Bioland schon vorher gab?

Obermaier: Den Ball „Junges Bioland" haben sehr engagierte und aktive junge Bioländler ins Rollen gebracht. Sie kamen sowohl von Bioland-Betrieben als auch von der Bioland-Beratung. Sie stellten fest, dass der „erste große Generationenwechsel" vor der Türe steht und dass es sehr viel Angebot für die Alten gibt, aber nichts für „uns Junge" und dass man sich immer so freut, wenn man mal zufällig junge Gleichgesinnte trifft.

Sie organisierten dann erste Exkursionen auf Bioland-Betriebe. Das war eine tolle Sache und eine ganz neue Erfahrung, denn eine ganze Gruppe junger Bio-Landwirtinnen und -Landwirte kam sonst nie zusammen, das kannte niemand von uns – nicht von der Schule, vom Studium oder von anderen Veranstaltungen. Exkursionen haben den Vorteil, dass man viel Zeit hat zum Quatschen und auch ein gemütlicher Abendteil dabei ist. So ist es immer gewachsen und es war klar, nächstes Jahr fährt man wieder mit! Es folgten nicht nur Exkursionen, sondern auch Gruppenarbeiten an Schwerpunktthemen zur Agrarpolitik und zu Bioland.

Ihr wart ohnehin aktiv. Wieso dann die Vereinsgründung?

Obermaier: Irgendwann gaben der Präsident und das Präsidium das Signal, dass sie die politische Mitarbeit von jungen Vertreterinnen und Vertretern befürworten. Um eine gewählte Stimme zu haben, mussten wir uns institutionell organisieren und überlegen, wie wir Meinungsbildung über ein großes Bioland organisieren können. So kam es zum Entschluss, den e.V. zu gründen. Parallel dazu ist das Junge Bioland gewachsen und auch in anderen Regionen außerhalb Bayerns wurden Exkursionen und Treffen von umtriebigen Jungen organisiert.

Wie beobachtest du das Junge Bioland heute, einige Jahre nach der Gründung?

Obermaier: „Die erste große Welle" an Hofnachfolgern hat andere Herausforderungen als unsere Mütter und Väter. Wir haben einen viel leichteren Zugang zu Wissen und von vornherein schon einen besseren Stand in der Gesellschaft. Bio-Bäuerinnen und -Bauern sind heute anerkannt und wertgeschätzt, was früher nicht so war. Die ganze Infrastruktur ist besser.

Allerdings gibt es trotzdem andere Steine, über die wir klettern müssen: Der Strukturwandel und die Schnelllebigkeit machen auch vor den Bio-Betrieben nicht Stopp. Wir müssen am und mit dem Klimawandel arbeiten und die Entwicklung ist nie zu Ende. Jede Generation muss sich weiterentwickeln, produktionstechnisch als auch soziologisch können wir uns nicht ausruhen. Darum ist es so unglaublich wertvoll, dass es das Junge Bioland gibt, eine Plattform und Heimat, um sich zu finden und gemeinsam an Lösungen zu arbeiten.

Das Junge Bioland hat eine ähnliche Struktur und Arbeitsweise wie der große Verband, was auch gewollt war. Jedoch sollte es sich ein bisschen lösen, um noch innovativer zu werden und wie auf den Höfen „eigene Wege zu gehen". Was aber nicht leicht ist, vor allem dann, wenn das Erbe sehr groß ist.

Beschreibe das Junge Bioland in drei Worten

Obermaier: Bio-Überzeugung, Freundschaft, Zukunft

Welche Vision hast du, wenn du an die Zukunft des Jungen Biolands denkst?

Obermaier: Heimat für die Transformation der Landwirtschaft der Zukunft. Freundschaften fürs Leben, auch überregional, das erweitert den eigenen Horizont. Ideenschmiede und Treiber einer ökologisierten Gesellschaft und Landwirtschaft, offen reden können, den Biolandbau weiterentwickeln und weiterdenken!

→ *Marie Leinauer*

Vernetzung ganz praktisch

Der Kern des Jungen Bioland ist die Vernetzung und der Austausch untereinander. Und wo sollte das besser klappen als auf gemeinsamen Exkursionen mit Diskussionen, geselligen Abenden am Lagerfeuer und dem Ziel, etwas zu bewegen. Doch wer organisiert diese Exkursionen und wer bestimmt, wo es hingeht? Natürlich unsere Mitglieder. In der Regel organisiert der Verein im Frühling über die Pfingstfeiertage und im Herbst jeweils eine mehrtägige Exkursion. Die Exkursionsziele für das darauffolgende Jahr werden in der Mitgliederversammlung vorgestellt und abgestimmt. Grundsätzlich liegt der Fokus bei der Pfingstexkursion auf den gemeinsamen Erlebnissen und der fachlichen Weiterbildung. Das Gleiche gilt für die Herbstexkursion, jedoch liegt dort der Schwerpunkt auf agrarpolitischen Themen.

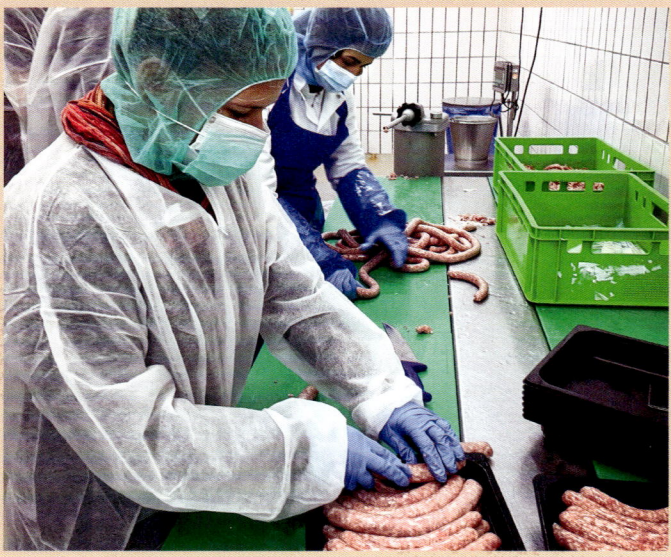

Wenn die Exkursionsziele feststehen, wird meist ein Vorstandsmitglied bestimmt, das sich hauptverantwortlich um die Organisation kümmert. Unterstützung bekommt es von weiteren Jungen Bioländern und Bioländerinnen in der Zielregion sowie der regionalen hauptamtlichen Ansprechperson. Die Planung der Exkursion bietet für unsere Mitglieder eine gute Möglichkeit, die eigenen Kompetenzen hinsichtlich Teamarbeit, Kommunikation und Organisation zu fördern und die Ergebnisse bei der Durchführung zu ernten. Wie dies dann in der Umsetzung aussehen kann, lässt sich anhand eines kurzen Einblicks in die Herbstexkursion 2021 beschreiben.

Kontakte knüpfen im Jungen Bioland

Endlich wieder auf Exkursion fahren und andere Menschen aus dem Bioland treffen! Das wünschten sich rund 20 unserer Mitglieder nach der coronabedingten anderthalbjährigen „Zwangspause". Vom 10. bis 12. September 2021 besuchten sie gemeinsam Rheinland-Pfalz, das Saarland und Luxemburg. Los ging es in Kenn beim Bioland-Partner Quint Fleischwaren. Theresia Quint und Luis Sanktjohanser sowie ihre Mitarbeiterinnen und Mitarbeiter gaben einen Einblick in ihr Unternehmen, die Historie des Familienbetriebs und dessen Beziehung zum Verband. Wir lernten auch die einzelnen Möglichkeiten kennen, Fleisch nach dem Konzept „Nose to tail" zu verarbeiten. Die Besichtigung endete in der Produktion, wo wir selbst Bratwürste herstellen konnten.
Die alljährliche Mitgliederversammlung stand als nächster Programmpunkt auf dem Plan. Die Bundesvorsitzenden Theresia Kübler und Simon Marx berichteten von den Veranstaltungen, Bündnissen und Projekten

Gemeinsames Erleben und Weiterbildung sind bei den Pfingstexkursionen des Jungen Bioland zentral.

Agrarpolitik von oben betrachtet:
Auf seiner Herbstexkursion 2017 diskutiert das
Junge Bioland mit Bioland-Präsident Jan Plagge.

der vergangenen eineinhalb Jahre. Zudem wurden neue Exkursionsziele für das Jahr 2022 bestimmt. Der erste Tag endete mit einem wunderbaren Abendessen, zu dem auch unsere selbstgemachten Bratwürste serviert wurden.

Am nächsten Tag besuchten wir den Demeter-Betrieb Haff Kass in Rollingen, Luxemburg. Der offen gestaltete Hof und der offene Zugang zu den Tieren beeindruckten uns. Betriebsleiter Tom Hass erläuterte sein Konzept hinter dem offenen Erscheinungsbild. Wir konnten beobachten, wie vor allem Kinder, die den Hof besuchen, davon profitieren. Ein Naturata-Hofladen ist dem Bio-Hof angeschlossen, wo das hofeigene Fleisch und die hofeigenen Käsereiprodukte vermarktet werden.

Im Anschluss empfing uns Luc Emering, der den Familienbetrieb „Bio-Haff an Dudel" in Sprinkange bewirtschaftet. Dem Bio-Betrieb mit Schwerpunkt Hähnchenmast ist der Nudelhersteller Dudel-Magie angeschlossen. Nach einer Besichtigung der Produktionsstätten und Ackerflächen konnten wir uns mit ihm und Ben Mangen, Berater der IBLA Luxemburg, sowie Daniela Noesen, Direktorin des Bio-Lëtzebuerg, über die Situation der Landwirtschaft in Luxemburg ausgiebig austauschen. Besonders die Rolle der Junglandwirtinnen und Junglandwirte stand dabei im Mittelpunkt.

Zum Abschluss besichtigten wir den Betrieb unseres Gastgebers Christian Krupp und erfuhren vieles über die Entwicklung des landwirtschaftlichen Betriebs des Schlossguts Pillingen. „Auch wenn wir in verschiedenen Landesgruppen und Fachbereichen aktiv sind, haben wir alle ein gemeinsames Ziel vor Augen und dafür sind Veranstaltungen wie diese Exkursion besonders wichtig", war der Tenor der Abschlussrunde. Mit vielen Eindrücken und einer großen Portion Motivation im Gepäck ging es dann mit einem gemeinsamen Ziel vor Augen nach Hause: #derZukunftdenHofmachen.

→ *Christine Brandmeir und Theresia Kübler*

Aktiv in Netzwerken

Das Junge Bioland ist in verschiedenen Netzwerken aktiv. In erster Linie ist das Öko-Junglandwirte-Netzwerk für uns wichtig. Das wird von der Stiftung Ökologie & Landbau organisiert. Die Treffen, die jeweils unter ein Motto gestellt werden, finden einmal im Jahr statt und ziehen rund 200 junge Menschen an.

Seit 2021 gibt es ein breites Bündnis aus zwölf Jugendorganisationen aus der Klimagerechtigkeitsbewegung sowie Land- und Ernährungswirtschaft wie die Junge AöL, Slow Food Youth, KLJB, Junggärtner, Freie Bäcker, Junge AbL, Junger Verband Agroforst, Nyelini und Junge BUND. Wir tauschen uns einmal im Monat online aus. Die Treffen mit Nachwuchsverbänden der konventionellen Landwirtschaft finden einmal im Jahr für ein Wochenende statt.

Unter den genannten Organisationen ist die Zusammenarbeit wegen großer inhaltlicher Nähe mit der Slow Food Youth und der Jungen AöL enger. So haben wir 2021 auf der Weltleitmesse für Öko-Lebensmittel Biofach eine gemeinsame Veranstaltung organisiert, die sehr gut besucht war.

Gemeinsame Stärke

Die Zusammenarbeit mit dem LaLeWi-Bündnis besteht in verschiedenen Bereichen. Gemeinsam haben wir schon im Rahmen der Zukunftskommission Landwirtschaft, die von Bundeskanzlerin Angela Merkel initiiert wurde, gemeinsam Position bezogen für eine Landwirtschaft, die den Faktor Klima mit einbezieht. Der Austausch besteht weiterhin monatlich und ist sehr wertvoll, weil verschiedene Blickwinkel und Informationsstände ausgetauscht werden.

Mit Blick auf die Reform der Gemeinsamen Agrarpolitik (GAP) konnten wir im Verbund Akzente setzen für mehr Förderung von Junglandwirten und Junglandwirtinnen in der 1. Säule der GAP. Diese wurde von zwei auf drei Prozent erhöht und damit verbunden bekommen Existenzgründerinnen und Existenzgründer mehr Förderung. Mit im Boot waren KLJB, Junge AbL, Junge DLG, Evangelische Landjugend, Bund der dt. Landjugend, Junger Verband Agroforst und Junggärtner.

Von der Vernetzung mit Nachwuchsorganisationen aus der konventionellen Landwirtschaft wie Junge DLG, Junge ISN und Junge BLU profitiert das Junge Bioland sehr, vor allem zu Fragen von Verbandsentwicklung und Angeboten für Mitglieder. Hin und wieder können wir auch inhaltliche Fragen über die Entwicklung der Landwirtschaft austauschen. Wichtig ist, dass wir als Junges Bioland im Gespräch sind und bleiben mit unseren konventionellen Kolleginnen und Kollegen.

Zudem kann man über das Netzwerken politische Ziele erreichen. Denn so bündeln wir Stimmen von jungen Menschen aus verschiedenen Bereichen der Land- und Ernährungswirtschaft und verknüpfen diese mit Aktivistinnen und Aktivisten aus dem zivilgesellschaftlichen Bereich wie BUND Jugend. Dadurch reflektieren wir unsere, eigene Position und schaffen tragfähige Kompromisse. Und wir wollen natürlich mehr Öffentlichkeit erhalten, um unsere jungen Positionen einbringen zu können und so aktiv mitzugestalten.

HERZLICHEN
GLÜCKWUNSCH
ZU 50 JAHREN BIOLAND

Wir freuen uns über die intensive Zusammenarbeit mit dem Bioland Verband, die seit unserer Unternehmensgründung besteht. Wir schätzen diese Partnerschaft als wertvollen Baustein für die Entwicklung der ökologischen Landwirtschaft. Die Förderung der Nachwuchsorganisation "Junges Bioland" liegt uns ganz besonders am Herzen, wo sich junge Menschen tatkräftig für Zukunftsthemen engagieren.

Wir bedanken uns herzlich bei allen, die sich bei Bioland in den letzten 50 Jahren für die Weiterentwicklung der ökologischen Land- und Lebensmittelwirtschaft engagiert haben und wünschen dem Verband eine tatkräftige und erfolgreiche Zukunft.

Echt GUT, echt FAIR, echt Ökoland.

30 JAHRE
ÖKO IM HERZEN

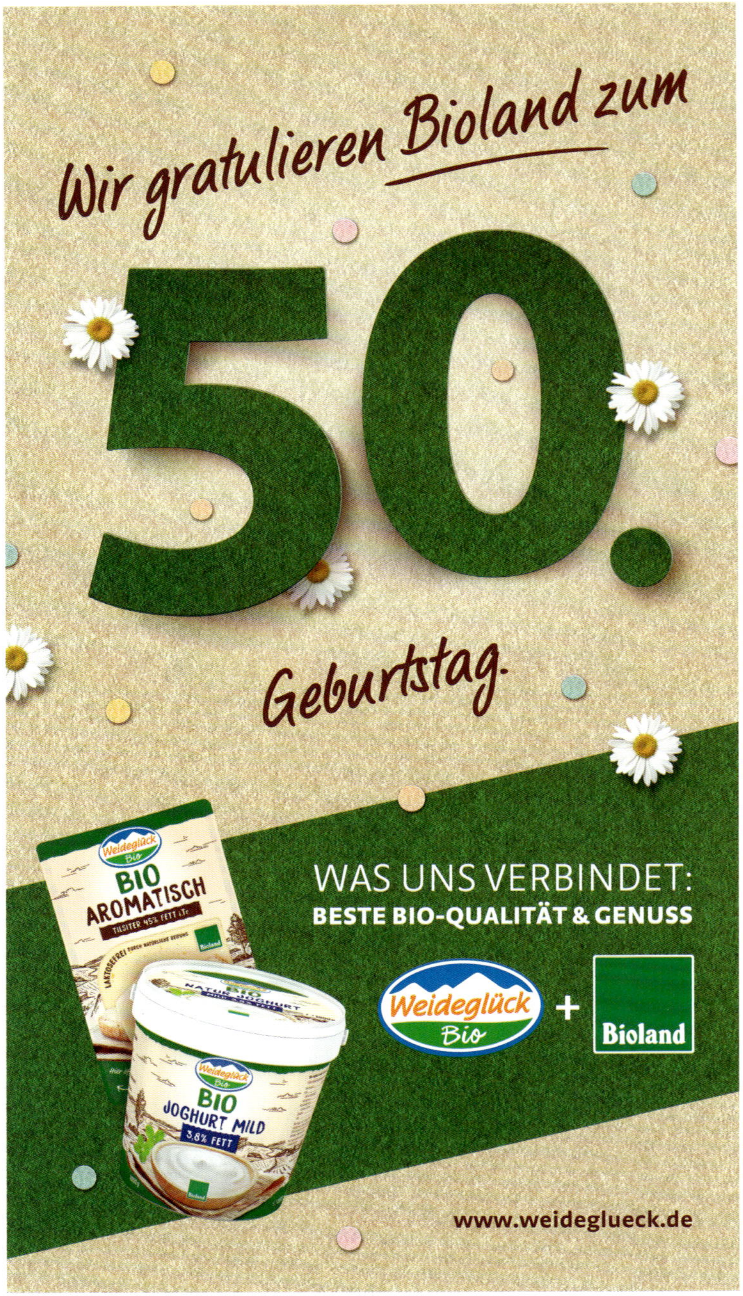

Wir gratulieren Bioland zum
50.
Geburtstag.
Weideglück Bio
BIO AROMATISCH
TILSITER 45% FETT i.Tr.
BIO NATURJOGHURT MILD
BIO JOGHURT MILD
3,8% FETT
WAS UNS VERBINDET:
BESTE BIO-QUALITÄT & GENUSS
Weideglück Bio
+
Bioland
www.weideglueck.de

Unsere Bio-Milch kommt
vom KlimaBauern
KLIMA
BAUER
wirkt lokal wirkt global
3x mehr Reifezeit für mehr Geschmack
ANDECHSER NATUR
Bio-Jogurt mild
Bioland
Der KlimaBauer sorgt ganz lokal für permanente CO2-Bindung
durch gezielten Humusaufbau. So schmeckt unser Bio-Jogurt zwar nicht
noch besser, aber das Gefühl ihn zu löffeln, ist dadurch „weltklasse".
www.klimabauer.de

Meyerhof zu Bakum
Bio-Futtermittel ohne Kompromisse
Bioland
Naturland
Demeter
Bakumer Str. 80, 49324 Melle, DE-ÖKO-006
Tel.0049-(0)5422-5784, Fax – 49395
Legehennen-, Mastgeflügel-, Schweine- und Rinderfutter:
Jeder Futtertyp auch als Ergänzer oder 100 %-Biofutter!

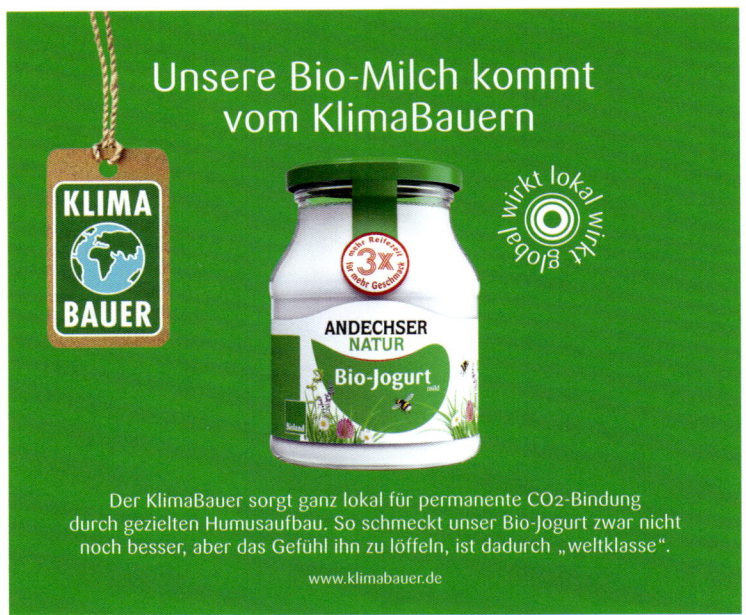

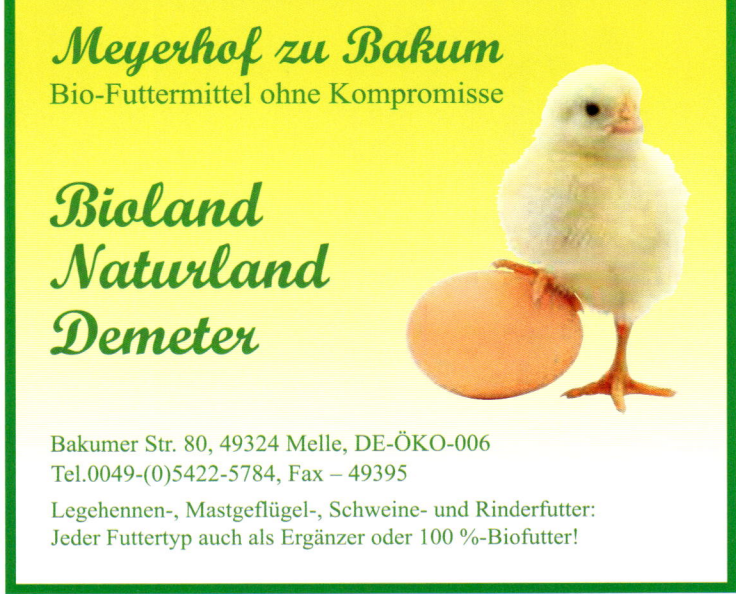

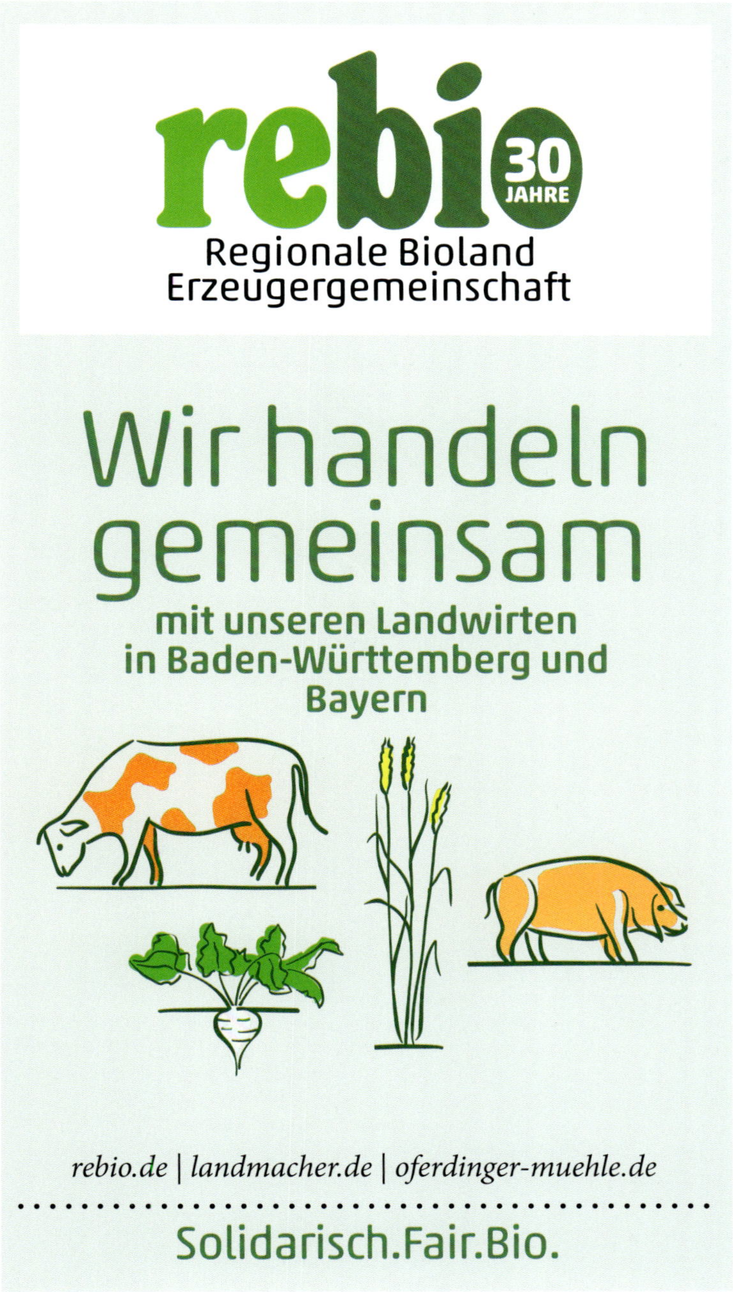

rebio 30 JAHRE

Regionale Bioland
Erzeugergemeinschaft

Wir handeln gemeinsam

mit unseren Landwirten in Baden-Württemberg und Bayern

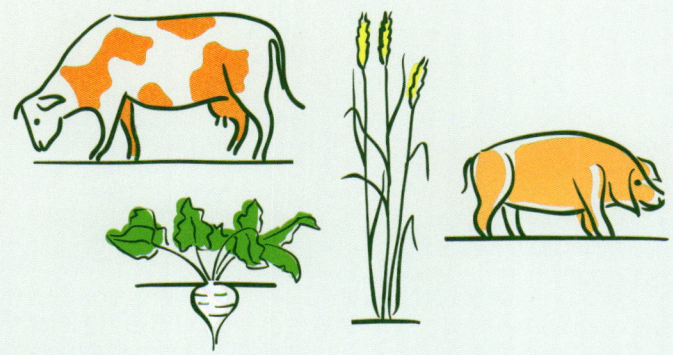

rebio.de | landmacher.de | oferdinger-muehle.de

Solidarisch.Fair.Bio.

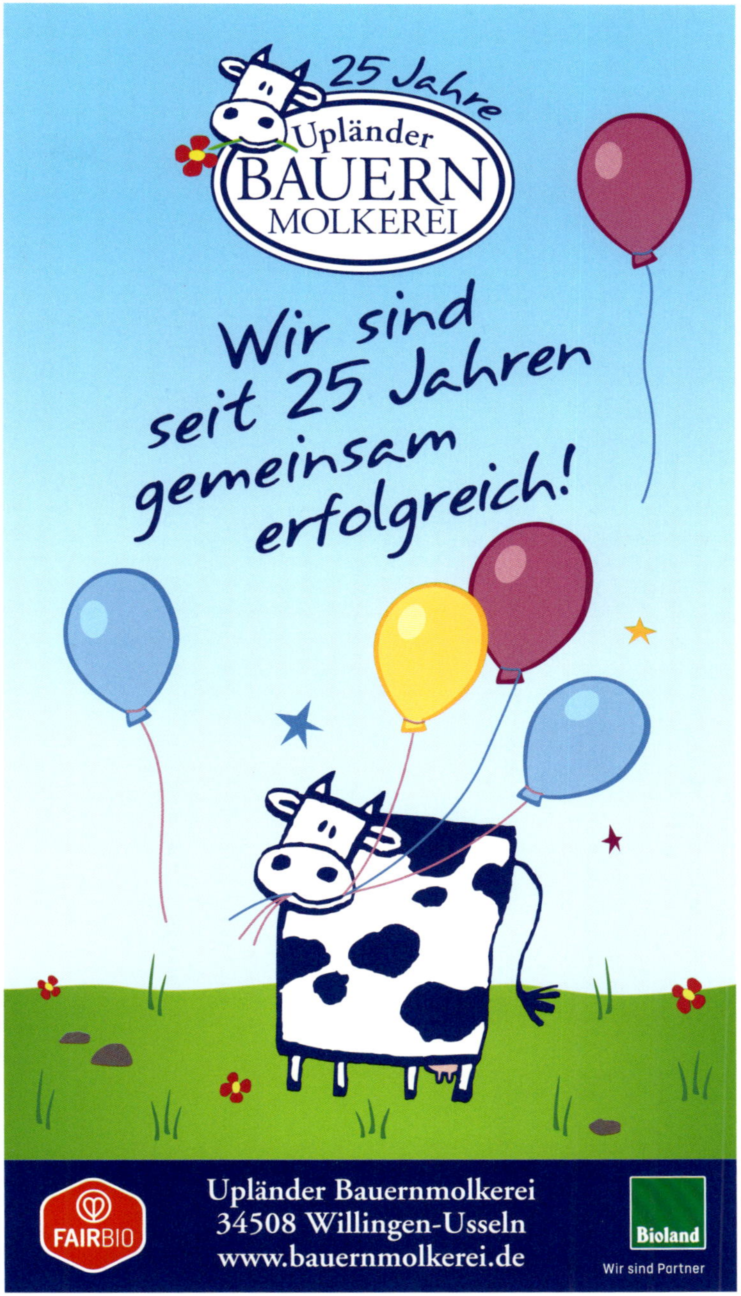

25 Jahre
Upländer
BAUERN
MOLKEREI

*Wir sind
seit 25 Jahren
gemeinsam
erfolgreich!*

Entwicklungs-
werkstatt
für die
Bio-Branche

Die Bioland Stiftung

→ *von Heinz-Josef Thuneke, Johanna Zellfelder und Valeska Zepp*

Wenn Michaela Braun übers Land fährt, dann weiß sie, wie es um die Böden bestellt ist. „In meiner Region hat sich tatsächlich schon etwas getan, seitdem wir die Landwirte zu Bodenpraktikern ausbilden", sagt die Projektleiterin der Bioland Stiftung. Bei den bayerischen Hopfenbetrieben hat es sich schon herumgesprochen, dass das Seminar rund ums Thema Boden dabei hilft, der Erosion etwas entgegenzusetzen. Die Bodenerosion ist im hügeligen Bayern ein großes Problem. „Zehn Prozent der bayerischen Hopfenbauern haben wir in den vergangenen Jahren zu Bodenpraktikern fortgebildet. Und tatsächlich sehe ich bei uns heute seltener Humus auf der Straße liegen", sagt Braun. Die Ausbildung zum „Bodenpraktiker" wird seit 2005 im süddeutschen Raum angeboten. Die Bioland Stiftung will das bewährte Seminarkonzept mit ihrem Projekt Boden.Bildung weiterentwickeln und deutschlandweit anbieten. „Wir sind mit der Stiftung nah dran an der Praxis und können Veränderungen anstoßen, die schon heute wirken und zugleich das Morgen gestalten", ist Johanna Zellfelder, Geschäftsführerin der Bioland Stiftung, überzeugt. Sie will ein Umfeld schaffen, in dem Ideen und Forschungsansätze entstehen können, die anschließend in die Praxis umgesetzt werden. „Zukunftsmacher – das sind wir alle! Deshalb bringen wir kreative und mutige Köpfe aus Wirtschaft und Gesellschaft zusammen."

> „
> **Wir arbeiten daran,
> dass das Engagement der
> Landwirte für den Klimaschutz
> auch eine finanzielle
> Anerkennung erfährt.**
>
> *Heinz-Josef Thuneke, Vorstandsmitglied*

Praxis, Forschung und Wirtschaft in einem Boot

Die Idee, eine Bioland Stiftung zu gründen, entsteht Anfang 2000. Der Verband kann sie schließlich nach langen Vorarbeiten Ende 2017 verwirklichen. Fünf Vorstandsmitglieder engagieren sich seitdem ehrenamtlich und mit viel Herzblut: Heinz-Josef Thuneke, Sepp Braun, Paul Söbbeke, Susanne Horn und Thomas Fisel. Mit einer Anschubstifterkampagne stellen sie Anfang 2019 die Ziele der Stiftung erstmals im Bioland-Verband vor: Entwicklung und Etablierung einer ökologischen und sozial gerechten Land- und Lebensmittelwirtschaft. Verbandsmitglieder sowie Partner aus Herstellung und Handel spenden daraufhin Startkapital. Das Stiftungsvermögen wächst auf rund 200.000 Euro. Seit 2020 begleitet und unterstützt ein neunköpfiges Kuratorium mit Persönlichkeiten aus landwirtschaftlicher Praxis, Forschung und Wirtschaft die Stiftungsarbeit.

In den Projekten fokussiert sich die Bioland Stiftung auf den landwirtschaftlichen Alltag und behält dabei die zentralen Zukunftsfragen immer im Blick: Wie können wir unter ökologischen Bedingungen ausreichend Lebensmittel für die Weltbevölkerung produzieren? Und wie bringen wir die Menschen dazu, ihr Konsum- und Ernährungsverhalten so zu verändern, damit dies möglich wird? Die Bioland Stiftung ist operativ und fördernd tätig. „Wir initiieren eigene Projekte und wollen zukünftig auch andere Initiativen finanziell unterstützen", erläutert Zellfelder.

Initiative Boden.Bildung

„Fruchtbarer Boden ist die Grundlage für alles, für gesunde Pflanzen, gute Erträge, gesunde Lebensmittel", betont Michaela Braun. Sie will Landwirtinnen und Landwirte in ganz Deutschland wieder für deren wertvollstes Gut begeistern: den Boden. „Wir wollen, dass sich überall herumspricht: Es lohnt sich, in den Boden zu investieren", sagt sie. „Die Landwirte

Schon heute haben herkömmliche Bewirtschaftungssysteme ihre Grenzen in vielen Bereichen erreicht.

Sepp Braun, Vorstandsmitglied

werden im Idealfall selbst zu Multiplikatoren und geben ihr Wissen an Mitarbeiter, Nachbarn und Berufskollegen weiter." Die Seminarleiterin ist selbst Landwirtin. Sie freut sich jedes Mal, wenn sie sieht, dass den Teilnehmerinnen und Teilnehmern ein Licht aufgeht, wenn sie den Spaten in ihre Äcker stechen, lernen, wie viele Lebewesen sich im Boden tummeln und mit welchen Methoden sie diese dazu bringen können, Nährstoffe für die Pflanzen bereitzustellen.

„In der landwirtschaftlichen Ausbildung ist das Thema leider ganz nach hinten gerutscht", sagt Braun. Es ginge mehr um Ökonomie als um Natur- und Bodenkunde. „Viele Landwirte können heute ihre Äcker oft nur noch für wenige Jahre pachten. Deshalb sind für sie sofortige gute Erträge wichtig und langfristige Investitionen uninteressant", erklärt Braun das Dilemma. Die Folge: Die Qualität der Böden hat sich dramatisch verschlechtert. Die Humusschicht wird durch Erosion dünner, das Bodenleben durch Kunstdünger ärmer, die Bodenstruktur durch intensive Bearbeitung und schweres Gerät verdichtet. Nach Starkregen stehen dann riesige Pfützen auf den Feldern. Bleibt der Regen lange aus, vertrocknet der Acker, weil er kein Wasser halten kann.

Eine nachhaltige Lösung ist: Humus aufbauen – aber das erfordert viel Wissen und ist eine langfristige Investition. Mit dem Fortbildungsprogramm Bodenpraktiker will die Bioland Stiftung den Landwirtinnen und Landwirten wieder zu mehr Selbstwirksamkeit verhelfen – egal, ob sie ökologisch oder konventionell wirtschaften.

Forschungsprojekt Boden.Klima

Neben der dauerhaft angelegten Initiative Boden.Bildung ist bereits ein weiteres Vorhaben an den Start gegangen: Das Forschungsprojekt Boden.Klima. Seit 2020 beteiligen sich rund 50 landwirtschaftliche Betriebe daran – bio wie konventionell, Ackerbau- wie Grünlandbetriebe. Gemeinsam mit den Fachleuten der Bioland Stiftung erforschen und erproben sie begeistert, wie Emissionshandel durch Humusaufbau nachhaltig funktionieren könnte. Die Idee dahinter: Landwirtinnen und Landwirte bauen Humus auf und binden dadurch kontinuierlich Kohlendioxyd im Boden. Für diese Arbeit sollen sie honoriert werden. Dies könnte eventuell über die Herausgabe von CO_2-Zertifikaten erfolgen, die vorzugsweise über Partnerunternehmen der Wertschöpfungskette gekauft werden. Sie könnten damit einen Teil ihrer unvermeidbaren CO_2-Emissionen ausgleichen. Zu den ersten Partnerunternehmen gehören zwei Molkereien, eine Mühle und eine städtische Kommune. Sie leisten über Spenden einen Beitrag zur Projektfinanzierung. Die Krux: Der Humusaufbau muss in der Gesamtbilanz des landwirtschaftlichen Betriebes tatsächlich CO_2 einsparen. „Mit diesem Projekt prüfen wir auch, ob ein Klima-Zertifikathandel in der Landwirtschaft seriös und wissenschaftlich fundiert möglich ist, oder ob es ein alternatives Honorierungssystem braucht. Dabei nehmen wir immer den gesamten Betrieb in den Blick", sagt Hans Schiefereder, einer der landwirtschaftlichen Fachberater im Projekt. In die Klima-Bilanz eines Betriebs gehört zum Beispiel auch, wo die Futtermittel herkommen, wie hoch der Dieselverbrauch ist, wie mit der Gülle verfahren wird oder wie hoch der Stromverbrauch ist und wie dessen Erzeugung erfolgt.

Zu Beginn des Projektes wird über Bodenproben und -analysen ermittelt, wie es um die Bodenqualität steht: Struktur, Nährstoffe, Lebewesen. Die Landwirtinnen und Landwirte füllen außerdem einen Fragebogen aus und legen dar, wie sie wirtschaften und was sie in den vergangenen fünf Jahren auf den Flächen angebaut haben. Auf dieser Grundlage berät und begleitet das Projekt-Team die Betriebe. „Wir lassen die Landwirte nicht allein. Wir suchen in jedem Betrieb nach geeigneten Stellschrauben und finden gemeinsam den besten Weg, wie sich Humus aufbauen lässt und Emissionen reduziert werden können", sagt der Berater. Nach drei Jahren wird durch weitere Bodenproben an denselben Stellen überprüft, wie viel Humus zusätzlich entstanden ist und wieviel CO_2 der Boden dadurch bindet.

Schiefereder war 25 Jahre lang Bio-Landwirt. Jetzt gibt er als Berater seine Erfahrungen weiter. Es macht ihm Spaß zu erleben, wie sich die Teilnehmerinnen und Teilnehmer immer mehr in die Materie Boden und Klima eindenken. Wie sie mehr darüber wissen wollen, wie die „Batterie" Boden wieder auf-

Kein Verbraucher will Massentierhaltung, Monokulturen und Nitrat im Wasser. Die Stiftung will Projekte fördern, die innovative Wege aus dieser Fehlentwicklung der Lebensmittelwirtschaft aufzeigen.

Paul Söbbeke, Vorstandsmitglied

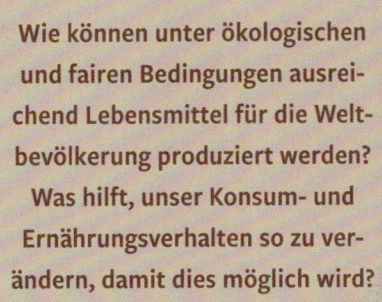

> Wie können unter ökologischen und fairen Bedingungen ausreichend Lebensmittel für die Weltbevölkerung produziert werden? Was hilft, unser Konsum- und Ernährungsverhalten so zu verändern, damit dies möglich wird?
>
> *Susanne Horn, Vorstandsmitglied*

geladen werden kann. Wie die Zusammenhänge zwischen Fruchtfolge und Humusaufbau sind. „Ich möchte, dass Landwirte Zugang zu diesem Wissen haben. In der aktuellen konventionellen Ausbildung spielt das leider kaum eine Rolle", sagt Schiefereder. „Letztendlich hängt ja alles zusammen: Boden, Klima, Artenvielfalt, Gesundheit."

Projekt Nutzen und Schützen

Ein Kernthema der ökologischen Landwirtschaft ist neben dem Schutz der Böden die Förderung der Artenvielfalt. Die Bioland Stiftung plant daher ein umfassendes und dauerhaft angelegtes Förder- und Weiterbildungsprojekt.

„Katharina, was sind denn eigentlich Amphibien?" Die Frage eines Landwirts wird für die Beraterin Katharina Schertler eine Art Schlüsselmoment. „Da wurde mir erst richtig bewusst, dass viele Landwirte das, was ich erzähle, gar nicht verstehen", sagt

die Naturschutzberaterin. Ein einfacher Blick in die Lehrpläne der Landwirtschaftsschulen zeigt die Ursache dieser Wissenslücke, denn ökologische Zusammenhänge und biologisches Grundwissen werden dort kaum vermittelt. „Wie sollen sie dann nachvollziehen, was am Artenschwund so dramatisch ist und was das mit ihrer Wirtschaftsweise zu tun hat", erklärt Schertler. Die Initiative „Schutz durch Nutzung – Artenvielfalt und moderne Landwirtschaft verbinden" soll Landwirtinnen und Landwirte in die Lage versetzen, naturverträglich zu wirtschaften. Katharina Schertler entwickelt derzeit [2021] das Konzept für ein Bildungsprogramm „Biodiversitätspraktiker". Landwirtinnen und Landwirte sollen im Rahmen einer Seminarreihe Grundlagenwissen erwerben und die praktische Anwendung ausprobieren. Außerdem sollen sie das Bewusstsein dafür erlangen, dass Naturpflege in der Landwirtschaft genauso wichtig ist wie Ertrag.

Zum Beispiel: Keine Angst vor Unkraut! „Es gibt nur zehn bis 15 Arten, die wirklich Ärger machen", sagt die Beraterin. „Die meisten Landwirte hatten aber nie die Gelegenheit, sich richtig mit den Pflanzen zu beschäftigen, die verallgemeinert als Unkraut bezeichnet und weggespritzt werden", sagt Schertler. Auf Feldrundgängen bei Vorbild-Betrieben lernen die künftigen Biodiversitätspraktikerinnen und -praktiker deshalb, welche Pflanzen auf dem Acker nicht stören, aber für Insekten oder Vögel wichtige Futterquellen sind. „Wenn die Bauern mehr wissen über die ökologischen Zusammenhänge, können sie künftig selbst beurteilen, was sie in ihrem Betrieb für mehr Artenvielfalt tun können", sagt Schertler. 2022 soll die erste Seminarreihe als Testlauf in Oberbayern starten. Geplant ist, die Fortbildung deutschlandweit anzubieten.

Neben der Qualifizierung geht es aber auch um Psychologie. Vieles wird in der Landwirtschaft gemacht, weil es „schon immer" so gemacht wurde oder weil der Acker „aufgeräumt und

PROJEKTE DER BIOLAND STIFTUNG

- Boden.Bildung –
  Die Weiterbildungsoffensive
- Boden.Klima – Landwirtschaft
  und Klimaschutz verbinden
- Nutzen und Schützen –
  Moderne Landwirtschaft und
  Biodiversität verbinden

[Stand 2021]

PODCAST

bioland.de/
zukunftsbuch12

sauber" aussehen soll. Dabei kann die Förderung der Biodiversität sogar die Arbeit erleichtern: Zum Beispiel, wenn man den Ackersaum eben nur einmal vor der Ernte mäht, statt fünfmal, weil das alle so machen. Es ist deshalb auch Ziel der Initiative, Gruppen von Bäuerinnen und Bauern aufzubauen, die sich gegenseitig stärken.

Und weil die Erfahrung gezeigt hat, dass Landwirtinnen und Landwirte am liebsten von ihren Kolleginnen und Kollegen lernen, ist ein weiterer Qualifizierungsansatz geplant: Biodiversitätspraktikerinnen und -praktiker sollen sich mit einem Zusatz-Modul zum „Biodiversitätsbotschafter" weiterbilden und andere Menschen aus der Landwirtschaft und aus dem ländlichen Umfeld für das Thema Artenvielfalt begeistern.

Landwirtschaft der Zukunft

Wie sieht eine Landwirtschaft aus, wenn die Projekte der Bioland Stiftung erfolgreich beendet sein werden und alle Ziele erreicht sind? Die Macherinnen und Macher beschreiben ihre Vision für die Zukunft in etwa so: Landwirtschaftsbetriebe, verarbeitende Gewerbe und Umweltorganisationen arbeiten Hand in Hand und auf Augenhöhe. Die Artenvielfalt ist deutlich gestiegen. Es gibt wieder genügend Insekten für die Bestäubung der Nutzpflanzen. Die Felder sind kleiner und strukturiert mit Hecken, Brachen und blühenden Säumen. Findige Bäuerinnen und Bauern haben für die wirtschaftliche Nutzung von Streuobstwiesen und kleinen Parzellen Geräte entwickelt. Die Betriebe kümmern sich um Erträge, Artenvielfalt, Klimaschutz, Bodenaufbau und -gesundheit. Sie können gut von dieser Arbeit leben und produzieren gesunde Lebensmittel

Stiftungsarbeit

Susanne Horn ist im Vorstand der Bioland Stiftung. Michaela Braun leitet bei der Bioland Stiftung das Projekt Boden. Bildung. Im Gespräch erklären die beiden wie die Stiftung neue Ideen umsetzt, um den Ökolandbau und die ökologische Lebensmittelwirtschaft voranzutreiben.

in hoher Qualität. Durch Humusaufbau binden sie dauerhaft reichlich CO2 und leisten damit einen entscheidenden Beitrag zum Erreichen der Klimaziele.

Die zukünftige Stiftungsarbeit

„Wir haben unsere Vision, aber unsere Arbeit wird nie enden", sagt Johanna Zellfelder. Daher versteht sich die Bioland Stiftung als Entwicklungswerkstatt und möchte ein Umfeld bieten, in dem ungewöhnliche Ideen und Forschungsansätze entstehen und in die Praxis umgesetzt werden können, erklärt sie. „Umfassende Veränderungen an unserer Art zu wirtschaften, sind nur möglich, wenn sie aus der Vielfalt der gesellschaftlichen Akteure heraus entwickelt, verstanden und getragen werden. Unser Angebot richtet sich daher gezielt an alle Akteure der Land- und Lebensmittelwirtschaft."

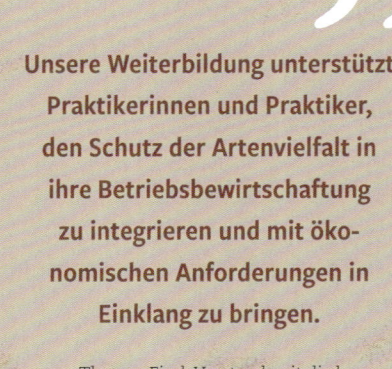

„
Unsere Weiterbildung unterstützt Praktikerinnen und Praktiker, den Schutz der Artenvielfalt in ihre Betriebsbewirtschaftung zu integrieren und mit ökonomischen Anforderungen in Einklang zu bringen.

Thomas Fisel, Vorstandsmitglied

Die Vertreterinnen und Vertreter der Stiftung sind davon überzeugt, dass die biologische Land- und Lebensmittelwirtschaft heute schon eine der effektivsten Methoden ist, um nachhaltig zu wirtschaften. Dennoch braucht auch der ökologische Sektor eine kontinuierliche Weiterentwicklung. Um langfristig im Einklang mit der Natur zu wirtschaften, sieht die Bioland Stiftung deshalb Handlungs- und Forschungsbedarf in den folgenden Bereichen: Klimaschutz, Entwicklung zukunftsfähiger Tierhaltungssysteme, Sicherung und Steigerung der biologischen Vielfalt, sozial faires Wirtschaften entlang der Wertschöpfungskette und allem voran Bodenschutz.

→ Klaus-Dieter Boll

EINE PERFEKTE ERGÄNZUNG ZUM BIOLAND E.V.

„Das Bioland" gespürt, geschmeckt, mit allen Sinnen erlebt habe ich eigentlich damals schon als Kind in meinem Dorf im Fränkischen. Als kleiner Junge tobte ich mit meinen Freunden in den Streuobstwiesen und ließ den einen oder anderen Apfel mitgehen. Sechs Jahre alt war ich, als der Bioland-Verband offiziell gegründet wurde.

Viele Jahre später, 2014, ich war längst als Fundraisingberater tätig, war ich sehr erfreut, als Bioland-Geschäftsführer Gregor Pöpsel mit der Anfrage auf mich zukam, ob ich mir vorstellen könne, Bioland bei der Gründung einer Stiftung zu begleiten. Es war mir eine Ehre!

Und um es kurz zu machen: Aus meiner professionellen Sicht war die Stiftung von Anfang an eine weitere perfekte Ergänzung für den Bioland e.V. Warum? Der e.V. ist logischerweise offen für Mitglieder und Partner, bietet Vernetzung, Service, Vermarktung. Doch der Kreis ist damit geschlossen. Die Stiftung öffnet diesen: in die ganze Gesellschaft! Wer jetzt mitmachen will, kann es tun. Die Eintrittskarte ist lediglich die finanzielle Unterstützung. Der unmittelbare Lohn die ökologische Weiterentwicklung unserer Gesellschaft – und die Vision von Bioland, hochwertige Lebensmittel und den Schutz unserer Lebensgrundlagen auf ganz neuem Wege voranzubringen.

Für mich ist die Stiftung wie ein kleines, wendiges Beiboot, das schnell den Kurs ändern, neue Themen besetzen, auch mal etwas wagen kann, so etwa – im positivsten Sinn – Geld in den Sand setzen wie im Projekt Boden.Bildung. Sie ist zudem offen für andere gesellschaftliche Gruppierungen, lädt etwa Bäuerinnen und Bauern aus der konventionellen Landwirtschaft ein, neue Erfahrungen zu machen.

Großes Potenzial

Zugegeben: Stiftungserträge sind derzeit mit dem Kapitalstock einer Stiftung schwer zu erzielen. Wie sollen da Projekte finanziert werden? Genau deshalb ist die Bioland Stiftung auch als ganz klassische Fundraising Organisation angelegt. Sie lädt Menschen ein, mit ihren Spenden die laufenden Projekte sicherzustellen. Und es gelingt! Inzwischen hat die Stiftung beispielsweise mit Johanna Zellfelder eine hauptamtliche Geschäftsführerin. Und doch: Kann die Bioland Stiftung so langfristig überleben?

Schließen Sie bitte kurz einmal die Augen und werfen imaginär einen Stein ins Wasser... Was sehen Sie? Genau! Die Kreise ziehen sich von innen nach außen! So funktioniert auch Fundraising am besten. Bioland hat hier für mich ein unglaubliches Potenzial: Durch die Tausenden von Mitgliedern und Partnern und all die Menschen, mit denen diese, mit denen Sie und viele andere wiederum verbunden sind. Fundraising nennt man manchmal auch Friendraising. Gelingt es, dieses Potenzial zu erschließen, werden aus dem kleinen Beiboot schnell zwei, drei ... und Bioland selbst bekommt den nächsten Schub, den unsere Umwelt so dringend braucht. Vielleicht wie damals vor 50 Jahren! Auf dass unsere Kinder auch in Zukunft Äpfel von Streuobstwiesen „mundrauben" können.

Gemeinsam stark

Bioland Verarbeitung & Handel e.V.

→ *von Berit Gölitzer*

Ein historischer Moment und Meilenstein zugleich, so lässt sich die Abstimmung für die Gründung eines eigenen Vereins für die Bioland-Partner aus Verarbeitung und Handel auf der Bioland-Bundesdelegiertenversammlung (BDV) im Herbst 2019 umschreiben. Einstimmig stimmen die Delegierten für einen solchen Verein. Dass es im Bioland e. V. zu einem solchen Schritt kommen kann, hat seine historischen Wurzeln.

Die Idee, die Bioland-Partner stärker in den Gesamtverband Bioland einzubeziehen, konkretisiert sich 2014. Am 4. November konstituiert sich unter der Leitung von Dirk Vollertsen der Bioland-Beirat Herstellung Vermarktung Handel (HVH). Dem Beirat gehören acht Beiratsmitglieder an, die auf drei Jahre vom Bioland-Präsidium berufen werden:
Susanne Horn, Neumarkter Lammsbräu; Sebastian Huber, Primavera Naturkorn GmbH; Volker Krause, Bohlsener Mühle; Manuel Pick, ÖMA GmbH, bis Ende 2013; Thorsten Pitt, Restaurant Mövenpick – Autostadt Wolfsburg; Michael Radau, SuperBioMarkt AG; Siegfried Schedel, Der ökologische Backspezialist GmbH, und Josef Urban, Packlhof GmbH.

Bioland-Präsident Jan Plagge hebt die Notwendigkeit hervor, die Bioland-Partner einzubinden, um systematisch die Interessen und Bedürfnisse der Bioland-Vertragspartner aus Herstellung und Handel zu bündeln und mit in die Bioland-Entscheidungsprozesse einfließen zu lassen.

In kleinen Schritten

Die ersten kleinen Schritte geht der Verband Jahre zuvor. Mit dem ersten Bioland-Partner-Kongress im Mai 2010 schaffen die Partner eine Plattform, um sich fachlich auszutauschen. Erstmalig haben sie die Möglichkeit, als Verarbeiter und Händler die Verbandsarbeit aktiv mitzugestalten und ganz nah an der Positionierung des Verbands mitzuwirken. Zielgerichteter wird der Austausch nach der Gründung des Bioland-Beirats. Viele Partner wünschen sich, stärker auf die individuellen Anforderungen der einzelnen Branchen einzugehen. In Zusammenarbeit mit dem Verband schafft der HVH auf dem Partner-Kongress 2015 sogenannte Dialogforen, die auf unterschiedliche Herstellungs- und Handelsbereiche aufgeteilt sind. Hier können sich Partner aus den Bereichen Vieh und Fleisch, Getreide und Druschfrüchte, Brot und Backwaren, Milch und Molkereiprodukte, Obst und Gemüse, Gastronomie und Außer-Haus-Markt (AHM) sowie Handel unter ihresgleichen fachlich austauschen. Auch in den Dialogforen wird der Prozess angestoßen, für Bioland-Herstellung und -Handel eigene Leitbilder zu erarbeiten, quasi als Spiegelbild zu den „Sieben Prinzipien für die Landwirtschaft der Zukunft". Der Bioland-Beirat begleitet diesen Prozess.

PODCAST

Gesamte Wertschöpfungskette profitiert

Theresia Quint gehört zur jüngeren Partnergeneration und ist Vorstandsvorsitzende des Bioland Verarbeitung & Handel e.V. Dr. Franz Ehrnsperger ist einer der ersten Bio-Brauer in Deutschland und wurde bereits in den 1980er-Jahren Bioland-Partner. Dass die Bioland-Partner seit 2020 mit einem eigenen Verein im Gesamtverband eingebunden sind, sehen beide als große Chance für alle Glieder der Wertschöpfungskette. Im Gespräch gehen sie darauf ein.

bioland.de/zukunftsbuch13

„Wir haben eine unheimlich tolle Basis, auf der wir gemeinsam stark wachsen können."

Theresia Quint, Bioland-Partnerin

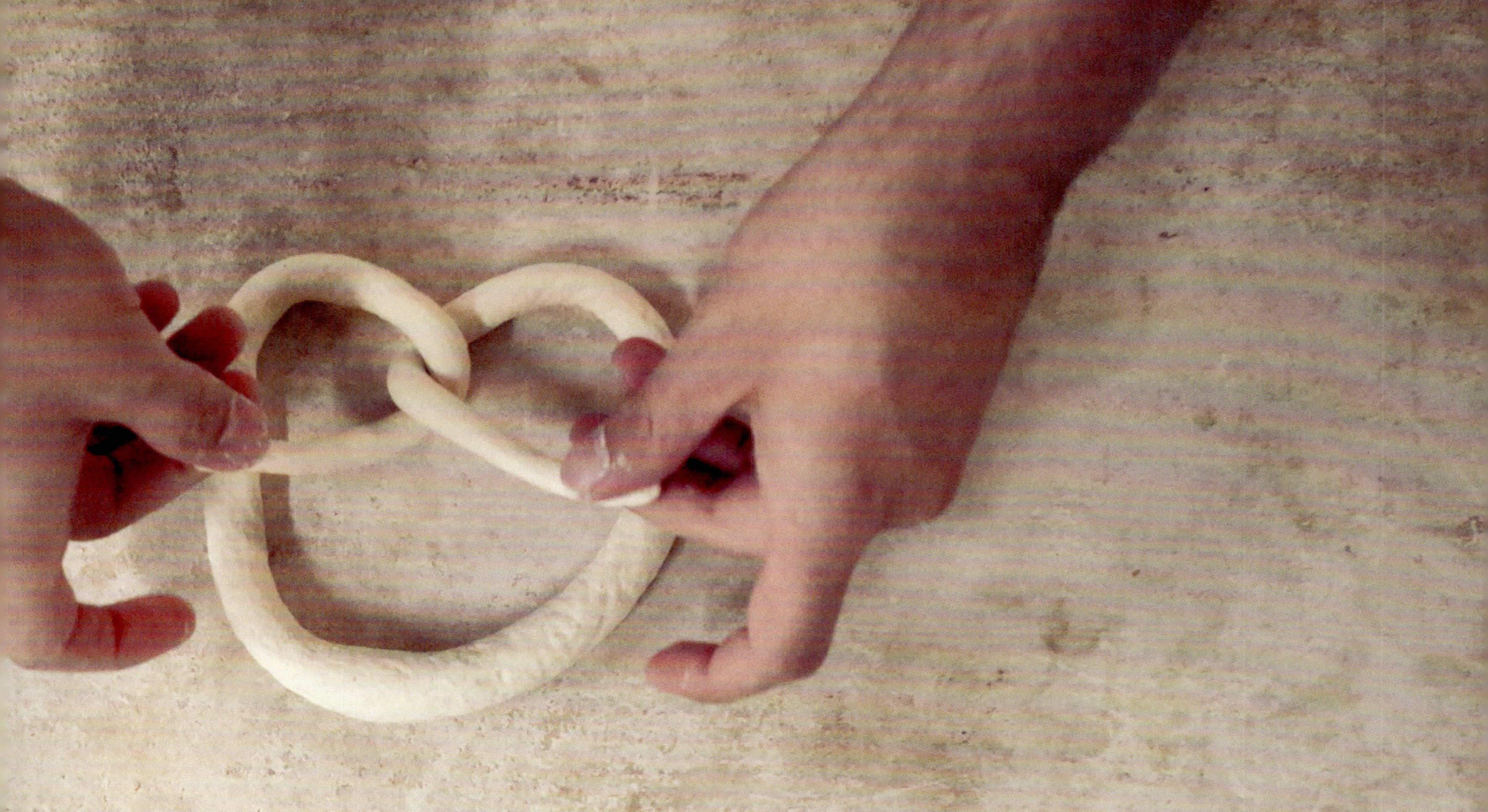

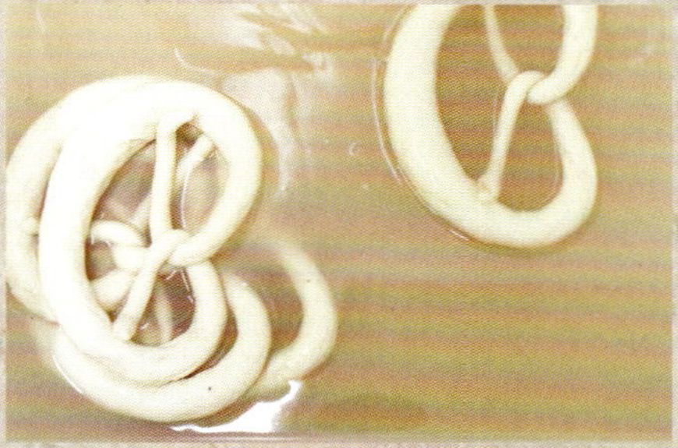

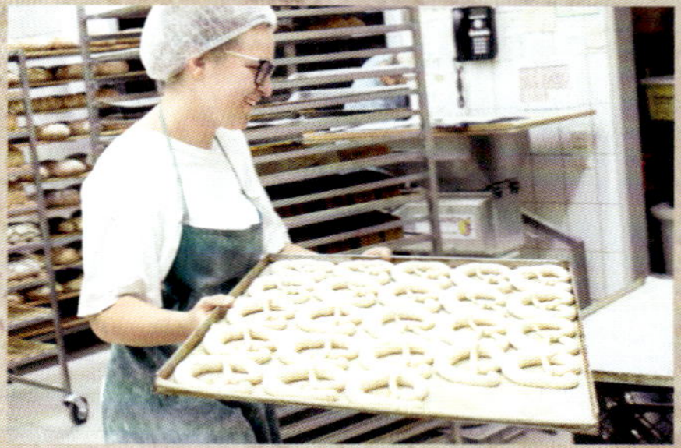

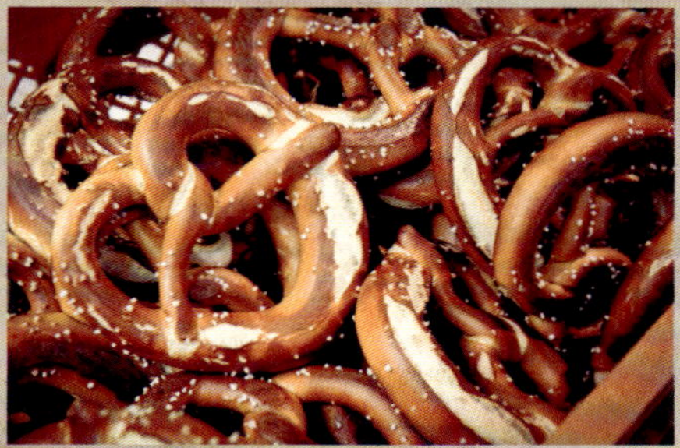

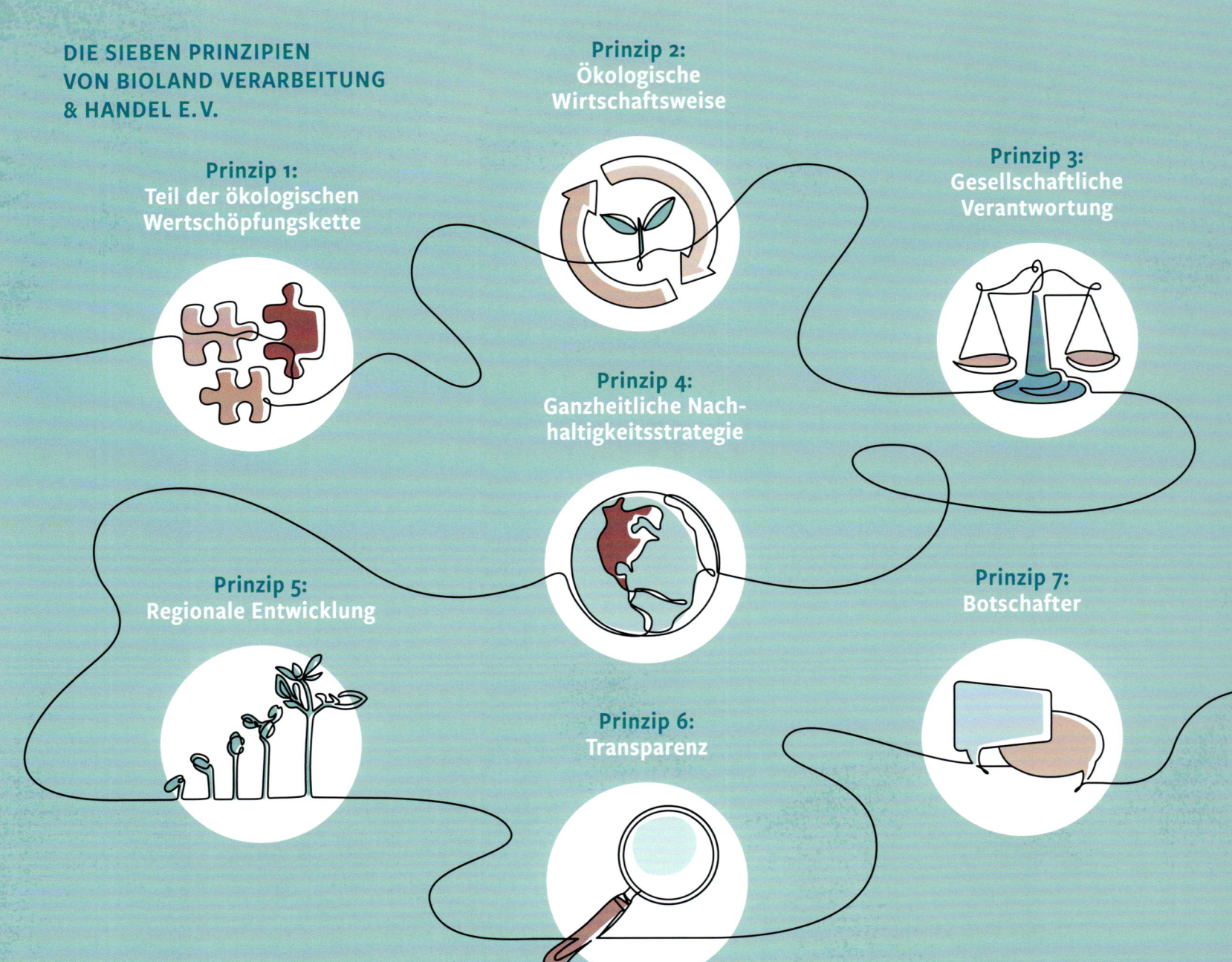

DIE SIEBEN PRINZIPIEN
VON BIOLAND VERARBEITUNG
& HANDEL E. V.

Prinzip 1:
Teil der ökologischen
Wertschöpfungskette

Prinzip 2:
Ökologische
Wirtschaftsweise

Prinzip 3:
Gesellschaftliche
Verantwortung

Prinzip 4:
Ganzheitliche Nach-
haltigkeitsstrategie

Prinzip 5:
Regionale Entwicklung

Prinzip 7:
Botschafter

Prinzip 6:
Transparenz

Zu guter Letzt steht der HVH-Beirat beratend dem Verband zur Seite, wenn es um die Vergabe von Verträgen strategisch bedeutender Unternehmungen geht. Kurzum, mit diesem Beirat wurde ein Gremium geschaffen, mit dem sich die Bioland-Partner im Verband mehr Gehör verschaffen können.

Aber damit nicht genug. Engagierte Partner wollen mehr. Sie setzen sich für noch mehr Mitwirkung in der Wertegemeinschaft Bioland ein. Fortan arbeiten Partner und Verband an einem Vorgehen zur noch engeren Einbindung der Marktpartner in den Gesamtverband.

Ein Verein für die Partner ist geboren

Fünf Jahre später, 2019, ist es dann soweit. „Die Bioland-Partner in die verbandliche Entscheidungsfindung integrieren, ohne den Charakter eines Erzeugerverbands zu verlieren", umschreibt Bioland-Präsident Jan Plagge auf der BDV im Herbst die Motivation, einen Partner-Verein zu gründen. Einstimmig beschließen die Delegierten, einen Verein für Partner zu gründen. Mit dem Partner e. V., so wie der Verein zunächst heißt, haben erstmals in der nunmehr 50-jährigen Geschichte Biolands nun auch seine Partner eine Stimme im Verband und gehören damit aktiv der Bioland-Gemeinschaft an. „Als Bioland-Marktpartner sind wir sehr glücklich, jetzt eine Stimme im Verband zu haben", sagt Theresia Quint, Geschäftsführerin von Quint in Kenn. Die neue Struktur biete den Partnern viel mehr Möglichkeiten, den Gesamtverband zu unterstützen, an den Herstellerrichtlinien mitzuarbeiten und sich intensiv gemeinsam auszutauschen, fährt sie fort.

Auf der virtuellen Gründungsversammlung am 1. April 2020 wählen die Gründungsmitglieder den Vorstand, der sich aus vier gewählten Vorstandsmitgliedern und dem Bioland-Präsidenten als „geborenem" Vorstandsmitglied zusammensetzt. Dem fünfköpfigen Vorstand gehören Theresia Quint von der Quint GmbH & Co. KG, Heinz Kaiser von der Schwarzwaldmilch GmbH, der Gastronom Thorsten Pitt von der Autostadt Wolfsburg, der Großhändler Harald Rinklin von der Rinklin Naturkost GmbH sowie Bioland-Präsident Jan Plagge an. Unterstützt wird der Vorstand von einer hauptamtlichen Geschäftsführung.

Die Vielzahl an Branchen – Fleisch/Fleischverarbeitung, Molkerei, Gastronomie und Großhandel – spiegelt nicht nur die Branchenvielfalt, sondern auch die zukünftige Themenvielfalt im Verein der Partner wider. Mit dem Bioland Verarbeitung & Handel e. V., wie der Verein nun heißt, sind die Partner aus Verarbeitung und Handel im Gesamtverband eingebettet, als eigenes Organ mit demokratischen Strukturen und mehreren Schnittstellen zum Bioland e. V.

Die ersten Mitglieder sind schnell gewonnen. Innerhalb kürzester Zeit erklären bereits ein Drittel der Bioland-Partner ihre Mitgliedschaft. Anfang 2021 bestätigen die Vereinsmitglieder im Rahmen der ersten Mitgliederversammlung nicht nur den Vorstand, sondern wählen auch die Delegierten und Ersatzdelegierten. Diese werden in der BDV die Partner vertreten. Die BDV im Frühjahr 2021 ist die erste, in der die gewählten sechs Bioland-Marktpartner über gesamtverbandliche Fragestellungen abstimmen dürfen. „Als frisch gewählter Delegierter freue ich mich auf die nächste BDV. Nicht nur als Gast teilzunehmen, sondern nun die gelbe Stimmkarte zu haben, ist etwas ganz Besonderes", resümiert Vorstandsmitglied Harald Rinklin.

Die Arbeit nimmt Fahrt auf

Im Gründungsjahr informiert der Vorstand des jungen Vereins gemeinsam mit der Geschäftsführung vor allem über den Bioland Verarbeitung & Handel e. V. 2020 etabliert sich der Verein, Strukturen der internen Kommunikation und der medialen Präsenz werden geschaffen. So tritt der Bioland Verarbeitung & Handel e. V. mit einer eigenen Website auf, wirbt für die Mitgliedschaft sowie für ein Engagement im Verein und für die erste Mitgliederversammlung, die nicht zuletzt aufgrund der Wahlen der Vertreterinnen und Vertreter zur BDV von großer Bedeutung ist.

Im Jubiläumsjahr von Bioland stehen inhaltliche Themen auf der Agenda, die der Vorstand zunächst priorisieren wird. Komplexe Rezepturen ist ein Thema, das unter den Verarbeitern vor dem Hintergrund der Verfügbarkeit entsprechender Rohwaren in Bioland-Qualität immer wieder diskutiert wird. Hier müssen Lösungen her. Auch die Weiterentwicklung von Richtlinien im Bereich Transport und Schlachtung, unter Einbeziehung der gesamten Wertschöpfungskette Fleisch, steht ganz oben auf der Agenda. Und nicht zuletzt wird der Verein auch weiterhin die Auswirkungen der Corona-Pandemie auf die einzelnen Partner und Branchen beobachten, um bei Bedarf unterstützende Lösungsansätze mitentwickeln und anbieten zu können.

DIE STRUKTUR DES BIOLAND VERARBEITUNG & HANDEL E.V.

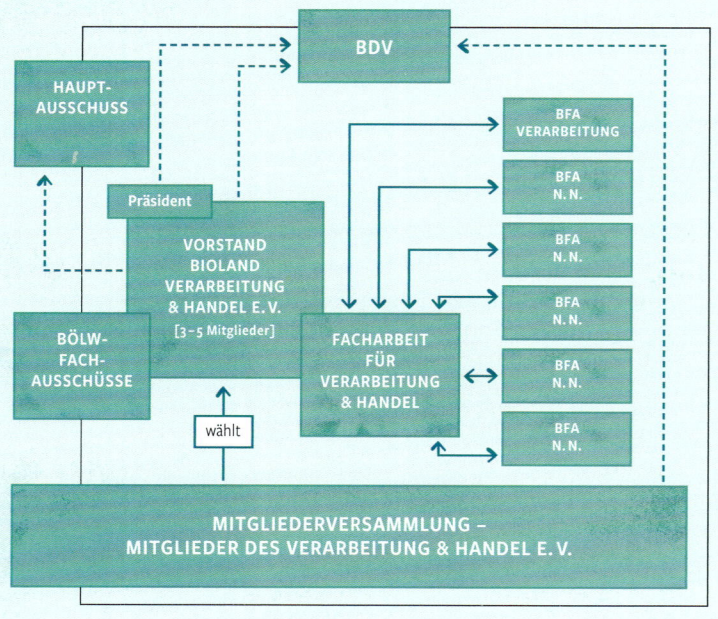

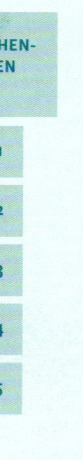

SCHNITTSTELLEN ZUM VERBAND

Alle Partner mit einem Bioland-Lizenzvertrag sind Mitglieder des Bioland Verarbeitung & Handel e. V. Gemeinsam wählen sie ihren **Vorstand**. Sie entsenden sechs Delegierte, die sie in der **Bundesdelegiertenversammlung (BDV)** von Bioland vertreten. Für einen konstruktiven Austausch innerhalb der Sparten sorgen die **Branchenforen (BF)**, die dem branchenspezifischen Austausch sowie der Vernetzung der Partner untereinander dienen. Die Branchenforen werden von hauptamtlichen Mitarbeiterinnen und Mitarbeitern des Verbands begleitet. Auch spielen sie bei der Zusammensetzung des **Bioland-Bundesfachausschusses (BFA) Verarbeitung** eine entscheidende Rolle. Aus den Branchenforen ernennt das Bioland-Präsidium die Mitglieder des Bundesfachausschusses Verarbeitung. Wie in den weiteren Bundesfachausschüssen beraten dessen Mitglieder über Richtlinien und Standards und erarbeiten für das Präsidium Vorschläge, zum Beispiel zur Ergänzung von Richtlinien (siehe Kapitel „Regelwerk und Richtlinien"). Perspektivisch wird der Bundesfachausschuss Verarbeitung um weitere branchenspezifische Bundesfachausschüsse erweitert werden. Sowohl in den Branchenforen als auch in den Bundesfachausschüssen können die Partner intensiv zusammenarbeiten und im Verband mitgestalten.

„Sowohl die Weiterentwicklung der Bioland-Verarbeitungsrichtlinien als auch der Austausch zwischen Bioland-Verarbeitern war mir schon als Sprecher des Branchenforums Fleisch und Mitglied des ehemaligen HVH-Beirats ein Anliegen. Dieses kann ich jetzt als Mitglied des Bundesfachausschusses Verarbeitung weiter vorantreiben. Es motiviert mich, dass Bioland hier die Verarbeiter in die Gestaltung von Qualitätsstandards mit einbezieht und somit Theorie und Praxis verbindet. Und auch mit dem Bioland Verarbeitung & Handel e. V. wurde ein Forum geschaffen, das die Bioland-Partner aktiv am Bioland-Leben beteiligt.

Karl Buchheister, Mitglied des Bioland-Bundesfachausschusses
Verarbeitung und Bioland-Fleischer von 1987 bis 2021
Hören Sie dazu auch den verlinkten Audiobeitrag
im Kapitel „Regelwerk und Richtlinien"

PODCAST

→ *Raphael Burkhardtsmayer, Irina Michler und Meike Pantel*

DIE PARTNER BERATEND BEGLEITEN

Als Erzeugerverband gegründet, spielt in den Anfangsjahren des Verbands vorrangig die landwirtschaftliche Beratung eine zentrale Rolle. Eine Beratung von Marktpartnern ist zunächst nicht vorhanden, denn die Vernetzung, Rohwarenbeschaffung sowie -vermarktung übernehmen die Betriebe und Zusammenschlüsse größtenteils selbst (siehe auch Kapitel „Von großen und kleinen Warenströmen"). Doch mit steigender Zahl der Partner und einem immer komplexer werdenden Markt wächst auch der Bedarf an Unterstützung und Koordination. Als logische Konsequenz etabliert sich die Herstellungsberatung, etwa für den Milchbereich, für Bäckereien, Mühlen, Metzgereien und auch für die Gastronomie.

2012 wird die Handelsberatung ins Leben gerufen – aufgrund der Partnerschaft mit der Edeka Südwest ein notwendiger Schritt. Inzwischen ist die Handelsberatung in Relevanz und Kapazität mit der Herstellungsberatung gleichzusetzen, sodass das Marktteam 2021 insgesamt 19 Mitarbeiterinnen und Mitarbeiter zählt, die eine zentrale Rolle im Bioland-Netzwerk entlang der gesamten Wertschöpfungskette einnehmen. Mit wachsender Nachfrage entwickelt sich auch die Abteilung Markt weiter. Das Rohwarenmanagement gibt Impulse aus dem Markt in die Erzeugung und hat langfristige Anbauplanung zum Ziel. Das sogenannte Key Account Management verbindet nahezu alle Akteurinnen und Akteure der Wertschöpfungskette. Die Facharbeit bringt die Weiterentwicklung der Verarbeitungsrichtlinien zusammen mit der Qualitätssicherung und dem Bundesfachausschuss Verarbeitung voran (siehe Kapitel „Regelwerk und Richtlinien").

Das Leitbild als Kern der Arbeit

Eine große Bedeutung kommt der Frage zu, wie es Bioland gelingt, auch bei kontinuierlich wachsender Zahl an Partnern die gemeinsamen Werte aktiv zu vermitteln und zu leben. Der Wunsch nach einer Verbindlichkeit, nach einem Leitbild auch für Marktpartner, kommt von den Partnern selbst. Deshalb wurde bereits 2018 zur Bundesdelegiertenversammlung im Frühjahr in enger Zusammenarbeit mit engagierten Partnern das Leitbild für Herstellung und Handel entwickelt. Es beinhaltet sieben Prinzipien, denen sich zum einen die Partner mit Unterzeichnen des Bioland-Vertrags verpflichten und die zum anderen ein weiteres Werkzeug für die Mitarbeiterinnen und Mitarbeiter des Marktteams sind. Im Optimalfall unterstützt die Herstellungs- und Handelsberatung den Partner bei jedem der sieben Prinzipien und orientiert sich ebenso im eigenen Arbeitsalltag daran.

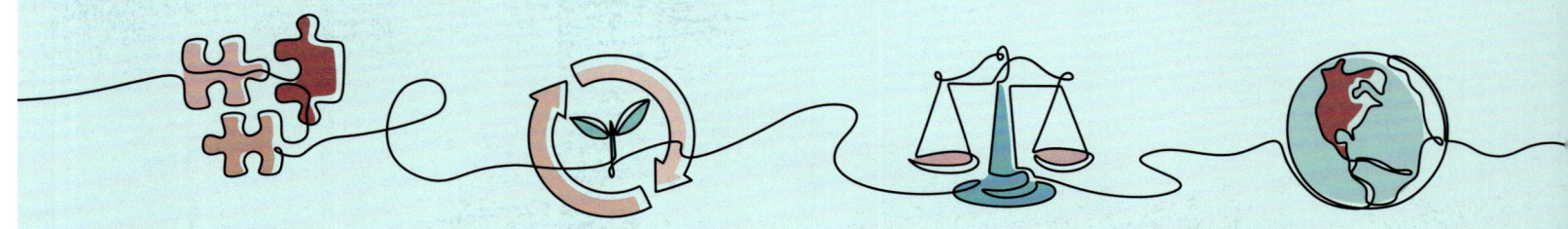

→ Beispiel Prinzip 1: Bio-Wertschöpfungskette

Funktionierende Wertschöpfungsketten sind elementar, um den Marktanteil von Bio-Produkten nachhaltig zu erhöhen. Heute vereint eine koordinierte Beratung die Kräfte für den Ausbau und die Förderung von Bündlerstrukturen. Dreh- und Angelpunkt eines weiterentwickelten Rohwarenmanagements sind langfristige Lieferverträge, die allen Akteuren Planungssicherheit bieten. Die Beraterinnen und Berater arbeiten von beiden Seiten der Wertschöpfungskette und vernetzen Anbieter und Nachfrager miteinander. Sie akquirieren neue Partner, bauen strategische Partnerschaften auf und entwickeln die Sortimente weiter.

→ Beispiel Prinzip 6: Transparenz

Von den Bioland-Partnern wird maximale Transparenz gefordert und auch in der Beratungsarbeit hat sie einen hohen Stellenwert. Die Koordinationsstelle Bio-Milch ist dafür ein glänzendes Beispiel. Hier werden Preise und Vollkostenberechnungen der Milchverarbeitung transparent offengelegt. Dies führte in der Vergangenheit unter anderem dazu, dass Nachholbedarf bezüglich auskömmlicher Erzeugungspreise festgestellt werden konnte.

→ Beispiel Prinzip 7: Botschafter

Über ihre Produkte nehmen Marktpartner eine essentielle Vermittlungsrolle zwischen Bioland-Betrieben und den Endabnehmerinnen und -abnehmern ein. Mit dem Leitbild verpflichten sie sich, den Kundinnen und Kunden ein Verständnis für ökologische und gesunde Lebensmittel zu vermitteln. Um diese Aufgabe sorgfältig erfüllen zu können, sorgen die Beraterinnen und Berater in Zusammenarbeit mit dem Marketing- und Messe-Team bei Seminaren, Messen, Branchenforen und Abend-Veranstaltungen für fachlichen und informellen Austausch.

Orientierung für die Partner

Die Aufgabe wird weiterhin sein, die oben genannten Leitbilder in jedem Partnerbetrieb mit Leben zu füllen und in Taten umzusetzen. So soll deutlich werden, dass es sich nicht um eine vom Verband aufgestülpte Wunschvorstellung handelt, sondern die Partner aus einer intrinsischen Motivation diese Werte im Alltag leben. Nicht erst die Pandemie hat gezeigt, dass die Gesellschaft einen Wandel will, vor allem bei der Lebensmittelerzeugung. Die Umsetzung des Leitbilds ist für den eigenen unternehmerischen Erfolg daher unumgänglich. Das Ziel Biolands, die Transformation der Landwirtschaft und Lebensmittelwirtschaft maßgeblich mitzugestalten, verstärkt die prägende Rolle dieser Leitbilder.

Blick in die Zukunft

Der Klimawandel verändert die Welt und den Verband

→ *von Ralf Mack und Gwendolyn Manek*

Wir schreiben das Jahr 2050: Jeder zweite landwirtschaftliche Betrieb in Deutschland ist Bio. In Schulen, Kitas und öffentlichen Kantinen gibt es nur noch Bio-Kost. Dank intensiver Forschung und einer engagierten Umsetzung in der Praxis ist es gelungen, sich an den Klimawandel anzupassen. Immer mehr Menschen wollen durch ihr Verhalten dazu beitragen, lokal, regional und global eine lebenswerte Zukunft mitzugestalten.

Im 50. Jubiläumsjahr 2021 beackern bei Bioland bereits 8.500 landwirtschaftliche und gärtnerische Erzeugerbetriebe, zahlreiche Verarbeiter, Händler, Gastronomen sowie hauptamtliche Verbandsmitarbeiter und -mitarbeiterinnen ihre jeweiligen Arbeitsfelder, damit diese Vision wahr werden kann.

Gentechnik – ein Dauerbrenner

Ein großes Konfliktfeld für die politische Verbandsarbeit ist und bleibt die Gentechnik. Deren Einsatz lehnt Bioland im Pflanzenbau, in der Tierhaltung und in den Grundstoffen zur Verarbeitung ab. In der Pflanzenzüchtung engagiert sich der Verband schon seit Jahrzehnten gegen gentechnisch verändertes Saatgut und gentechnisch veränderte Varianten von Soja, Mais und Raps als Futtermittel. Doch einige wenige global tätige Konzerne möchten mit gentechnisch manipuliertem Saatgut den Markt weltweit beherrschen. Bioland dagegen fordert die Kontrolle des Saatgutes und der Züchtung durch die landwirtschaftlichen Betriebe mit den von im Verband befürworteten Züchtungsmethoden und unterstützt die Gründung gentechnikfreier Regionen.

> „Ich begrüße die Richtlinie ausdrücklich! Ohne das Zusammenspiel vieler Arten geht unser System zugrunde. Der Verzicht auf chemisch-synthetische Pestizide ist im Ökolandbau zwar seit jeher gesetzt, aber es gibt noch so viele andere Stellschrauben. Hier wollen wir Verantwortung übernehmen. Die neue Richtlinie motiviert mich, hier noch genauer hinzuschauen und meinen Beitrag zu mehr Artenvielfalt zu leisten.
>
> *Sepp Braun, Bioland-Bauer*

Biodiversität als ein Motor der Veränderung

Am Beispiel der rapide schwindenden Biodiversität zeigt sich, dass die zukünftigen Herausforderungen immens sind. Bioland hat sich dazu entschieden, diesem Biodiversitätsverlust aktiv entgegenzuwirken und hat als erster deutscher Anbauverband eine Biodiversitätsrichtlinie beschlossen, die seit Anfang 2021 umgesetzt wird. Kern dieser Richtlinie ist, dass jeder Betrieb jährlich ein Mindestmaß an Zusatzleistungen im Bereich Biodiversität erbringen muss. Die Maßnahmen kann er aus einem Katalog frei auswählen. So können Betriebe beispielsweise darauf verzichten, bestimmte Flächen zu striegeln, um seltene Beikräuter und die auf sie spezialisierten Wildbienen zu fördern. Oder es werden Hecken oder Feuchtbiotope neu angelegt.

Weniger Kohlendioxid und mehr Bodenfruchtbarkeit durch Humusaufbau

Ein gutes Humusmanagement ist ein zentraler Baustein im Ökolandbau. Humus trägt nicht nur dazu bei, die Fruchtbarkeit und Wasserspeicherfähigkeit des Bodens zu verbessern, Humus schützt auch das Klima. Denn durch die Humuszufuhr wird Kohlenstoff im Boden gebunden und somit für längere Zeit der Atmosphäre entzogen.

Durch den Handel mit CO_2-Zertifikaten hat man ein Instrument geschaffen, um klimaschützende Leistung, zum Beispiel Humusaufbau, zu honorieren. Seit 2021 laufen daher auch bei Bioland in Zusammenarbeit mit der Bioland Stiftung Projekte zum Handel mit CO_2-Zertifikaten. Es geht um die Frage, wie Bioland-Betriebe sich nachhaltig und sinnvoll an diesem Geschäftsmodell beteiligen können (siehe auch Kapitel „Entwicklungswerkstatt für die Bio-Branche – Die Bioland Stif-

Klimawandel erzwingt massive Anpassungen

Eine weitere zentrale Herausforderung für die Landwirtschaft der Zukunft stellt der Klimawandel mit seinen immer häufiger auftretenden Wetterextremen dar. In der Praxis führt dies zu teilweise erheblichen Problemen beim Erhalt der Bodenfruchtbarkeit und zu teils massiven Ertragsminderungen im Acker- und Futterbau. Längere Futterknappheiten stellen tierhaltende Betriebe vor existentielle Probleme. Denn wer seine Tiere nicht mehr ernähren kann, muss sie vorzeitig verkaufen oder schlachten.

Grundsätzlich stellt der Klimawandel die Landwirtschaft vor zwei große Herausforderungen: Sie muss einerseits durch eine Reduzierung der Treibhausgasemissionen für eine Minderung des Klimawandels sorgen und sich andererseits durch geeignete Bewirtschaftungsmaßnahmen an die bereits jetzt schon auftretenden Klimawandelfolgen anpassen.

tung"). Die Projektbearbeitenden ermitteln die Klimabilanz ökologisch wirtschaftender Betriebe und suchen nach Wegen, Betriebe für ihre gesellschaftliche Leistung der Klimaentlastung finanziell zu honorieren. Die meisten Betriebe sind heute bereit, in allen Produktionsbereichen kurzfristig zu investieren, um diese möglichst zügig klimafreundlicher zu gestalten und sich mittel- und langfristig resilienter gegenüber dem Klimawandel aufzustellen.

Andere Arten anbauen und wassersparend wirtschaften

Extreme Dürren, Starkregen – bereits heute schon hat die Landwirtschaft mit den Folgen des Klimawandels zu kämpfen. Landwirtinnen und Landwirte werden also nicht umhinkommen, sich an diese Bedingungen anzupassen. Ein wichtiger Anpassungsfaktor sind trockenheits- und wärmeverträgliche Arten und Sorten – sowohl bei den Fein- und Körnerleguminosen als auch bei den Getreiden, Pseudogetreiden und Gemüsearten. Lupinen, Soja, Linsen, Kichererbsen, Platterbsen, Buchweizen und Rispenhirse sind zum Beispiel Kulturen, die der Hitze und Dürre trotzen. Das gilt auch für extensive sowie mehrjährige Getreide wie Emmer und Waldstaudenroggen. Treten die Klimaprojektionen ein, wird sich das Spektrum der anbaufähigen Kulturen sowohl auf dem Acker als auch im Grünland in den kommenden 30 Jahren sehr stark verändern. Die Bioland-Beratung begleitet daher zahlreiche Versuche zu diesen Themen und kommuniziert die Versuchsergebnisse an alle Betriebe.

Auch bodenwasserkonservierende Maßnahmen gewinnen an Bedeutung. Dazu zählen Maßnahmen der reduzierten Bodenbearbeitung und der vermehrte Mulcheinsatz. Landschaftsstrukturelemente wie Hecken oder Agroforstsysteme reduzieren die Windgeschwindigkeit und beschatten den Boden, was die Bodenfeuchtigkeit zusätzlich steigert.

Hirse ist eine Pflanze der Zukunft. Sie verträgt Hitze und Trockenheit.

Ziel ist es, dass Niederschläge besser in den Flächen versickern und in den Böden gespeichert werden. Neue Bodenbearbeitungsverfahren reduzieren die Verdunstung, da sie den Boden weniger tief öffnen als herkömmliche Verfahren. Allerdings erschwert eine reduzierte Eingriffstiefe die Kontrolle diverser Problemunkräuter, die bisher untergepflügt wurden.

Klimafreundliches Weidemanagement im Kommen

Wiederkäuer mit Grundfutter zu versorgen, wird in Zukunft voraussichtlich schwieriger und bei der Betriebsplanung eine wachsende Rolle spielen. In besonders trockenen Regionen kann Futtermangel die Betriebe in Zukunft dazu zwingen, ihre Tierbestände abzustocken oder schlimmstenfalls aufzugeben. Die steigenden Futterkosten machen eine Weiterentwicklung bisheriger Preismodelle und Partnerschaften innerhalb der Wertschöpfungsketten wahrscheinlich. Eine große Chance bietet ein klimapositives Weidemanagement. Während der Fokus beim Weidemanagement bisher auf den Protein- und Zuckergehalten im Futter lag, wird zukünftig voraussichtlich auch die Kohlenstoff-Bindung im Boden eine zunehmende Rolle spielen. Die Ergebnisse der aktuellen Forschungen flie-

PODCAST

bioland.de/
zukunftsbuch14

Artenvielfalt
„Mich treibt eine große Liebe zur Natur an", erklärt Katharina Schertler. Die Naturschutzberaterin bei Bioland begeistert für die neue Biodiversitätsrichtlinie.

Eine intakte, vielfältige Agrarlandschaft, auch in Zeiten des Klimawandels: Die Bioland-Beratung arbeitet mit der Praxis und Wissenschaft an Strategien.

jekten entstehen gerade Prototypen autonomer Roboter zum Hacken und/oder Jäten, eine autonome Verlegetechnik für Unterflur-Bewässerungsschläuche und ähnliches mehr. Drohnen bringen bereits heute Schlupfwespenlarven als Nützlinge gegen Maiszünsler aus und helfen bei der Wildtierkontrolle auf Ernteflächen. Sie könnten künftig auch helfen, Beikräuter zu bestimmen und regulieren sowie Bestände und Weiden zu kontrollieren. Viele Betriebe setzen auch schon digitale Ackerschlagkarteien ein. Diese werden zunehmend an die spezifischen Bedürfnisse von Bio-Landwirtinnen und -Landwirten angepasst. Doch ein Allheilmittel ist der technische Fortschritt nicht, wie die Agrarwissenschaftlerin und Bodenexpertin Dr. Andrea Beste in ihrem Gastbeitrag schreibt.

2050 sind wir weiter

Kommen wir zurück zum Jahr 2050: Die rasanten technischen Innovationen erleichtern den Bio-Bäuerinnen und -Bauern ihre tägliche Arbeit. Für viele Herausforderungen des Klimawandels sind Lösungsansätze entwickelt und in der Praxis breit verankert. Dank mutiger Maßnahmen konnte die Artenvielfalt auf Öko-Äckern weiter gesteigert werden. Die Verbraucherinnen und Verbraucher essen insgesamt weniger Fleisch und kaufen mehr Bio-Waren. Alle öffentlichen Kantinen servieren ihren Gästen täglich Bio-Essen. Die Erzeugung, Verarbeitung und der Handel von Bio-Lebensmitteln sind längst keine Nische mehr, sondern selbstverständlicher Teil des Mainstreams. Bei Bioland haben sich sowohl die Mitglieder als auch die hauptamtlichen Mitarbeiter und Mitarbeiterinnen vervielfacht und erheblich diversifiziert.

Doch auch wenn 50 Prozent der Landwirtinnen und Landwirte schon biologisch wirtschaften, gibt es noch viele Zukunftsthemen zu beackern. Schließlich kann der Ökolandbau allein Klimawandel und Artensterben nicht stoppen.

ßen in die zukünftige Fachberatung für das Grünland ein. Denn nur Böden, die ausreichend Wasser speichern können, bieten auch in Trockenzeiten genügend Grundfutter.

Digitalisierung auch im Biolandbau

Die Digitalisierung im Ökolandbau hat längst begonnen. Alle Betriebe kommunizieren heute digital mit den Behörden. Tierhalterinnen und Tierhalter erfassen mit digitalen Werkzeugen Daten, die dann die zentrale Grundlage ihres Tiermanagements bilden. Viele Ackerbäuerinnen und Ackerbauern nutzen zur flächendeckenden Bodenentlastung automatisierte GPS-gesteuerte Lenksysteme in Schleppern und Mähdreschern. Bei der mechanischen Unkrautregulierung gibt es bereits eine ausgereifte Hacktechnik, zuverlässig geführt von digitalen Kameras und Steuerungssystemen.

Angesichts der Entwicklungssprünge im digitalen Bereich werden sich die Fähigkeiten dieser Geräte bis 2050 noch erheblich verbessern und erweitern. In diversen Forschungspro-

→ Dr. Andrea Beste

Nachhaltig per Drohne – geht das?

Seit etwa fünf Jahren wird sie zunehmend laut und häufig beworben und soll angeblich Wunder bewirken, um die Landwirtschaft umwelt- und klimafreundlicher zu machen: die sogenannte Präzisionslandwirtschaft. Doch kann sie das wirklich?

Hohe Tierzahlen und intensive Stickstoff-Düngung sind die Hauptemissionsquellen der konventionellen Landwirtschaft. Ungefähr 1,2 Prozent des weltweiten Energieverbrauchs geht auf die Herstellung von Mineraldüngern zurück. Die Lösung, die nun von vielen Seiten lautstark und wiederholt präsentiert wird, ist angeblich die „Digitalisierung der Landwirtschaft".

Die Messung des Blattgrüns per Kamera lässt bislang jedoch nur eine sehr grobe Aussage zum Stickstoffbedarf zu. Bei anderen Bodenparametern wird es sogar noch ungenauer: Humusgehalt und -qualität im Boden kann man beispielsweise bis heute nicht zufriedenstellend in der Fläche erheben, schon gar nicht während der Überfahrt. Beim Phosphor liegen bis heute keine validen Messmethoden vor, die organisch gebundenen Phosphor messen und somit als Datengrundlage dienen könnten. Das Gleiche gilt nach wie vor für viele andere Bodenfaktoren, wie zum Beispiel die Bodenstruktur. Wissenschaftlich kann man also bisher nur von „Näherungswerten" reden, aber nicht von „Präzision".

Einsparung in minimaler Größenordnung

Eine vom Thünen-Institut erarbeitete Folgenabschätzung, die in der BMEL-Broschüre zur Digitalisierung in der Landwirtschaft von 2018 zitiert wird, sieht die ermittelten „Einsparungen bei Dünger, Pflanzenschutzmitteln und Kraftstoff im niedrigen einstelligen Prozentbereich". Das klingt nicht nach einer Trendumkehr. Da stellt sich nicht nur die Frage nach der ökologischen, sondern auch nach der ökonomischen Bilanz, denn der Aufwand ist groß. Und wenn Tierzahlen nicht ebenfalls reduziert werden, bleibt auch bei genauester Ausbringung am Ende die Frage: Was machen die Landwirte und Landwirtinnen mit dem Rest der Gülle? Und was die Artenvielfalt angeht, so sind für die Sensormessung der Unkräuter bisher sehr homogene Bestände erforderlich. Da wirkt die im Ökolandbau übliche Artenvielfalt, beispielsweise mit klimaschonenden Mischkulturen, Untersaaten, Bäumen oder Hecken, eher störend. Die Umweltbilanz von so viel Technik mit so wenig Wirkung scheint mehr als fraglich.

Die Technik muss sich dem System anpassen

Doch es gibt auch sinnvolle Einsatzbereiche der digitalen Technik wie das Ausbringen von Schlupfwespen zur biologischen Schädlingsregulierung mit der Hilfe von Drohnen oder den Hackroboter. Gefragt sind angepasste Lösungen, ohne hohen Technik-, Kapital- und Datenaufwand. Auch Open-Source-Plattformen zum Wissensaustausch und zur Vernetzung von Praktikern und Praktikerinnen sind ausgesprochen nützliche Anwendungen digitaler Technik. Sie vermehren darüber hinaus die Eigenständigkeit und das Urteilsvermögen, statt sich abhängig von vorgefertigten Spritz- und Düngekalendern zu machen.

Wir sollten mehr in klimaangepasste Anbausysteme wie Permakultur oder Agroforst investieren, in Wissensvernetzung, in Vermittlung von Know-how und Erfahrungswissen sowie in die Kommunikation untereinander und weniger in die kapitalintensive digitale Hochrüstung auf dem Acker. Wirklichen Erkenntnisgewinn über das eigene Agrarökosystem gewinnt man nicht per Satellit und Kamera, sondern durch die Beobachtung ökologischer Prozesse. Da hilft ein Spaten oft mehr als jede Drohne!

→ Reinhard Verdorfer

AUF DEM WEG ZUR BIO-REGION SÜDTIROL

„Südtirol, der begehrteste nachhaltige Lebensraum Europas", heißt das Ziel der Innovation, Development und Marketing (IDM) Südtirol, Südtirols Treiber für die wirtschaftlichen Entwicklungen im Land. Bioland Südtirol hingegen sieht sich als „die Speerspitze der Nachhaltigkeitsbewegung in Land- und Lebensmittelwirtschaft". Der Weg dahin erfordert viel Innovationskraft und einen langen Atem. Ein erster Meilenstein ist, dass sich der Verein Bioland Südtirol 30 Jahre nach seiner Gründung in eine Genossenschaft umwandelt. Denn das italienische Recht bietet einer Genossenschaft mehr Rechtssicherheit als einem Verein. Die verbandspolitische Organisation und die Verbindung zum Bioland e.V. bleiben jedoch weiterhin bestehen.

Weitere Schritte sind der Umzug von Terlan nach Lana und vor allem die Gründung des Kompetenzzentrums des Biolandbaus Südtirol. Mit dabei sind die Kontrollstelle Abcert, das Biokistl Südtirol (Bio-Fachhandel) und die Verarbeitungs- und Verkaufsgenossenschaften Bioregio/Biobeef und Bio Alto Südtirol. Das Kompetenzzentrum und die gebündelte Bio-Szene setzen einen starken Impuls für Südtirols Politik, Land- und Lebensmittelwirtschaft. Gemeinsam möchten die Akteurinnen und Akteure zahlreiche Weiterbildungsangebote und eine moderne Nachhaltigkeitsberatung entlang der Wertschöpfungskette schaffen.

Die Bio-Szene Südtirol bündelt die Kräfte im neuen Kompetenzzentrum.

„ Jedes Mitglied bei Bioland sollte in Zukunft ein bestimmtes Basiswissen bezüglich Bodenfruchtbarkeit, Klimaschutz, Biodiversität und Kreislaufdenken haben.

Tourismus beflügelt Nachfrage

Die 2021 gegründete Genossenschaft Bio Alto Südtirol hat in erster Linie die Aufgabe, Produkte in Bioland- und Demeter-Qualität in den Lebensmitteleinzelhandel und den Tourismus zu verkaufen. Mehr bio-regionale Lebensmittel in der Gastronomie zu verwenden, wäre ein Meilenstein für die nachhaltige Regionalentwicklung. Schließlich zählt Südtirol jährlich 30 Millionen Übernachtungen. Daher möchte Bioland eine Umstellungsberatung für das Hotel- und Gastgewerbe implementieren, so wie in der Landwirtschaft. Die Hotels und Restaurants brauchen nicht nur bei der Produktbeschaffung Unterstützung, sondern vor allem bei der Weiterbildung der Mitarbeiterinnen und Mitarbeiter (Küche und Service) und beim Marketing.

Aber auch die Bekanntmachung der Marke Bioland steht auf dem Programm. Viele Zielmärkte, vor allem bei Wein und Milch, liegen in Italien; Absatzmarkt für Obst ist fast ganz Europa. Überall gilt es die Vorzüge von Bioland bekannt zu machen. Ein erster Schritt ist die neue Internetseite für italienische Konsumentinnen und Konsumenten www.bioland-italia.it.

Impulse für die Zukunft

→ Stephanie Strotdrees im Dialog mit einem jungen und einem erfahrenen Bioland-Mitglied

W ie Bioland und der Biolandbau in 50 Jahren aussehen werden, lässt sich heute nicht genau sagen. Wer hätte 1971 gedacht, wo Bioland heute, im Jahr 2021 steht? Eines wussten die Pioniere aber schon damals: dass sie ihre Idee ständig kritisch hinterfragen und freie Bauern und Bäuerinnen bleiben müssen. Nur so, und mit jeder Menge Idealen, konnten sie sich sicher sein, das Richtige zu tun. Und heute? Worauf kommt es heute mit dem Blick in die Zukunft an? Welche Angebote kann der Biolandbau machen? Wohin muss und wird er sich entwickeln?

»Vielfalt und Mitgestaltung ziehen Kundschaft, Nachfolger und Nachfolgerinnen auf Höfen an.«

Florian Werle, Bioland-Hofladner

Die Corona-Pandemie ab 2020 hat vielen Menschen Gelegenheit gegeben, über ihren Lebensstil nachzudenken und darüber, wo ihr Essen herkommt und wie es zubereitet wird. Der Markt für Bio-Lebensmittel wuchs 2020 um 22 Prozent, eine nie dagewesene Entwicklung. Anscheinend haben sich verunsicherte Menschen sicher gefühlt, wenn sie Bio gekauft haben. Haben sie die Schieflagen im Miteinander, in der Natur und in der Land- und Lebensmittelwirtschaft erkannt und entsprechend reagiert? Zeichen dafür sind auch die regelrechte Flucht aufs Land, von der viele Direktvermarkter berichten; und die Sehnsucht und das Bedürfnis, mehr Ursprüngliches, mehr Landwirtschaft zu spüren.

Diese neue Sensibilität bei den Bürgerinnen und Bürgern kann dazu dienen, ihnen den Biolandbau und die ökologische Herstellung von Lebensmitteln nahezubringen, sie zu begeistern und als Mitgestalterinnen und Mitgestalter für den vollständigen Umbau der Land- und Lebensmittelwirtschaft zu gewinnen. Für die Agrarbranche gilt es, gesellschaftliche Erwartungen ernst zu nehmen, Verbrauchern und Verbraucherinnen auf Augenhöhe zu begegnen und ihre Wünsche als Auftrag für die Bewirtschaftungsform und Tierhaltung zu verstehen. Nur so kann die Landwirtschaft in die Mitte der Gesellschaft zurück-

finden, nur so wird die Arbeit aller Bauern und Bäuerinnen wieder Anerkennung und Dank erhalten.

Konsumentinnen und Konsumenten haben in einem riesigen Lebensmittelmarkt die Wahl. Deshalb ist es an uns Bio-Landwirten und -Landwirtinnen, jenen zu danken, die mit dem Kauf ökologisch erzeugter Produkte den Biolandbau voranbringen und ihm Respekt, Zutrauen und Anerkennung entgegenbringen. Ihnen und jenen, die noch keine Bio-Produkte kaufen, sollten sich Bäuerinnen und Bauern öffnen, denn ohne sie sind alle Mühen für die biologische Erzeugung sinnlos. Wenn wir es schaffen, die Wertschöpfungskette von der Erzeugung über die Verarbeitung und den Handel bis zu den Genießern und Genießerinnen zu öffnen, wird es gelingen, viele weitere Höfe und Äcker auf ökologischen Landbau umzustellen.

Grenzen lösen sich auf

Die Distanz zwischen Stadt und Land wird zunehmend kleiner. So auch die Grenzen zwischen Leben und Arbeit, vor allem bei jungen Generationen. Das ist eine Chance, stärker in den Dialog zwischen urbanen Erwartungen und ländlicher Lebenshaltung zu kommen. Wie empfinden die Jungen, unsere Kinder, die Erwartung der sogenannten Gesellschaft an die Landwirtschaft der Zukunft? Florian Werle, der jung auf einem Bioland-Betrieb in Hessen eingestiegen ist und einen Mitglieder-Hofladen führt, beschreibt es so:

Solidarische Landwirtschaft und andere Modelle der Beteiligung lösen den klassischen Familienbetrieb ab.

komplizert, den Ursprung der Lebensmittel zu ergründen. Viele Menschen gehen dann zu den Direktvermarktern, sie möchten frische Lebensmittel kaufen und die Menschen auf den Höfen kennenlernen, die sie erzeugen. Weg von dem anonymen Handel, bei dem der Preis im Mittelpunkt steht, hin zu einem Erlebnis, bei dem Austausch entsteht. Diesem Wunsch nach Offenheit, Nachhaltigkeit und direktem Kontakt zum Ursprung kommen wir im Alltag nach und sind überzeugt, dass dies auch noch mehr Betriebe tun könnten und werden."

Der Wunsch vieler Eltern ist es, ihre Kinder für ihr eigenes Tun zu begeistern, zumindest aber, sie nicht davor abzuschrecken. Doch bei jeder nachfolgenden Generation wird deutlich, dass manche Arbeits- und Lebensformen nicht mehr in die Zeit passen und der Wunsch nach Veränderung groß ist. Gelungen und ideal ist es, wenn die Jungen es schaffen, die Grundlagen der vorherigen Generationen wertschätzend aufzugreifen, um sie mit eigenen Ideen für sich und die Zukunft weiterzuentwickeln. Florian Werle berichtet:

„Schon seit 30 Jahren spielt der Kontakt zu Menschen auf unserem Betrieb eine zentrale Rolle. Sie werden eingebunden – schon bei der Umstellung auf Bioland vor 31 Jahren, beim Ausliefern von Gemüsekisten, im Mitgliederladen und auch in der Ernährungsbildung. Wir haben einen Hofladen mit Vollsortiment, über 50 Gemüsekulturen aus eigenem Anbau, 30 Schweine. Wir verarbeiten hofeigene Produkte weiter und bieten Ernährungsbildung und Freizeitangebote an. So kommen Landwirt, Pädagogin, Zimmermann, Gärtnerin und viele andere zusammen. Der Betrieb wandelt sich so von einem Familienbetrieb hin zu einem Ort der Gemeinschaft mit inzwischen 14 dauerhaften Arbeitsplätzen, bei einer bewirtschafteten Fläche von 40 Hektar. Vielfalt und Mitgestaltung zieht Kundschaft, Nachfolger und Nachfolgerinnen an.

„In Momenten, in denen wir Innehalten und uns eine Auszeit gönnen, wird uns immer wieder bewusst, wie vielfältig und oft undurchschaubar die Welt und unser Leben sind. Dabei fällt auf, dass der Wunsch nach Transparenz und Authentizität immer größer wird. Wo kommen meine Lebensmittel her? Kann ich noch nachvollziehen, welchen Weg sie zurücklegen? Was ist saisonal und regional verfügbar? Welche Auswirkungen haben meine (Kauf-)Entscheidungen?
In der Stadt und auch auf dem Land, in Supermärkten und in Restaurants geht dieser Bezug meist verloren. Es ist äußerst

Im Austausch mit unserer Kundschaft erleben wir täglich Dankbarkeit und Interesse, wie es sich viele Landwirtinnen und Landwirte wünschen. Deshalb ermutigen wir Kollegen und Kolleginnen, neue Wege zu gehen und etwas zu wagen. Öffnet eure Betriebe für die Kundschaft, geht in Kontakt und erweitert euer Angebot. Von der Politik erwarten wir eine Transformation der aktuellen Förderungen, weg von der Quantität, hin zur Qualität. Fördert kleinbäuerliche Strukturen, Direktvermarktungsbetriebe und gelebte Nachhaltigkeit, Stichwort Gemeinwohl-Ökonomie-Bilanz.

Unsere Vision für die Zukunft: Immer mehr Betriebe trauen sich mit Unterstützung der Politik, die Abhängigkeiten vom Großhandel zu lösen. Betriebe werden kleiner, anstatt größer, die Wertschöpfung erhöht sich und Kreisläufe entstehen. Es werden SoLaWis (Solidarische Landwirtschaft), Mitgliederläden und Gemüsekisten ins Leben gerufen. Modelle der Beteiligung und Gemeinschaftsprojekte lösen klassische Familienbetriebe ab."

Gemeinwohl statt Gewinnmaximierung

Solange der Biolandbau eine definierte Bewirtschaftungsform ist, solange gibt es Bedenken, dass konventionelle landwirtschaftliche Betriebe aus rein ökonomischen Gründen umgestellt werden. Mit der Umstellung der ersten Großbetriebe und einer zunehmenden Spezialisierung Anfang des Jahrtausends ist die Sorge um eine „Konventionalisierung" gewachsen. Doch mit welchen Instrumenten kann der Biolandbau andere Parameter messen, als allein den wirtschaftlichen Erfolg? Darüber machen sich Bioland-Mitglieder wie Harro Colshorn aus Bayern Gedanken. Er ist Gärtner und Vorstand der Gemeinwohl-Ökonomie Bayern:

„Zunächst ist festzustellen, dass eine Umstellung auf Biolandbau allein aus ökonomischen Gründen kurze Beine haben wird.

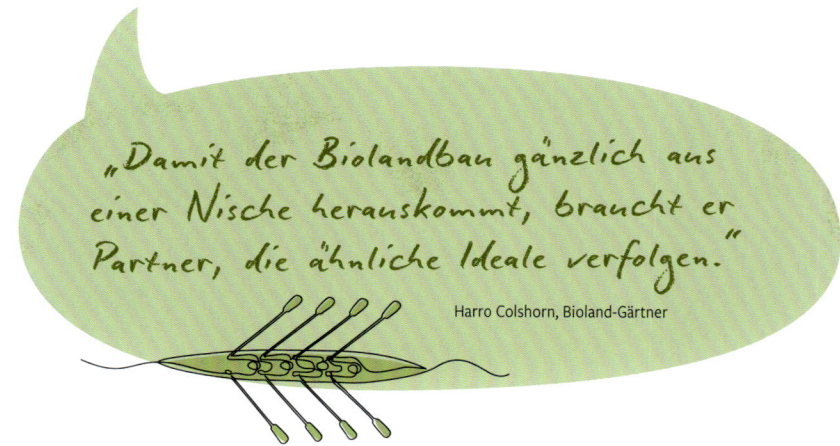

„*Damit der Biolandbau gänzlich aus einer Nische herauskommt, braucht er Partner, die ähnliche Ideale verfolgen.*"

Harro Colshorn, Bioland-Gärtner

Dazu ist Biolandbau zu anspruchsvoll und fordert ständig neu heraus. Wir haben erlebt, dass sich solche verdächtigten Landwirtinnen und Landwirte zu Überzeugungstätern und Überzeugungstäterinnen entwickelt haben, nachdem sie sich durch etliche Schwierigkeiten hindurchbeißen mussten.

Biolandbau ist nicht nur ein anderes Anbauverfahren. Er geht mit einer bäuerlich geprägten Agrarkultur einher. Zentrale Werte sind generationenübergreifendes Denken, Verantwortung für die anvertrauten Tiere, Pflanzen und den Boden und ein menschliches Miteinander auf dem Hof und mit den Handelspartnern. Biolandbau ist ein Beispiel für eine Wirtschaftsweise, in dessen Mittelpunkt nicht kurzfristige Gewinninteressen stehen. Deshalb ist das Konfliktpotenzial mit Partnern in der Wertschöpfungskette hoch, die sich weiterhin – wie in der Wirtschaft allgemein üblich – an einer kurzfristigen Gewinnmaximierung orientieren. Damit der Biolandbau gänzlich aus einer Nische herauskommt, braucht er Partner, die ähnliche Ideale verfolgen. Eine flächendeckende ökologische Landwirtschaft wird es nur in einer Gesellschaft geben, in deren Mittelpunkt das Gemeinwohl steht und nicht die Vermehrung von Geldvermögen.

PODCAST

bioland.de/
zukunftsbuch15

Visionen brauchen ein solides Fundament

„Ist das wirklich richtig, was ich da mache?", hat sich der Bioland-Pionier Siegfried Kuhlendahl Zeit seines Lebens gefragt. Im Interview erzählt er von Werten und Visionen des Biolandbaus.

„*Wir brauchen einen anderen Umgang mit dem Boden. Boden ist keine Ware wie jede andere.*"

Harro Colshorn, Bioland-Gärtner

Viele Unternehmen befinden sich bereits auf diesem Weg. Neben den Pionierinnen und Pionieren der Bio-Bewegung und des Fairen Handels zum Beispiel Genossenschaften aus dem Energiesektor, aber auch ganz „normale" Familienbetriebe und regional verankerte mittelständische Unternehmen. Viele wirtschaften eigenverantwortlich, einige organisiert zum Beispiel in der Gemeinwohl-Ökonomie. Letztere ist eine Initiative von Unternehmen, die ihren Gestaltungsspielraum für eine Wirtschaft zugunsten des Gemeinwohls nutzen und nicht auf die Politik warten. Damit leiten sie einen umfassenden Wertewandel für eine ökologisch nachhaltige, sozial gerechte und sinnerfüllte Zukunft ein. In dieser Verantwortung verstehen diese Unternehmen ihre wirtschaftliche Freiheit. Geld, Kapital und Eigentum sehen sie als wertvolle und willkommene Mittel dafür, aber eben nur als Mittel."

Boden ist Gemeingut

Der Biolandbau ist bei Weitem nicht nur eine Alternative für bestehende konventionelle Betriebe. Etliche Bio-Betriebe werden von Menschen aus der Stadt und mit fachfremden Ausbildungen geführt, die eine Lebensalternative gesucht haben und die Ökologisierung der Land- und Lebensmittelwirtschaft vorantreiben wollen. Doch welche Perspektiven bieten sich, ohne einen Hof zu erben? Wie kann eine Selbstständigkeit gelingen? Wie kommt man an Land? Harro Colshorn:

„Das ist eine Frage des Geldes. Entweder finden sich Geldgeber und Spenderinnen, oder es geht nur im Kleinen. Gärtnereien brauchen wenig Fläche. Insofern sind auch die meisten Quereinsteigerinnen und Quereinsteiger unter den Marktgärtnereien zu finden oder in der Solidarischen Landwirtschaft.

Das größte Hindernis für den Einstieg von Menschen, die nicht schon einen Hof geerbt haben, sind die horrenden Bodenpreise. Sie erschweren zudem, dass sich bestehende bäuerliche Höfe weiterentwickeln. Außerlandwirtschaftliche Investoren können sich diese Preise leisten. Und da Boden immer knapper wird, werden die Preise weiter steigen und sind schon allein als Vermögensanlage interessant."

Besonders bei komplexen Betriebsstrukturen und undurchsichtigen Konstrukten stellt sich die Frage: Mit welchem und wessen Geld wird hier gearbeitet? Bei großen und unübersichtlichen Betriebsstrukturen gilt es genau hinzuschauen. Doch weder die Größe noch die Betriebsstruktur an sich sind Hindernisse. Wichtig ist die Art der Bewirtschaftung und welchen Interessen sie dient. Bioland legt hier sein Leitbild, seine sieben Prinzipien und seine Richtlinien an. Für die Bewertung von hintergründigen Strukturen eignet sich die Erstellung einer Nachhaltigkeitsbilanz. Die umfassendste ist die Gemeinwohl-Bilanz, die eine Unternehmung nicht nur auf ökologische Nachhaltigkeit hin überprüft, sondern auch auf die Wahrung von Menschenwürde, Solidarität, soziale Gerechtigkeit, demokratische Mitbestimmung und Transparenz. Harro Colshorn meint, dass der Zweck der Landbewirtschaftung wieder richtig interpretiert werden muss:

„Damit sind wir wieder bei der Frage, welchem Ziel eine Landbewirtschaftung in erster Linie dient: dem Gemeinwohl oder den Renditeansprüchen der Geldgeber und Geldgeberinnen? Eine Vereinnahmung können wir am besten verhindern, wenn wir uns mit unseren Partnern in der Wertschöpfungskette und

Unsere Vision für die Zukunft: Immer mehr Betriebe trauen sich mit Unterstützung der Politik, die Abhängigkeiten vom Großhandel zu lösen. Betriebe werden kleiner, anstatt größer, die Wertschöpfung erhöht sich und neue Wirtschaftskreisläufe entstehen. Es werden SoLaWis (Solidarische Landwirtschaft), Mitgliederläden und Gemüsekisten ins Leben gerufen. Modelle der Beteiligung und Gemeinschaftsprojekte lösen klassische Familienbetriebe ab.

Florian Werle, Bioland-Hofladner

den vielen erwähnten Unternehmen zusammentun, um auf eine gemeinwohlorientierte Wirtschaftsweise hinzuwirken. Dazu ist es wichtig, dass sich diese Unternehmen vernetzen und austauschen. Sie brauchen eine Stimme. Das „Best Economy Forum" will dies fördern. Dort arbeiten Unternehmerinnen und Unternehmer gemeinsam an Strategien, wie sie ihre Unternehmungen und die Wirtschaft nachhaltig ausrichten können, inspiriert von Best-Practice-Beispielen. Im nächsten Schritt formulieren sie Erwartungen an neue politische Regeln, die ökologisch und sozial verantwortliches Handeln fördern und treten hierüber in einen Dialog mit der Politik. Gegründet wurde das „Best Economy Forum" von Bioland, den Bio-Hotels und der Gemeinwohl-Ökonomie, getragen wird es inzwischen von Unternehmen aller Branchen."

Einladung zum Engagement

Die Land- und Ernährungswirtschaft der Zukunft gemeinsam mit allen Beteiligten der Wertschöpfungskette zu gestalten, ist das große Ziel, an dem wir arbeiten. Jede Möglichkeit muss genutzt werden, Landwirte und Landwirtinnen schon in der Ausbildung darauf vorzubereiten, ihre Rolle nicht nur als Rohstofflieferanten und -lieferantinnen zu verstehen, sondern die ganze Wertschöpfungskette bis zur Kundschaft im Laden im Bewusstsein zu haben. In Ausbildung und Studium muss ganzheitliches Denken geschult werden. Unabhängigkeit und freies Denken waren auch die Inhalte, die Dr. Hans Müller zu Bioland-Gründungszeiten auf dem Möschberg gelehrt hat. Der Versuch industrieller Strukturen, die Landwirtschaft abhängig zu machen, bedroht bäuerliche Betriebe, damals, heute und künftig. Deshalb schafft Bioland eigene Strukturen und

Übrigens:
Im Best Economy Forum tun sich Unternehmen zusammen, um auf eine gemeinwohlorientierte Wirtschaftsweise hinzuwirken:
besteconomyforum.org

„Die Land- und Lebensmittelwirtschaft muss vollständig sozial-ökologisch umgebaut werden. Dafür gilt es, sich mit aller Schaffenskraft zusammenzutun."

Stephanie Strotdrees, Bioland-Landwirtin
und Vizepräsidentin von Bioland

Regeln, die dem System Biolandbau entsprechen und die das große Ganze im Blick behalten: in den Bioland-Abteilungen Forschung und Entwicklung, Fach- und Richtlinienarbeit, Bildung und Beratung und sogar in der angewandten Züchtung. Alle Entwicklungen gelingen im Austausch zwischen der Basis aus Bauern und Bäuerinnen und zunehmend auch den Verarbeitern, dem Ehrenamt und dem Hauptamt. In einem wachsenden Verband wird es Aufgabe sein, Kommunikation, Transparenz und Abstimmungsprozesse gut zu gestalten.

Der Erfahrungsaustausch und die fachlichen wie auch politischen Diskussionen in den Regional- und Fachgruppen sind und bleiben die Quelle vieler verbandlicher Entwicklungen. Über Landesmitgliederversammlungen und die gewählten Delegierten für die Bundesdelegiertenversammlung werden Entwicklungen und Entscheidungen breit verankert. Hier gilt es, die Möglichkeiten der Digitalisierung stärker zu nutzen, um über zeitliche und räumliche Distanzen hinweg gemeinsam Neues zu entwickeln. Neue Arbeits- und Diskussionsmethoden sowie Abstimmungsprozesse werden schon jetzt in den Gremien und manchen Fachbereichen ausprobiert und lösen

starre Führungsmuster auf. Wollen wir gesellschaftlich etwas verändern, müssen wir den Anfang schon in den eigenen Verbandsstrukturen machen.

Die Abhängigkeit von ungleichen Marktpartnern zu verhindern, scheint immer wieder unmöglich. Die intensive Arbeit an Vertragswerken und der Versuch, sich auf anderen Gesprächsebenen zu bewegen, wird ein weiterer Meilenstein sein, um aus der vermeintlichen bäuerlichen Opferrolle herauszutreten. Ein Grundsatz im Bioland ist es, die gesamte Wertschöpfungskette im Blick zu haben. Das letzte Glied einzubeziehen, die sogenannten Endverbraucherinnen und Endverbraucher, ist für Direktvermarkter schon immer selbstverständlich. Künftig muss das für die gesamte Landwirtschaft gelten und eine neue Beziehungsqualität entstehen. Auch die Themen Biodiversität, Boden-, Wasser- und Klimaschutz, die Bioland seit jeher beackert, können nur in einer breiten Allianz mit anderen Gruppen und Initiativen in der Fläche zum Besseren gewendet werden. Es muss also zu einer neuen Selbstverständlichkeit werden, auch Bürgerinnen und Bürger im Projekt „Landwirtschaft der Zukunft" einzubinden.

Man darf zufrieden zurückblicken, wie viel der Bioland-Verband und seine Mitglieder bereits erreicht haben. Früher nur dem Ökolandbau und einer kleinen Gruppe von Umweltschützerinnen und Umweltschützern vorbehaltene Themen werden nun global erkannt. Dass immer mehr Landwirtinnen und Landwirte ökologisch wirtschaften und Konsumentinnen und Konsumenten ihre Produkte in einem wachsenden Markt anerkennen, zeigt die Zukunftsfähigkeit der Bioland-Idee. Die Land- und Lebensmittelwirtschaft muss vollständig sozial-ökologisch umgebaut werden und die Natur und die planetaren Grenzen respektieren. Dafür gilt es, sich mit aller Schaffenskraft zusammenzutun. Dieses Buch ist die Einladung dazu, mitzugestalten.

Anbau nach Bioland-Standards

In 50 Jahren Verbandsgeschichte passiert viel. Am besten lässt sich dies anhand von Zahlen visualisieren. Im Geburtsjahr des Verbandes zählte die Gemeinschaft sieben Mitgliedsbetriebe, zu Beginn des Jubiläumsjahrs 2021 waren es rund 8.500. Einzelne Regionen sind unterschiedlich stark gewachsen. So bewirtschaften Bioland-Mitglieder im süddeutschen Raum insgesamt rund 200.000 Hektar nach Bioland-Richtlinien.

Die Sparten sind vielfältig. Spitzenreiter in der Statistik 2021 sind landwirtschaftliche Betriebe mit Schwerpunkt Milchviehhaltung, gefolgt von Marktfruchtbetrieben. Unter dem Bioland-Dach sind auch kleinere Sparten vereint. Hier nur beispielhaft erwähnt: die Zucht von Pilzen oder die Haltung von Gehegewild oder Baumschul- und Zierpflanzenbetriebe.

Rund 3.200 Höfe bilden Lehrlinge aus oder bieten Praktika an. Freizeit kann man bei rund 1.900 Bioland-Mitgliedern gestalten und auf rund 600 Betrieben lässt sich Urlaub verbringen.

LANDWIRTSCHAFTLICHE NUTZFLÄCHE BIOLANDWEIT (%)

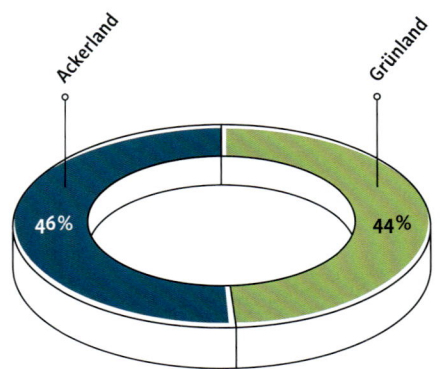

Ackerland 46%

Grünland 44%

BIOLAND-ERZEUGERBETRIEBE
Anzahl und Gesamtfläche (ha) zwischen 1971 und 2021 [Quelle: Bioland]

| Bioland-Erzeugerbetriebe
| Gesamtfläche (ha)

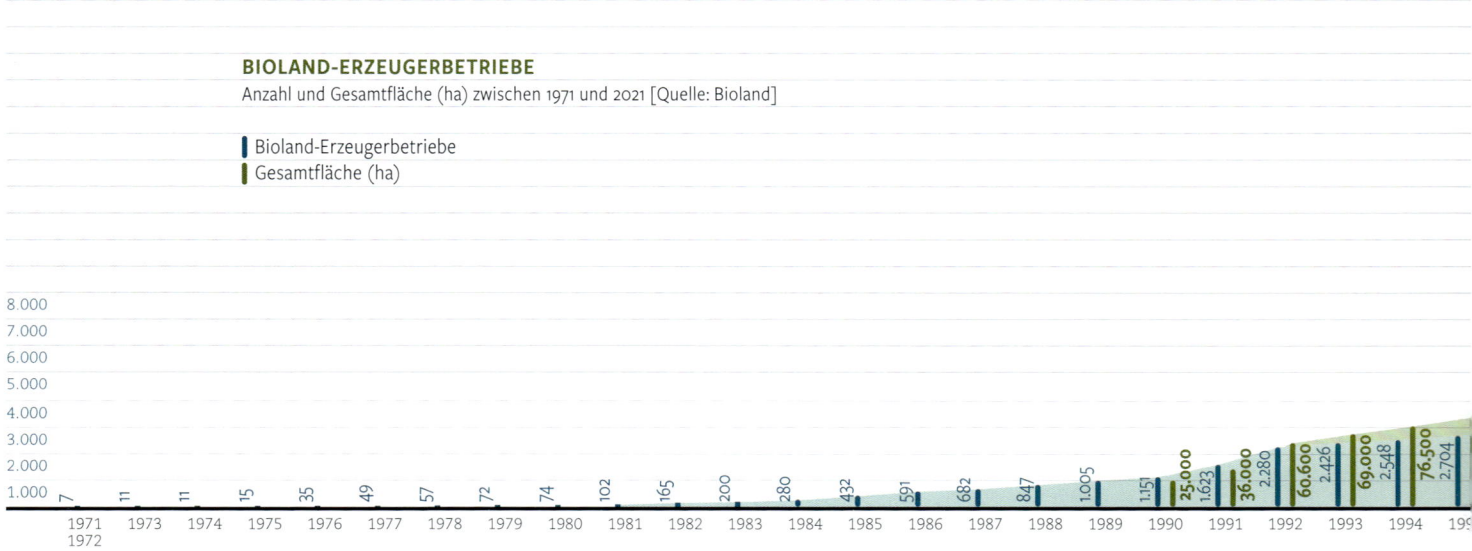

| | 7 | 11 | 11 | 15 | 35 | 49 | 57 | 72 | 74 | 102 | 165 | 200 | 280 | 432 | 591 | 682 | 847 | 1.005 | 1.151 | 25.000 1.623 | 36.000 2.280 | 60.600 2.426 | 69.000 2.548 | 76.500 2.704 |
| 1971 1972 | 1973 | 1974 | 1975 | 1976 | 1977 | 1978 | 1979 | 1980 | 1981 | 1982 | 1983 | 1984 | 1985 | 1986 | 1987 | 1988 | 1989 | 1990 | 1991 | 1992 | 1993 | 1994 | 199 |

BIOLAND-FLÄCHEN IN DEN LANDESVERBÄNDEN (%)

LV = Landesverband

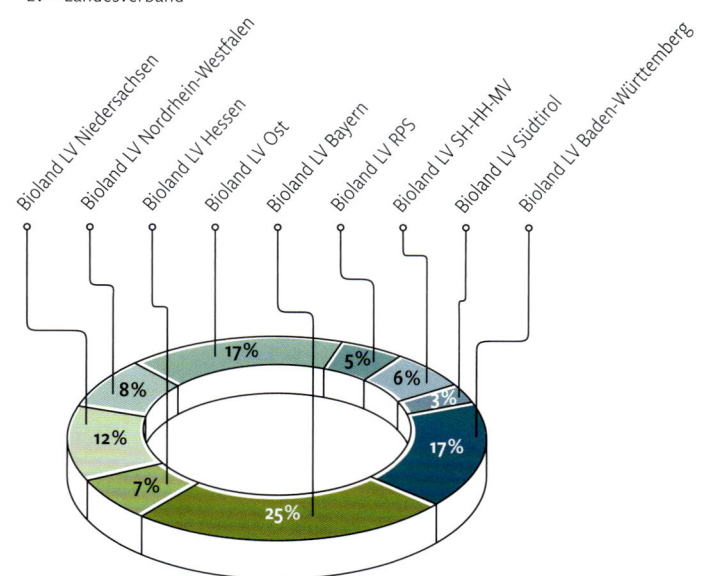

BIOLAND-ERZEUGERBETRIEBE IN DEN LANDESVERBÄNDEN (%)

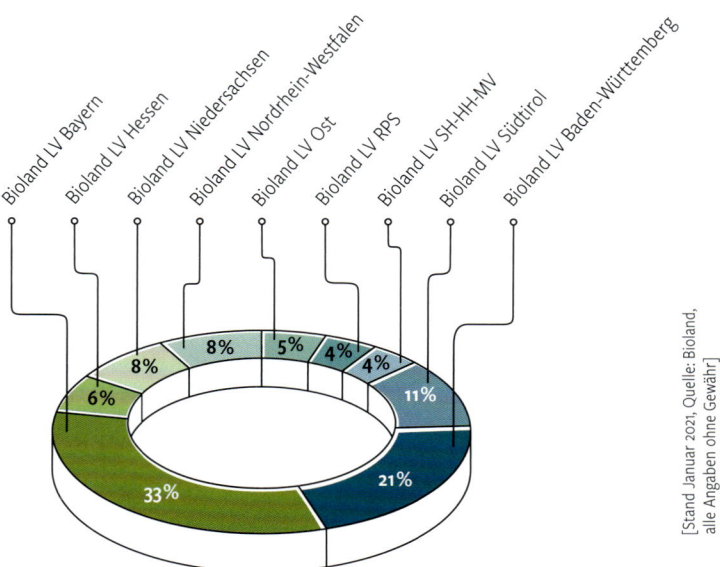

[Stand Januar 2021, Quelle: Bioland, alle Angaben ohne Gewähr]

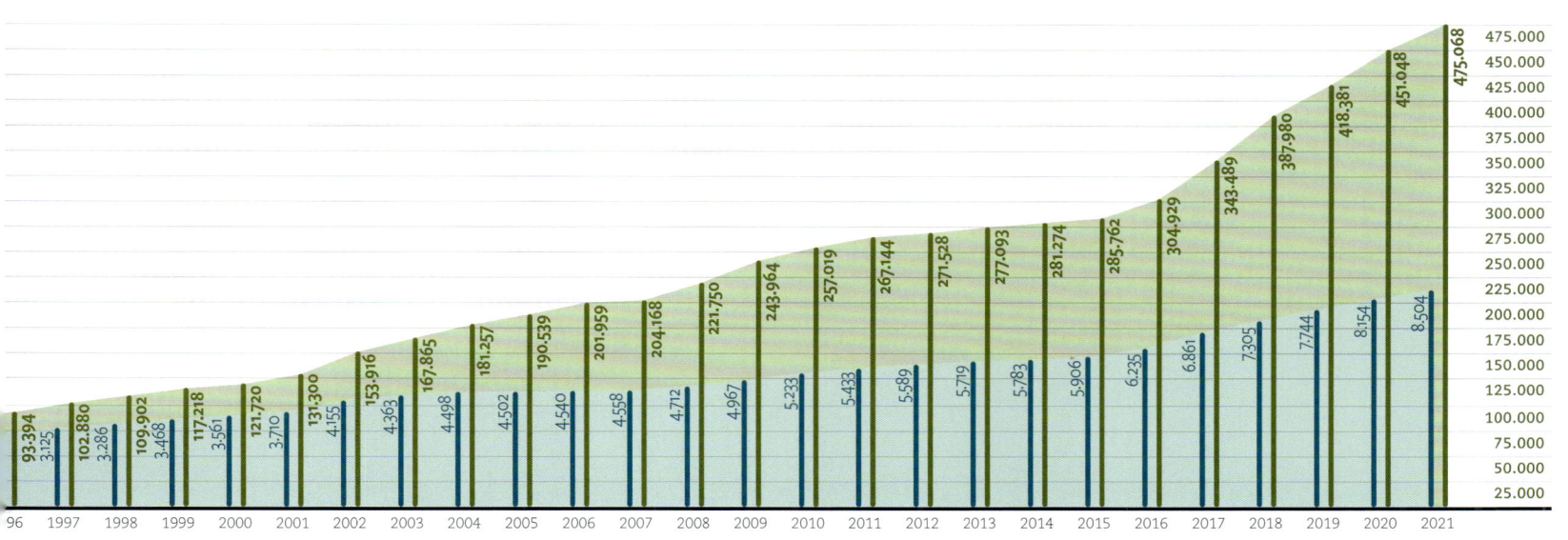

Verarbeitung nach Bioland-Standards

In der Verbandsgeschichte wurden die Partner aus Handel und Verarbeitung in der Wertschöpfungskette viele Jahre nicht systematisch erfasst. Zu gering ihre Anzahl und unzureichend die Auswertungsmöglichkeiten, um ihr Wachstum darzustellen. Dennoch zeigt sich in den nachfolgenden Diagrammen, wie die Bioland-Idee die Lebensmittelbranche stetig angeregt hat. Mit der steigenden Zahl von Erzeugern haben Liefersicherheit und Entwicklungsspielraum der Verarbeiter zugenommen.

Auch die Vielfalt ist größer geworden. Im Jubiläumsjahr 2021 kamen 134 neue Marktpartner aus Handel, Verarbeitung und Gastronomie ins Bioland. Darunter eine Kochschule, kleinere Restaurants, handwerkliche Metzgereien und Bäckereien, Getreideverarbeiter sowie Kellereien und Keltereien.

BIOLAND-PARTNER – BRANCHEN BIOLANDWEIT (%)

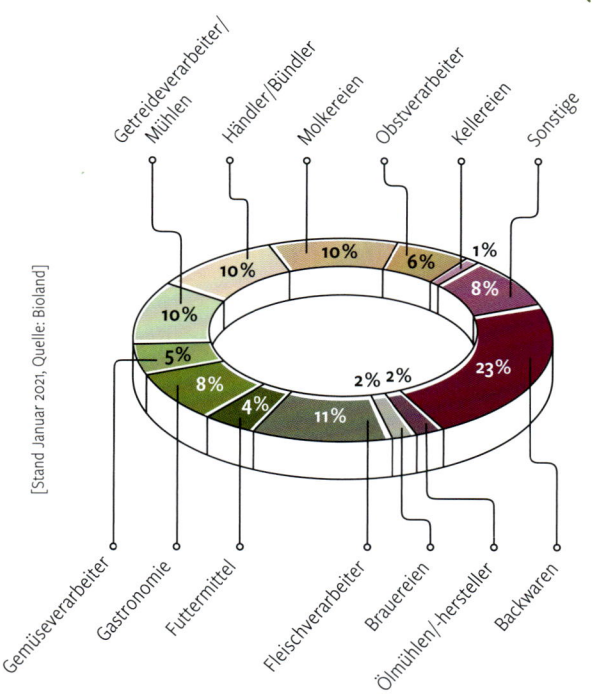

[Stand Januar 2021, Quelle: Bioland]

Getreideverarbeiter/ Mühlen · Händler/Bündler · Molkereien · Obstverarbeiter · Kellereien · Sonstige

10% · 10% · 6% · 1% · 8% · 23% · 11% · 2% · 2% · 4% · 8% · 5% · 10%

Gemüseverarbeiter · Gastronomie · Futtermittel · Fleischverarbeiter · Brauereien · Ölmühlen/-hersteller · Backwaren

BIOLAND-PARTNER IN DEN LANDESVERBÄNDEN (%)

LV = Landesverband

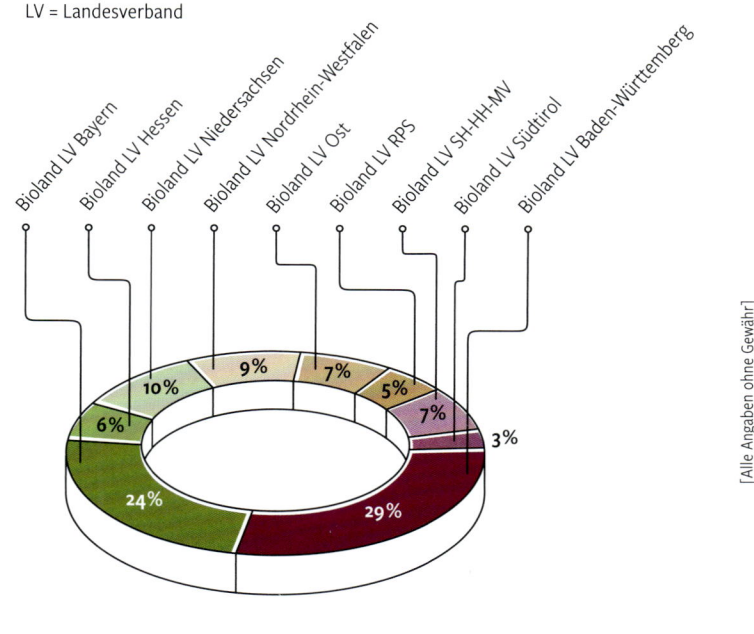

[Stand September 2021, Quelle: Bioland]

[Alle Angaben ohne Gewähr]

Bioland LV Bayern · Bioland LV Hessen · Bioland LV Niedersachsen · Bioland LV Nordrhein-Westfalen · Bioland LV Ost · Bioland LV RPS · Bioland LV SH-HH-MV · Bioland LV Südtirol · Bioland LV Baden-Württemberg

10% · 9% · 7% · 5% · 7% · 3% · 29% · 24% · 6%

BIOLAND-PARTNER EINSCHLIESSLICH NACHGELAGERTES GEWERBE AB 1984

Die systematische Erfassung der Partner begann ab 1984.

[Quelle: Bioland]

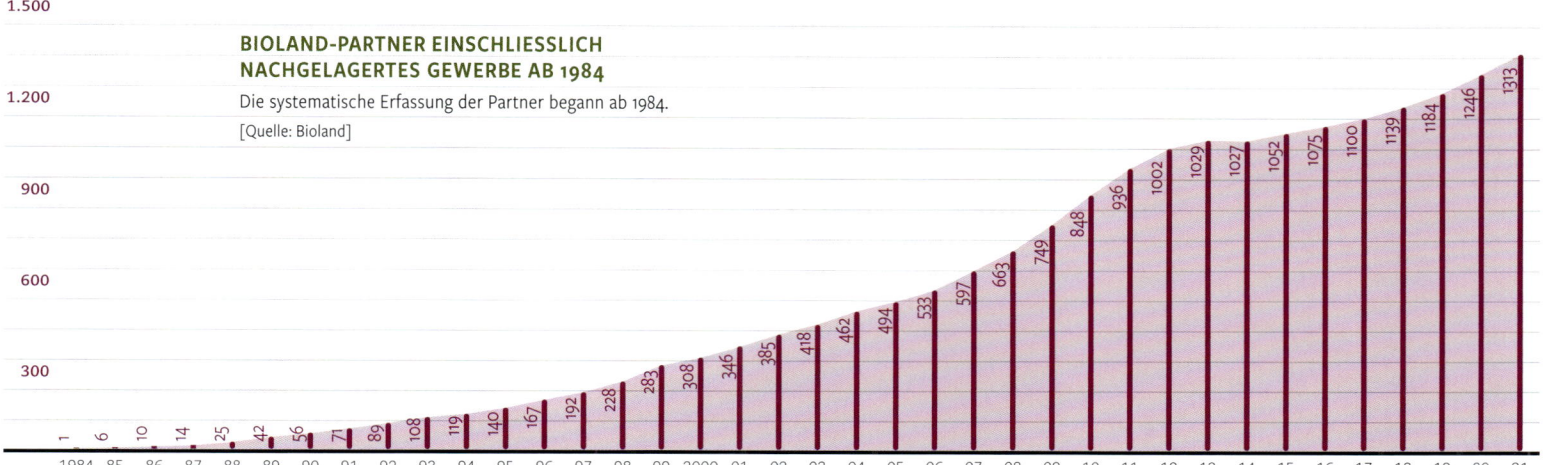

1.500 · 1.200 · 900 · 600 · 300

1 · 6 · 10 · 14 · 25 · 42 · 56 · 71 · 89 · 108 · 119 · 140 · 167 · 192 · 228 · 283 · 308 · 346 · 385 · 418 · 462 · 494 · 533 · 597 · 663 · 749 · 848 · 936 · 1002 · 1029 · 1027 · 1052 · 1075 · 1100 · 1139 · 1184 · 1246 · 1313

1984 85 86 87 88 89 90 91 92 93 94 95 96 97 98 99 2000 01 02 03 04 05 06 07 08 09 10 11 12 13 14 15 16 17 18 19 20 21

Lesestoff

- **Bach, Diana, Werner Scheidegger: Die weiblichen Wurzeln des Bio-Landbaus.** Ein Leben für das Gleichgewicht zwischen Mensch und Natur, Mann und Frau. 136 Seiten, Bioforum Schweiz, Meilen (Schweiz) 2020, ISBN 978-3-033-08185-7

- **Forster, Matthias, Christopher Schümann (Hg.): Das Gift und wir – Wie der Tod über die Äcker kam und wie wir das Leben zurückbringen können.** 448 Seiten, Westend Verlag, Frankfurt am Main 2020, ISBN 978-3-864-89294-3

- **Gottwald, Franz-Theo, Jan Plagge, Franz Josef Radermacher (Hg.): Klimapositive Landwirtschaft. Mehr Wohlstand durch naturbasierte Lösungen.** 250 Seiten, Tectum Wissenschaftsverlag, Baden-Baden 2021, ISBN 978-3-8288-4678-4

- **Harari, Yuval Noah: 21 Lektionen für das 21. Jahrhundert.** 445 Seiten, C.H. Beck Verlag, München, 10. Auflage 2019, ISBN 978-3-406-72778-8

- **Helfrich, Silke, David Bollier: Frei, fair und lebendig – die Macht der Commons.** 400 Seiten, Transcript Verlag, Bielefeld, 2. Auflage, ISBN 978-3-8376-5574-2

- **Inhetveen, Heide, Mathilde Schmitt, Ira Spieker: Passion und Profession – Pionierinnen des Ökologischen Landbaus.** 256 Seiten, oekom verlag, München 2021, ISBN 978-3-96238-293-3

- **Rusch, Hans Peter, Helga Wagner: Auf der Suche nach neuen Wegen auf dem Feld der Bodenforschung.** 204 Seiten, Organischer Landbau Verlag Kurt Walter Lau, Kevelaer 2020, ISBN 978-3-947413-03-4

Die Autorinnen und Autoren

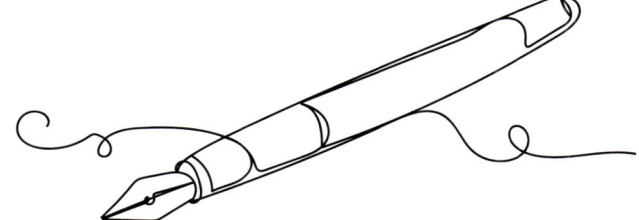

Daniel Arzt war schon als Kleinkind täglich in der Gärtnerei des elterlichen Bioland-Gemüsebaubetriebs in Heimerdingen. Seit 2020 ist er im Bundesvorstand der Nachwuchsorganisation Junges Bioland engagiert. Nach Abschluss seines dualen Gartenbaustudiums an der Hochschule Weihenstephan-Triesdorf und Master möchte er in den elterlichen Betrieb einsteigen.

Dr. Andrea Beste ist Geografin, Agrarwissenschaftlerin und Bodenexpertin. 2001 gründete sie das Büro für Bodenschutz & Ökologische Agrarkultur. Seit 2008 berät sie Abgeordnete des Bundestages und des Europäischen Parlaments in Agrar- und Ernährungsfragen. 2017 wurde sie als ständiges Mitglied in die Expertengruppe für technische Beratung im ökologischen Landbau (EGTOP) bei der EU-Kommission berufen.

Klaus-Dieter Boll ist Fundraisingberater, Coach und Mediator aus Tübingen. Nach dem Studium begann der Diplom-Betriebswirt 1993 beim Landesbund für Vogelschutz in Bayern als erster hauptamtlicher Fundraiser. Seit 1997 arbeitet er als selbstständiger Fundraisingberater für die verschiedensten Non-Profit-Organisationen in Deutschland. Er coacht Führungskräfte, macht Team- und Organisationsentwicklung und Mediationen.

Urs Brändli hat 30 Jahre lang im schweizerischen Goldingen einen Bio-Milchbetrieb geführt. Nach seiner Ausbildung zum Landwirt mit Meisterprüfung folgten längere Auslandsaufenthalte. 1994 stellte er den Betrieb auf Bio um und engagierte sich im aufstrebenden Bio-Milchmarkt. Seit 2011 ist Urs Brändli Präsident von Bio Suisse und steht in regem Austausch mit Bioland und anderen Bio-Verbänden.

Christine Brandmeir kommt aus der Landwirtschaft und der Verbandsarbeit. Seit 2018 ist sie Referentin des Bioland-Präsidenten und Geschäftsführerin des Jungen Bioland, seit 2021 Bereichsleiterin für Ehrenamt & Gremien. Sie führte die Soziokratie als agile Methode kollegialer Führung im Verband ein.

Raphael Burkhardtsmayer ist studierter Betriebswirt. Von 2018 bis 2021 war er für Bioland als Key-Account-Manager in der Hersteller- und Handelsberatung im Landesverband Bayern tätig. Zu seinen Tätigkeiten entlang der Wertschöpfungskette gehörten insbesondere die Betreuung und Vernetzung von Bioland-Partnern.

Dr. Georg Eckert ist nach Agrarstudium, Promotion und wissenschaftlicher Tätigkeit seit 1998 in der Bio-Kontrolle tätig. Er leitet die Abcert AG und ist seit 2018 Präsident des European Organic Certifiers Council (EOCC). Eckert hat diverse Lehraufträge an Hochschulen und ist Mitglied in mehreren Öko-Verbandsgremien sowie stellvertretendes Mitglied der Expertengruppe für technische Beratung im ökologischen Landbau (EGTOP).

Dr. Stephanie Fischinger hat in Agrarwissenschaften promoviert und als wissenschaftliche Mitarbeiterin an der Uni Gießen gearbeitet. Seit 2020 leitet sie den Bereich Fach- und Richtlinienarbeit und ist als Fachreferentin für den Bereich Pflanzenbau verantwortlich. Bevor sie zum KTBL Darmstadt in der Arbeitsgruppe Ökolandbau wechselte hat sie von September 2014 bis 2018 den Bereich Forschung und Entwicklung bei Bioland geleitet.

Thomas Fisel hat von 1990 bis 2000 Bio-Betriebe beraten und die Bioland-Beratung in Bayern aufgebaut und geleitet. Seit 20 Jahren arbeitet er selbstständig als Organisationsberater, Personaltrainer und systemischer Coach im Bereich der Land- und Lebensmittelwirtschaft. Er ist Spezialist für die persönlichen, sozialen und kommunikativen Aspekte von Lern- und Veränderungsprozessen und engagiert sich im Vorstand der Bioland Stiftung.

Martina Frapporti ist seit 2019 Ökologie- und Naturschutzberaterin bei Bioland Südtirol. Die gebürtige Trentinerin studierte Agrarwissenschaften und Umweltmanagement in Bozen und Landschaftsökologie an der Universität Hohenheim. Ihre Aufgabe ist es, die Mitglieder dafür zu motivieren, die biologische Vielfalt auf den Betrieben zu erhöhen.

Harald Gabriel hat ursprünglich Germanistik und Philosophie studiert. Nach dem Studium absolvierte er eine landwirtschaftliche Ausbildung, Praxisjahre in Hofgemeinschaften und ein Agrarstudium in Witzenhausen. Von 1996 bis 2019 war er Geschäftsführer des Bioland-Landesverbandes Niedersachsen/Bremen und Vorsitzender der Landesvereinigung Ökolandbau Niedersachsen.

Berit Gölitzer hat Agrarwissenschaften und Sozialwissenschaften studiert. Nach einigen Jahren im Controlling ist sie seit 2018 bei Bioland beschäftigt. Im Geschäftsbereich Markt/Marketing berät sie die Verarbeiter und Händler im Landesverband Ost und ist seit 2020 Geschäftsführerin des Bioland Verarbeitung & Handel e.V.

Walter Heinzmann bewirtschaftet seit 1977 einen Öko-Betrieb. 1980 absolvierte er einen Einführungskurs bei Dr. Hans Müller auf dem Möschberg/Schweiz. Seit den 1980er-Jahren ist er ehrenamtlich bei Bioland tätig, AGÖL-Vorstand von 1994 bis 1998. Von 1991 bis 2014 war er geschäftsführender Vorstand im Landesverband Bayern und Mitglied im Bundesvorstand. Von 2002 bis 2011 war er Vorsitzender der Bioland-Anerkennungskommission, seit 2010 leitet er die Abteilung Qualitätssicherung.

Christine Helfer hat Soziologie in Trient (Tretino) studiert. Als freie Journalistin arbeitet sie für verschiedene Medien in Print, TV, Radio und online (RAI Südtirol, Mediaart TV, salto.bz). Zusätzlich hat sie ein Berufsbildungsdiplom als Mediatorin für Konflikt- und Friedensarbeit. Seit 2016 macht sie die Öffentlichkeitsarbeit für Bioland Südtirol.

Martin Hermle hat Agrarwissenschaften studiert und bewirtschaftet seit 1999 einen Bioland-Betrieb. Seit 1998 ist er Bioland-Berater im Allgäu mit den Schwerpunkten ökologische Grünlandbewirtschaftung und Betriebsentwicklung. Er begleitet Menschen in Veränderungsprozessen und vermittelt auch in Seminaren praktische und methodische Hilfestellungen in beiden Bereichen.

Ulrike Hoffmeister ist Journalistin und im Kompetenzzentrum Ökolandbau Niedersachsen (KÖN) für die Pressearbeit zuständig. Einige Jahre nach ihrem Studium hat sie Bioland Schleswig-Holstein bei der Öffentlichkeitsarbeit unterstützt. Über den Biolandbau und die Bio-Branche im Norden schreibt sie auch für das bioland-Fachmagazin.

Volker Krause hat Volkswirtschaftslehre und Politik studiert. 1979 übernahm er den elterlichen Betrieb „Bohlsener Mühle", stellte diesen komplett auf Bio um und ist seit 1987 Bioland-Partner. Zwischen 2013 und 2020 war er Mitglied im Bioland-Beirat Herstellung Vermarktung Handel (HVH). Neben seiner geschäftsführenden Tätigkeit bei der Bohlsener Mühle war er Vorstandsmitglied des BNN und später im Kuratorium. Seit 2018 ist Krause Vorstand Herstellung im BÖLW.

Heike Kruspe absolvierte eine landwirtschaftliche Ausbildung mit Schwerpunkt Tierhaltung und studierte anschließend Agrarwissenschaften in Berlin. Seit 1994 ist sie bei Bioland und seit 1995 Geschäftsführerin des Bioland-Landesverbandes Brandenburg, aus dem 1997 der Bioland-Landesverband Berlin-Brandenburg und 2011 der Bioland-Landesverband Ost e.V. wurde.

Theresia Kübler ist auf einem Bio-Milchviehbetrieb in Dettighofen aufgewachsen und studiert derzeit im Master Agrarwissenschaften an der Universität Hohenheim. Seit 2018 ist sie Vorstandsmitglied des Jungen Bioland. Zudem engagiert sie sich an der Universität im Arbeitskreis ökologischer Landbau im Rahmen von Vorträgen und Exkursionen sowie in der Hochschulpolitik.

Reinhard Langerbein studierte Betriebswirtschaft und Agrarwissenschaften. Von 1988 bis 1993 war er Vermarktungsberater beim Bioland-Landesverband Hessen, von 1994 bis 2003 beim Bioland-Bundesverband Ressortleiter Verarbeitung und Warenzeichen sowie von 2003 bis 2007 für Qualitätssicherung verantwortlich. 2007 bis 2020 arbeitete er als Fachreferent bei der Öko-Kontrollstelle Abcert AG.

Irene Leifert hat 25 Jahre lang einen Bioland-Betrieb mitgeleitet und ist Gründungsmitglied des Bioland-Landesverbands Nordrhein-Westfalen. Seit 2010 ist sie hauptamtlich bei Bioland tätig, hauptsächlich für den Bereich Marketing. Sie hat das Online-Auswertungstool „KennDi" miterarbeitet. Seit Anfang 2021 ist sie Geschäftsführerin des Dienstleistungsunternehmens Bio Service Team GmbH.

Marie Leinauer ist Studentin im Bereich Bildung für nachhaltige Entwicklung (Master of Arts) und Geographie. Seit August 2020 unterstützt sie als hauptamtliche Mitarbeiterin den ehrenamtlichen Vorstand des Jungen Bioland und die Geschäftsführung. Zu ihren Tätigkeiten zählt auch die Unterstützung in der Öffentlichkeitsarbeit und bei der Organisation von Veranstaltungen.

Ralf Mack ist Gymnasiallehrer und gelernter Landwirt mit anschließendem Studium der Ökologischen Agrarwissenschaften. 2014 begann er in Bayern als Bioland-Ackerbauberater und wechselte 2016 als bundesweiter Beratungskoordinator in den Bereich der ökologischen Praxisforschung. Seit 2020 ist er bei Bioland Referent für Erzeugerberatung.

Gwendolyn Manek machte Masterabschlüsse in International Business & Management und Agrarwissenschaften. Seit 2018 ist sie Geschäftsführerin der Bioland Beratung GmbH. Vorher war sie Fachberaterin für kleine Wiederkäuer, Teamleiterin des Beratungsteams Nordrhein-Westfalen und Mitarbeiterin in der biolandweiten Beratungskoordination.

Irina Michler studierte Agrarwissenschaften und war anschließend in Niedersachsen in der Erzeugerberatung tätig. Seit 2020 arbeitet sie bei Bioland Baden-Württemberg im Geschäftsbereich Markt als Handelsberaterin.

Leon Mohr studierte Germanistik, Geschichte sowie Philosophie und war anschließend als Journalist tätig, bevor er in die Presse- und Öffentlichkeitsarbeit wechselte. Seit 2021 ist er Pressereferent und Projektmanager Website für den Bioland e.V. in der Bundes-Geschäftsstelle Mainz.

Manfred Nafziger absolvierte eine Landwirtschaftsausbildung mit Meisterprüfung. Seit 1983 ist er im Bioland-Verband tätig, unter anderem als Gruppenvertreter, Landesvorsitzender und Geschäftsführer Rheinland-Pfalz/Saarland und im Bundesvorstand. Seinen vielseitigen Gemischtbetrieb mit Lohnreinigung, Hofladen und solidarischer Landwirtschaft übergab Nafziger 2015 an außerfamiliäre Hofnachfolger.

Dr. Jan Niessen ist ausgebildeter Bio-Landwirt sowie studierter und promovierter Agrarwissenschaftler. Nach einigen Jahren der Forschung und Lehre an den Universitäten Kassel und Hohenheim wechselte er zu Bioland, wo er von 2011 bis 2018 den Bereich Marketing mit Markenführung aufbaute. Seit Ende 2018 hat er die Professur für Strategische Marktbearbeitung in der Bio-Branche und allgemeine BWL an der Technischen Hochschule Nürnberg inne.

Meike Pantel ist gelernte Mediengestalterin und hat ein duales BWL-Studium mit Schwerpunkt Handel bei einem regionalen Bio-Filialisten absolviert. Seit Ende 2018 ist sie bei Bioland im Marketing tätig. Ihre Hauptaufgaben sind: Steigerung der Markenbekanntheit und des Kundenvertrauens, Zusammenarbeit & Kampagnen mit den Marktpartnern sowie Erstellung von Informations- und Kommunikationsmaterial.

Jan Plagge hat 1992 begonnen, den elterlichen Betrieb umzustellen und parallel dazu Gartenbau studiert. Von 1997 bis 2000 war er Berater für ökologischen Land- und Gartenbau in Ostdeutschland, ab 1999 agrarpolitischer Sprecher der Öko-Verbände in Berlin/Brandenburg. Von 2000 bis 2008 arbeitete er als Geschäftsführer des Bioland Erzeugerrings Bayern und wechselte dann bis 2011 in die Geschäftsführung der Bioland Beratung GmbH. Außerdem leitete er von 2002 bis 2011 das Traineeprogramm Ökolandbau. Seit 2011 ist Plagge Präsident von Bioland und seit 2018 Präsident der IFOAM-EU-Gruppe.

Prof. Gerold Rahmann ist auf einem Bauernhof in Ostfriesland aufgewachsen, hat Agrarökonomie und Rurale Entwicklung studiert, anschließend promoviert und habilitiert. Seit 2000 ist er Direktor des Thünen-Instituts für Ökologischen Landbau in Trenthorst und Professor an der Universität Kassel, Fachbereich Ökologische Agrarwissenschaften. Rahmann ist seit 2014 Präsident von ISOFAR und Mitglied im IFOAM-World Board. Außerdem sitzt er im Vorstand des FiBL und ist Fördermitglied von Bioland.

Eckhard Reiners hat Gartenbau studiert. Zwischen 1985 und 1997 war er Bioland-Fachberater für Gemüsebau im Landesverband Nordrhein-Westfalen. 1998 übernahm er die Ressortleitung Erzeugung und Koordination für Richtlinienthemen beim Bioland-Bundesverband. Reiners wurde in verschiedene Fachgremien berufen: so von 1995 bis 2000 in die Rahmenrichtlinien-Kommission der AGÖL und von 1998 bis 2008 in das Standards Committee der IFOAM.

Jutta Schneider-Rapp ist als Agraringenieurin und Diplom-Journalistin selbstständig tätig bei der Agentur Ökonsult. Über 20 Jahre arbeitet sie schon freiberuflich für Bioland und Fachmedien. Gemeinsam mit der Bioland-Bäuerin Andrea Göhring hat sie das Buch „Bauernhoftiere bewegen Kinder" geschrieben.

Stephanie Strotdrees, ist ausgebildete Landwirtin und bewirtschaftet seit 1990 gemeinsam mit ihrem Mann dessen vielseitigen elterlichen Gemischtbetrieb mit Schwerpunkt Direktvermarktung. Seit 1993 ist sie im Bioland-Verband ehrenamtlich tätig, zunächst als Gruppensprecherin, dann Landesvorstand NRW. Seit 2011 ist die Bioland-Landwirtin im Präsidium, von 2011 bis 2021 als Vizepräsidentin.

Annette Stünke hat Agrarwissenschaften studiert und war als freiberufliche Unternehmensberaterin im Bereich Qualitäts- und Hygienemanagement tätig. Seit 1989 ist sie bei Bioland beschäftigt, unter anderem mit den Arbeitsschwerpunkten Bildungsarbeit und internationale Fachtagungen. 2015 übernahm sie die Geschäftsführung des Bioland Landesverbandes Schleswig-Holstein, Hamburg, Mecklenburg-Vorpommern.

Heinz-Josef Thuneke ist gelernter Betriebswirt und Diplom-Soziologe und bewirtschaftet seit 1984 den elterlichen Landwirtschaftsbetrieb. Bei Bioland ist er seit 1985 als Vermarktungsberater im Landesverband NRW tätig – von 1986 bis 2017 als Geschäftsführer. Von 2007 bis 2017 war er hauptamtlicher NRW-Landesvorsitzender. Thuneke wurde in

diverse Gremien berufen, unter anderem in den Vorstand der Arbeitsgemeinschaft Ökologischer Landbau.

Reinhard Verdorfer hat Wirtschaft und Tourismusmanagement studiert sowie Landwirtschaft mit Schwerpunkt Biolandbau. Seit 2007 ist er bei Bioland Südtirol tätig: von 2008 bis 2015 als Berater und Koordinator des Beratungsteams, seit 2016 als Geschäftsführer.

Gerald Wehde ist nach Agrarumweltstudium und Tätigkeiten im Natur- und Gewässerschutz seit 1997 bei Bioland tätig. Bis 2004 hatte er die Geschäftsführung des damaligen Landesverbandes Hessen, Thüringen, Sachsen-Anhalt, Sachsen inne. Heute verantwortet er auf Bundesebene die Aufgabenbereiche Agrarpolitik und Kommunikation.

Martin Weiler ist Agrarwissenschaftler. 2007 begann er als Trainee bei Bioland und wurde ab 2008 Bioland-Fachberater in Baden-Württemberg. 2013 übernahm er die Teamleitung der Bioland-Erzeugerberatung und ist seit 2015 Geschäftsführer der Bioland Beratungsdienst GmbH. Dazu war er 2013 bis 2021 als Erzeugerberater an der Hotline „Bioland direkt" aktiv.

Josef Wetzstein ist Landwirtssohn und ausgebildeter Landwirt. Er studierte Pädagogik und Erwachsenenbildung und war anschließend Referent und Landesvorstand in der KJG Bayern. Seit 1991 ist er geschäftsführender Landesvorsitzender bei Bioland Bayern. 1992 gründet er mit anderen die

überverbandliche Landesvereinigung für den ökologischen Landbau in Bayern und wird Vorstandsmitglied. 1993 initiiert er die Gründung des Öko-Beratungsrings in Bayern. Zwischen 2008 und 2012 ist Wetzstein erster Vizepräsident von Bioland.

Johanna Zellfelder ist Diplom-Ingenieurin (FH) für Landschaftsnutzung und Naturschutz. Seit 2021 ist sie Geschäftsführerin der Bioland Stiftung. Durch ihre vorangegangenen Tätigkeiten für eine Stiftung, ein Bio-Handelsunternehmen und einen Bio-Handelsverband kennt sie die Land- und Lebensmittelwirtschaft als auch Bioland aus ganz unterschiedlichen Perspektiven.

Valeska Zepp ist Biologin mit Schwerpunkt Ökologie. Die ausgebildete Redakteurin arbeitet als freie Journalistin im Redaktionsbüro Lange & Zepp. Ihre Themenschwerpunkte sind umweltfreundliche Mobilität, nachhaltiges Leben und gerechte Gesellschaft.

Dr. Uli Zerger hat Agrarwissenschaften und Ökologische Umweltsicherung studiert und promoviert. Seit 1991 ist er bei der Stiftung Ökologie & Landbau (SÖL) tätig, seit 2000 als geschäftsführender Vorstand. In dieser Zeit hat er zahlreiche Bildungsprojekt initiiert. Er ist Vorstandsmitglied bei FiBL Deutschland und bei der Biohöfe-Stiftung sowie langjähriges Mitglied in der Arbeitsgemeinschaft Ökologischer Landbau des KTBL. Er bewirtschaftet zudem seit 1994 einen Bioland-Ackerbaubetrieb in der Pfalz.

Vielen Dank!

Bioland ist eine Gemeinschaftsaufgabe. Das zeigt sich auch an diesem Buchprojekt: 44 Autorinnen und Autoren haben dafür ihre Erfahrungen und ihr Wissen zusammengetragen. Ihnen gilt großes Lob und Anerkennung für ihren wertvollen Input.

Noch mehr Menschen waren im Hintergrund fleißig, haben Zahlen und Fakten recherchiert, in Archiven gewühlt und die Autorinnen und Autoren mit wichtigen Informationen versorgt.

Geduld und Beharrlichkeit brachten die vielen unterschiedlichen Beiträge in einen Guss. Dabei hat uns die Journalistin und Redakteurin Jutta Schneider-Rapp bravourös unterstützt. Dem Lektor Jörg Planer danken wir für die unkomplizierte und konstruktive Zusammenarbeit und für seine kritischen Fragen durch die Außenbrille.

Was wäre ein Buch ohne eine vereinende Gestaltung? Die Grafikerin Birgit Oesterle hat die vielzähligen Puzzleteile zu einem ansprechenden Gesamtwerk zusammengefügt.

Etliche Podcasts mit spannenden Interviews ergänzen die Lesebeiträge im Buch. Dies gelang durch die Expertise von der Radiojournalistin und Bioland-Mitarbeiterin Christine Helfer.

Allen Beteiligten gebührt großer Dank!

Die Koordinatoren im Bioland-Verlag
Reyhaneh Eghbal und Niklas Wawrzyniak

Bildquellen

Titel, 1	Birgit Oesterle
4	Bio Suisse
5	Sonja Herpich
8	AdobeStock – ngupakarti
10	AdobeStock – *Yury Shchipakin
12, 14	AdobeStock – *Simple Line
15	Anne Hufnagl
17	Sonja Herpich
18, 20	Birgit Oesterle
22	Niklas Wawrzyniak
23	Birgit Oesterle
24	AdobeStock – derplan13
25	Sonja Herpich
26	AdobeStock – *pronick; Birgit Oesterle
28/29	Sonja Herpich
30	Elisabeth Brunner
32	Waltraud Colsman
33	Bioland
35	Hinrich Schultze
36	Niklas Wawrzyniak
38	Annegret Grafen
41	Hof Gandberg/Patrick Schwienbacher
43	Sonja Herpich
44	Birgit Oesterle
46	Archiv Möschberg
47	AdobeStock – ngupakarti
48	AdobeStock*– GarkushaArt (3x), Natalia, Yana
49	Gärtnerei Schlosser
50	AdobeStock*– marymo_art, Natalia, alstanova@gmail.com, GarkushaArt; Birgit Oesterle
51	Sonja Herpich
53	AdobeStock*– Valenty, riz, LuckyStep, OneLineStock.com; Birgit Oesterle
55	Patrick Reimann Photodesign
56/57	Gut Wulksfelde/D. Antonio
59, 60	Sonja Herpich
61	AdobeStock – Gondex
63, 64, 65, 66	Sonja Herpich
70	AdobeStock – MuhammadZulfan
71	AdobeStock – royyimzy
73, 75	Sonja Herpich
74	AdobeStock – Askhat
76	AdobeStock – *ngupakarti
78	Sonja Herpich
79	AdobeStock – *Askhat
82	AdobeStock – *Simple Line
85	Annegret Grafen Bioland NRW
86	AdobeStock – ngupakarti
87	Bioland/Johanna Saxler Ralf Lienert
88	Sonja Herpich
89	Gabriele Fernsebner
90	Stiftung Ökologie & Landbau
94	AdobeStock – *Valenty; Birgit Oesterle
96	AdobeStock – OneLineStock.com
99	Niklas Wawrzyniak
101	AdobeStock – Mihail
103	Sonja Herpich
105	Fabian Helmich
106	Sonja Herpich
107	Birgit Oesterle
108	AdobeStock – *OneLineStock.com; Birgit Oesterle
109	Christoph Ziechaus
110	AdobeStock* – GarkushaArt Анастасия Норина
111	FNT/Universität Kassel
113	AdobeStock* – ngupakarti, GarkushaArt; Birgit Oesterle
114	AdobeStock – Yana
115	Brigitte Stein
116	Christoph Ziechaus
117	AdobeStock – Olga Rai
119	Sonja Herpich
124	AdobeStock* – Yana, Simple Line
125	Birgit Oesterle
126	Birgit Oesterle
127	Birgit Oesterle
128, 129	ProNatur
130	Birgit Oesterle
131	AdobeStock*– Valenty, Gondex; Birgit Oesterle
132	AdobeStock – GarkushaArt
133	Bioland Südtirol
134, 135	Birgit Oesterle
136	Niklas Wawrzyniak
138	Birgit Oesterle
142	Sonja Herpich
143	AdobeStock, *Rully J
144	Birgit Oesterle
145	Gabriele Fernsebner
146	AdobeStock – Simple Line
147	Sonja Herpich
149	Sonja Herpich, Jutta Schneider-Rapp
150	AdobeStock – alstanova@gmail.com
152	Hasenberghof
153	Biohof Gruber Schöfthal/Christoph Preimesser Anne Ackermann
154	Sonja Herpich
156	Luis Sanktjohanser
157	Teresa Lukaschik
158	AdobeStock – OneLineStock.com
162	AdobeStock – *Gondex; Birgit Oesterle
163	Bioland Stiftung
164	Bioland Stiftung
165	Sonja Herpich
166	Michaela Braun
167	Bioland Stiftung
168	Bioland Stiftung
169	Gabriele Fernsebner
170	Bioland Stiftung Sonja Herpich
171	Birgit Oesterle
172	AdobeStock – Simple Line
174, 175	Sonja Herpich
176	AdobeStock*– ngupakarti, Musyarofahbt, Yana, royyimzy
179	Sonja Herpich
180, 181	siehe 176 + AdobeStock – ngupakarti
182	AdobeStock*– OneLineStock.com, Simple Line, LuckyStep; Birgit Oesterle
184	Sonja Herpich
185	AdobeStock – 201122
186	AdobeStock – Natascha
187	AdobeStock – torik
188	Sonja Herpich
189	Birgit Oesterle
189	Bioland Südtirol
190	AdobeStock – *Simple Line; Birgit Oesterle
191	AdobeStock – Retany
192	Sonja Herpich
193	AdobeStock – Valenty
194	AdobeStock – Gondex
195	Sonja Herpich
196	AdobeStock – Askhat
197	Sonja Herpich
200	AdobeStock – Simple Line
202	AdobeStock – Yana
203	AdobeStock – Yana
207	AdobeStock – LuckyStep
Rücktitel	AdobeStock – Yana; Birgit Oesterle

* Die Original-Illustrationen wurden modifiziert oder als Teil einer neu komponierten Motivgruppe verwendet.